现代农业咨询学概论

郝 利 著

中国农业出版社

北 京

图书在版编目（CIP）数据

现代农业咨询学概论 / 郝利著 . —北京：中国农
业出版社，2022.8
ISBN 978-7-109-29599-5

Ⅰ.①现… Ⅱ.①郝… Ⅲ.①农业－信息咨询－咨询
服务－研究 Ⅳ.①S126

中国版本图书馆 CIP 数据核字（2022）第 111368 号

现代农业咨询学概论
XIANDAI NONGYE ZIXUNXUE GAILUN

中国农业出版社出版
地址：北京市朝阳区麦子店街 18 号楼
邮编：100125
责任编辑：姚　佳　　文字编辑：戈晓伟
版式设计：杜　然　　责任校对：吴丽婷
印刷：北京中兴印刷有限公司
版次：2022 年 8 月第 1 版
印次：2022 年 8 月北京第 1 次印刷
发行：新华书店北京发行所
开本：700mm×1000mm　1/16
印张：16
字数：363 千字
定价：88.00 元

序　言

现代农业咨询学是一门新兴的边缘交叉学科，在"三农"发展新形势下应运而生，主要包括农业战略管理咨询、农业项目可行性研究咨询、农业发展规划咨询、农业园区规划咨询、农业评估咨询等，是在实践应用中发展，再从理论上完善提升的一门应用学科。

党的十九大提出了乡村振兴战略，新时代的"三农"面临更高的发展要求。现代农业的地位、价值、功能正在发生深刻变化，产业多功能、多业态、融合化等趋势日益深化，农业的发展与环境改善、乡村治理等要素深度融合，推动现代农业发展日趋复杂化。2019 年中央 1 号文件《中共中央 国务院关于坚持农业农村优先发展做好"三农"工作的若干意见》提出，要强化乡村规划的引领作用，"把加强规划管理作为乡村振兴的基础性工作，实现规划管理全覆盖。以县为单位抓紧编制或修编村庄布局规划，县级党委和政府要统筹推进乡村规划工作。按照先规划后建设的原则，通盘考虑土地利用、产业发展、居民点建设、人居环境整治、生态保护和历史文化传承，注重保持乡土风貌，编制多规合一的实用性村庄规划。加强农村建房许可管理"。现代农业咨询在"三农"发展过程中的引领作用日趋重要，做好现代农业咨询服务成为推动现代农业发展、服务乡村振兴战略的必要前置条件，是摆在我们面前的重要任务。

北京市农林科学院具有国家工程咨询单位甲级资信（农业、林业），20 多年来，为北京市及其他省市各级政府部门和有关企业、事业单位提供现代农业咨询服务，为实现投资项目决策的科学化和"三农"发展做出了卓越贡献，为促进农业高质量发展和农民增收起到了重要作用，编制的规划、可行性研究报告等多次获得北京市工程咨询协会、中国工程咨询协会奖励。在咨询服务的实践过程中，不断推进理论创新，以更好地开展咨询服务。笔者作为咨询单位技术负责人，长期从事现代农业咨询服务工作，集腋成裘，遂成此著。

本书回顾了现代农业咨询的产生和发展历程，较系统地阐述了现代农业咨询的基础理论、工作思路等。全书分九章：第一章是绪论，主要介绍现代农业的内涵，现代农业咨询的概念、特征、类别和社会功能等；第二章介绍国内外农业咨询发展概况；第三章为现代农业咨询方法概述，主要阐述现代农业咨询的常用方法；第四章是现代农业战略管理咨询；第五章是农业项目可行性研究咨询；第六章是农业发展规划咨询；第七章是农业园区规划咨询；第八章是农业评估咨询，第九章是现代农业咨询项目的管理与从业者素养。本书对从事农业咨询服务工作人员、大专院校学生具有较好的参考作用。

总体看，本书是一部理论与实践结合较好的著作，是笔者多年来从事咨询业务的理论和实践总结。全书具有以下几个特点。

一是创新性。这是国内第一部关于现代农业咨询学的专著，可以说是现代农业咨询学的奠基性著作，是一部基础性、理论性、学术性很强的专业著作。它不仅对农业咨询的基础理论进行了阐述，而且结合相关案例，提出了现代农业咨询的方法体系、理论体系、基本工作思路，为现代农业咨询业的发展与实践提供了理论依据。

二是系统性。本书着眼于现代农业咨询业发展实践，对现代农业咨询业的产生，现代农业咨询的方法、理论、类别、实践案例，以及咨询团队的组织和咨询报告的编制等全方位进行阐述，构建了比较严密的现代农业咨询学研究框架体系，为进一步深入研究提供了基本范式。

三是理论与实践结合紧密。本书提出了在咨询实践中所依据的理论与方法，对高质量地开展农业咨询业务具有较强的指导意义。同时，这本学术著作把现代农业咨询理论研究与"三农"发展实践很好地结合起来，既是理论上的规范研究，又是对具体问题的实证研究。诚然，作为概论，不可能深入地详尽所有知识理论体系，但仍具有较广泛的应用价值。

该书的出版，对人们了解现代农业咨询的特点和规律、拓宽理论视野、进一步做好现代农业咨询工作具有积极的启迪作用和参考价值。本书适于各地农业咨询服务单位的经营者、管理者和技术人员阅读，也适于大中专学生、职业教育培训从业人员阅读。

全国政协委员
北京市农林科学院院长

2021 年 11 月

目　　录

第一章 绪 论

第一节 现代农业的基本内涵与建设路径

一、现代农业的概念

农业从本质上讲是人通过劳动与自然界进行物质、能量转化的过程，并在整个过程中不断完善与优化，是人类生存和发展的基础。所谓现代农业，主要是相对于农业发展的阶段而言的，是指广泛采用现代科学技术、现代工业提供的生产资料、设施装备和现代管理方法的社会化、集约化、科技化农业。现代农业是以现代工业、信息产业为基础发展起来的。

2007 年《中共中央 国务院关于积极发展现代农业扎实推进社会主义新农村建设的若干意见》提出了建设现代农业的路径，"要用现代物质条件装备农业，用现代科学技术改造农业，用现代产业体系提升农业，用现代经营形式推进农业，用现代发展理念引领农业，用培养新型农民发展农业，提高农业水利化、机械化和信息化水平，提高土地产出率、资源利用率和农业劳动生产率，提高农业素质、效益和竞争力。建设现代农业的过程，就是改造传统农业、不断发展农村生产力的过程，就是转变农业增长方式、促进农业又好又快发展的过程"。并指出了建设现代农业的意义，"发展现代农业是社会主义新农村建设的首要任务，是以科学发展观统领农村工作的必然要求。推进现代农业建设，顺应我国经济发展的客观趋势，符合当今世界农业发展的一般规律，是促进农民增加收入的基本途径，是提高农业综合生产能力的重要举措，是建设社会主义新农村的产业基础"。

2016 年《中共中央 国务院关于落实发展新理念加快农业现代化实现全面小康目标的若干意见》中进一步深化了对发展现代农业的要求，强调要持续夯实现代农业基础，提高农业质量效益和竞争力，着力构建现代农业产业体系、生产体系、经营体系，实施藏粮于地、藏粮于技战略。推动农业绿色发展、可持续发展、产业融合发展，最终实现农业的高质量发展，让农业成为充满希望的朝阳产业。

二、现代农业的内涵

(一) 现代农业是一个相对的、动态的概念

现代农业是农业发展史上的新阶段,是相对于传统农业而言的。从生产力的角度考察,农业的发展历史一般经历了原始农业、传统农业和现代农业三个阶段。原始农业是指以采集和游牧为基本特征,使用石器工具来从事简单农事活动的农业。传统农业是在原始采集农业和游牧农业的基础上发展而来的,是人类进入定居时代后所发展起来的第一个产业部门。其基本经济技术特征是:农民以传统的直接经验和技术为基础,使用简陋的铁木农具和人力、畜力以及水力和风力进行生产,在这漫长的历史时期中,农业技术的进步和生产的发展极其缓慢。农业生产的主要目的是自给自足,其社会化程度和农业劳动生产率都很低,因而是一种典型的自然经济形式。

而现代农业的最大特点就是技术进步的速度快,农业技术变革这一要素显得尤为重要。现代农业不断采用现代的、新的生产要素替代过去的、传统的生产要素,它是一个历史的概念,是历史发展到现阶段,首先在发达国家、发达地区所出现的发达农业。对于未来的农业发展形态而言,它又会成为过去的农业。因而,新的时代特征总是赋予现代农业新的内涵,它是一个动态而非静态的概念。

(二) 现代农业是广泛采用当代最新科技成果的高科技农业

随着现代科学技术的飞速发展,尤其是以自然科学为基础的现代农业技术体系的形成和推广,农业生产中大规模采用以现代科学技术为基础的生产资料、生产工具和生产方法,使农业生产和经营的技术含量和科学程度空前提高。例如,广泛采用在植物学、动物学、遗传学、物理学、化学等现代科学基础上形成的育种繁育、集约栽培、土壤改良、植物保护等最新技术,不断地以最新的高新技术替代原有农业生产技术。随着生物技术、遥感技术、信息技术、计算机技术以及激光技术等最新科学技术及方法在农业生产上的推广应用,各国尤其是发达国家的现代农业生产水平又有了跨越式的进步。现代农业科技创新是建设现代农业的核心。

(三) 现代农业是社会化、市场化的农业

现代农业是在社会发展到一定历史阶段的产业形态,经济发展的重要表现

是社会分工不断细化，专业化水平不断提高。农业的产前、产中、产后各环节分工越来越清晰，各自延伸成为独立的产业，形成农业产业的关联群。另一方面是各个环节联结更为紧密，形成一个完整的产业体系，各环节分工协作，并进一步形成紧密的经济利益共同体。农业机械、化肥、农膜、饲料、生物激素等来自工业系统，而生产的产品大部分通过市场出售到其他部门，并形成了一个比较完整的农业社会化服务体系。现代农业进行合理分工与协作，进行专业化生产和一体化经营。农业与工业、商业、金融、科技等不同领域相互融合，农业生产的社会属性更加突出。农业生产更加依赖于市场，市场信息决定了生产的导向，农业生产的目的是满足市场的需求。这一过程形成了物质、能量和信息的交换，在交换过程中，形成了发达的市场经济。农产品与生产要素（土地、劳动力、资金、技术等）均进入市场，农户和农业企业通过市场购买生产要素和出售农产品，按市场规范运作，进行竞争性生产和经营。农产品市场和农业生产要素市场越发达，农业生产水平越高。农业生产要素市场的产生和发展成为现代农业的重要特征。

（四）"高产、优质、高效、生态、安全"是现代农业的显著特征

"高产、优质、高效、生态、安全"是发展现代农业的要求和结果，也是现代农业的重要特征。世界各国由于自然资源禀赋和经济、社会基础不同，建设现代农业的道路也不一样，但总体上均把"高产、优质、高效、生态、安全"作为建设现代农业过程中追求的目标。我国人多地少、人多水少、农业资源紧缺，必须在有限资源的基础上加强基础设施建设，依靠科学技术进步着力提高农业综合生产能力，保证粮食等主要农产品的基本自给。在现代农业建设中，积极推动管理集约，走劳动力、资金、技术、管理集约相结合的道路，不断提高农业生产的效率。在单位面积上集中投入生产要素，使生产要素投入达到合理配置水平，实现高效产出。在发展农业经济的同时，切实注意保护自然资源和生态环境，做到农业可持续发展，使经济增长与环境质量改善协调发展。在应用农业科技最新成果的基础上，探索有机农业、绿色农业和生态农业的发展模式，探索各具特色的农业现代化发展模式，走中国特色农业现代化发展道路。

（五）现代农业是生产空间和市场空间广阔的农业

现代农业将由动植物向微生物，农田向草地森林，陆地向海洋，初级农产品生产向食品、生物化工、医药、能源等多种产品生产方向拓展。单细胞蛋

白、海洋农牧场、生物能源、农副产品综合和多级开发、功能性物质的提取、生物反应器等都将成为农业新的生长点且蕴含极大潜力，传统农业的领域和内涵在拓展，一二三产业融合发展，其界限渐趋模糊，农业的康养保健功能日益突出，呈现多功能性。同时，现代农业要充分利用两个市场和两种资源，积极参与国际分工合作，以及参与国际市场竞争，促进农业"走出去"，以全球化经营的理念来建设现代农业，确保人类食物安全。

（六）现代农业是规模化、专业化、标准化的农业

建设现代农业，要求投入的生产要素——土地、劳动力、资金、技术，按一定的比例进行整合，达到最佳比例，产出最大的效益。因而要选择适应生产力发展的适度规模经营。现代农业的科技含量高，要求有专业化的从业团队，要求农业劳动者掌握大量的知识和技能，需要劳动者有较高的现代文化、科技素质和经营管理知识，是专业性很强的产业。农业的规模经营和专业化生产，要求现代农业的生产、加工及管理必须是标准化的。要求融技术、经营、管理于一体，把农业科学技术规范化、系统化、程序化作为现代农业生产的重要组织形式。农业标准化的范围已经从单一的农产品生产标准拓展、延伸到产前、产中、产后的一系列标准。标准化为现代农业生产的规范化、产业化提供了依据和技术支撑，有力地推动和促进了现代农业的发展。

三、中国特色的现代农业建设之路

建设现代农业的过程就是农业现代化的过程，农业现代化的结果就是现代农业。20世纪50—60年代，我国曾把农业现代化概括为"四化"，即机械化、电气化、水利化和化学化，主要是针对农业生产过程的现代化。到了20世纪70年代末—80年代中期，农业现代化增加了经营管理的现代化。20世纪80年代中期—90年代初期，以科学化、集约化、社会化和商品化来概括农业现代化，并提出建设生态农业或可持续发展的农业，以区别于以往的"石油农业"。

20世纪90年代中期，提出商品化、技术化、产业化、社会化、生态化等多方面变革的农业现代化之路，实际上是农业经济现代化，还是孤立地从农业自身的发展出发对农业现代化进行解读。到90年代末，由于改革开放成果的积累，中国农业已全面进入新的历史发展阶段。主要农产品供给已由长期短缺转变为总量基本平衡、丰年有余，农业发展已由受资源约束转变为受市场和资源双重约束，农民收入的增长已由主要依赖农产品产量的增长转变为依靠调整

产业结构和发展多种经营。中国农业已全面进入传统农业向现代农业加速转变的发展阶段,农业资源和环境的压力进一步加剧。

利用高新技术改造传统农业,对于缓解资源和环境压力、促进现代农业发展具有重要意义。当然,农业高新技术成果本身要具有独创性和成熟度,并能进行系列化、专业化生产;要具备现代化生产设备和生产手段,如种子基地、种子精选加工车间、运输工具、包装、测试化验等设施;要具备高素质的人才队伍,不仅要有高水平的农业专业人才,还要有懂市场分析、管理、开发和销售的市场营销人才,以及具有集农业高新技术基础理论、应用技术、工程技术和经营管理能力于一身的高层次复合型人才。政府要加强宏观指导和调控,包括财政税收调控、金融调控,出台优惠政策,提供法律保护以及管理、协调、服务等方面的支持。

进入 21 世纪,中国农业现代化速度在加快,农业现代化与国民经济、社会发展的诸多方面联系愈加紧密。截至 2021 年,连续 18 年中央 1 号文件都是聚焦在"三农"问题上,全面推进"三农"实践创新、理论创新、制度创新,涉及农民增收、农业生产、新农村建设、城乡统筹发展、水利改革、农业科技创新、土地改革、乡村振兴、脱贫攻坚等方面,可以说是对农业现代化的整体、综合部署,确立了重中之重、统筹城乡、"四化同步"、乡村振兴等战略思想,农业农村发展实现了历史性跨越,初步探索出一条中国特色农业现代化道路。把城乡发展一体化作为解决"三农"问题的根本途径。坚持走中国特色新型工业化、信息化、城镇化、农业现代化道路,推动信息化和工业化深度融合、工业化和城镇化良性互动、城镇化和农业现代化相互协调。工业化创造供给,城镇化创造需求,工业化、城镇化带动和装备农业现代化,农业现代化为工业化、城镇化提供支撑和保障,而信息化推进其他"三化"。党的十九大,进一步提出乡村振兴战略,成为推动"三农"工作的总抓手。

第二节 现代农业咨询学的概念与特征

一、咨询的概念

咨询,即"征询访求"。钱泳在《履园丛话·水学》中提到:"非相度不得其情,非咨询不穷其致。"现多指行政当局向顾问之类的人员或特设的机关征求意见。[①] 从最直接、最原始的意义上讲,咨询实际上是向有经验的长者和智

---

① 夏征农. 大辞海 [M]. 上海:上海辞书出版社,2011:4763.

者询问的过程，而农业咨询实际上是咨询活动在农业及其相关领域的实际应用。

咨询服务就是接受企事业单位、团体或个人委托，为他们提供各种专门知识的智力服务，一般由专业咨询机构提供。这些机构运用丰富的专业知识、经验、才能，在维护国家利益的前提下，根据委托者的要求提出有关咨询项目的数据、资料、调研报告、建议方案等，供委托者参考。可分为政策咨询（或称决策咨询）、技术咨询、工程咨询、管理咨询和专业咨询等。[①] 从一般意义上讲，咨询服务可以定义为：从组织外部聘请专家向组织提供专家技能，即咨询专家运用信息、知识、经验、技术和智能，向客户提供信息和智力服务的活动。[②] 由此看出，咨询是向客户提供专门知识、技术和经验，帮助客户解决各种疑难问题的服务活动。随着知识经济的发展，这种服务活动对社会经济的发展起到越来越大的促进作用，现已成为现代服务业的重要组成部分。

在实际咨询活动中，一个完整的咨询过程要包括三个最基本的过程：①明确存在问题，咨询机构的咨询工程师针对客户的需求，分析存在的问题或现象，诊断并剖析其原因；②推荐解决方案，咨询机构运用咨询知识，根据调查和分析的结果向客户以咨询报告的形式推荐问题的解决方案，将相关知识传递给对方以帮助他们认识和解决有关问题；③辅助方案实施，建议方案产生后并不意味着咨询工作的终结，咨询机构往往在方案实施过程中进行跟踪，给予客户指导和帮助，保证方案能够顺利实施，保证具体问题在实践中能够有效解决，并能够根据实践的发展进一步修改完善咨询方案。

二、现代农业咨询的概念

现代农业咨询是专业咨询的重要组成部分，是旨在促进区域现代农业发展、农业科技成果转化、农业科技创新、乡村发展等与农业有关活动而进行的咨询服务。发达的农业咨询业是促进农业科技成果与经济紧密结合的"粘接剂"，是促进农业转型发展的重要手段，是促进现代农业产业发展与乡村振兴的先导力量。

从实践和应用层面讲，现代农业咨询是一种专业领域的咨询活动，是一种高智能的服务活动，是由具有丰富农业专业知识和实践经验的咨询工程师，分析咨询服务对象在农业发展战略、生产管理、农业科技推广与成果应用、农业

---

① 夏征农. 辞海 [M]. 上海：上海辞书出版社，1989：3049.
② 甄建民. 现代咨询基础与实务 [M]. 天津：天津社会科学院出版社，1999.

产业发展与项目建设、农村发展等方面存在的问题，剖析其产生的原因，制订有针对性的策略和行动方案，辅助、指导方案的落地与实施，使咨询服务对象的工作顺利开展、管理效率明显提高、科技成果应用能力显著增强、产业科学快速发展，现代农业与区域经济、乡村建设的综合水平显著提升。

现代农业咨询与其他咨询活动一样，包括三个基本要素，即咨询委托方（甲方、客户）、咨询受托方（咨询机构、乙方）和咨询关系。其中，咨询委托方是咨询服务的对象，可以是某一个人或者某一个组织。客户产生咨询需求，一般有三个原因：①委托方在现代农业发展或乡村建设的某一方面缺乏自信或者需要一种与众不同的解决问题的思路和方法，客户对农业的认知水平并不一定比受托方低；②客户为了节约成本增加效益，聘请外部的咨询单位或者咨询工程师为其出谋划策，通过某种短暂的咨询关系和咨询合作解决实际疑难问题，是一种最方便最省钱的办法；① ③客户对"三农"问题、农业发展现状和趋势以及农业生产的组织管理等方面知之甚少，但又有足够的资金投资农业，随着人们生活水平的提高，对健康愈加重视，投资农业的个人和组织越来越多，这类咨询活动也在增多。

现代农业咨询服务的内容是由甲方、乙方共同商定的。不同主体的咨询服务行为不同，不同客体的咨询需求内容也不尽相同。

客户的咨询服务行为与咨询工程师的专业知识密切相关，农业专业的咨询涵盖范围广，不同专业背景、工作经历的咨询工程师提供的内容有明显的差异性。比如，育种家提供的咨询服务内容多为某一作物的品种特性、适应条件、产量与品质特征等内容。耕作栽培专家提供的咨询服务内容主要是土壤、肥料、设施、水分、农药等综合生产措施对生产的影响；畜牧专家提供的咨询服务内容主要是饲养品种选择、饲料选择、饲养方式等；农业经济专家提供的咨询服务内容主要是农业发展政策、农业经济分析、农业发展战略分析等。在实践中，农业咨询是根据客体需求而组成相应的咨询团队，开展各类咨询服务，一般要依托一个有资信的咨询单位。咨询工程师会根据当下的农业科技成果、客体的自然条件和财力水平组织团队编制符合要求的咨询报告。

不同客体的咨询需求也有较大的差异。比如，农户咨询最多的内容是种什么能赚钱，在实践中经常有种植大户来咨询，家里有地不知种什么能取得较高的收入，或者养点什么好赚钱；乡镇政府咨询的内容多为区域发展规划，或是申报项目的可行性研究报告；企业及农民专业合作社咨询的内容多为申报项目

---

① 余明阳. 咨询学 ［M］. 上海：复旦大学出版社，2005.

的可行性研究报告，或是企业的战略管理咨询；区县级政府咨询的内容主要为农业产业规划，或是农村建设及城乡统筹发展规划；省级政府农业咨询的主要内容多为农业发展的政策咨询、规划咨询，以及农业科技发展战略，或就某一方面的发展做专题咨询（如种业发展战略等）；国家级的农业咨询内容主要是专题咨询，如农业政策咨询、粮食安全咨询、农业科技发展战略咨询等。

三、现代农业咨询学的概念

现代农业咨询学就是研究现代农业咨询活动规律的科学，是通过长期咨询实践积累，逐渐形成的探索农业咨询现象的本质和活动规律的知识体系，是从促进农业农村发展的角度研究咨询活动规律的科学。现代咨询学来源于现代农业咨询活动的实践，来源于不断增长的现代农业咨询活动需求，反过来又指导农业咨询服务活动。这是对现代农业咨询活动的科学认识过程，是在理论上揭示现代农业咨询活动的本质、发展方向、运行规律。通过不断完善现代农业咨询学理论体系，促进现代农业咨询学学科建设，更好地服务农业农村的发展。

按照咨询工作服务的对象不同，可以把现代农业咨询学研究分为三大类：①研究涉农企事业单位及其团队的发展规律的咨询活动，其咨询活动的成果多为发展规划、专题报告或战略咨询报告，为现代农业战略管理咨询学；②研究一个地区农业科技发展规律，其咨询活动的成果多为"某地区农业科技发展规划"，为农业科技咨询；③研究一个地区农业、农村发展规律，其咨询活动的成果是"某项目申请报告""某项目可行性研究报告""某地区农业产业发展规划报告""某地区农村发展规划"等，为农业工程咨询。

根据服务对象不同可分为政府委托项目、企业委托项目、农民专业合作社委托项目等。每一类别的咨询活动都要有团队组建、业务调研、难点破解、方案选择、报告撰写等过程，都有其发展的规律需要把握。现代农业咨询学研究的内容相当广泛而复杂。

四、现代农业咨询学的特征

各个时代的咨询服务活动具有不同的特质和要求，一个优秀的咨询成果，必须既立足当下，又面向未来，其管理理念、技术措施都应是最先进的，也就是说咨询学具有很强的时代性和前瞻性。社会实践是不断发展的，学术研究、学科发展应与时俱进，才能科学地指导实践，也可以说咨询学具有动态性。除此之外，现代农业咨询学还具有以下特征。

（一）专业性与创新性

专业性是指现代农业咨询的行业特色，它是紧紧围绕"三农"这一特定领域开展的咨询活动，咨询活动的服务对象、咨询单位的条件建设、咨询方案的内容表达和咨询团队建设上必须体现"农"，以及涉农各专业领域对农业、农村、农民的了解具有极强的专业性。所谓隔行如隔山，不是随便什么人就能做好的。

同时，提出的咨询方案必须是独特的、与众不同的，包括重新组合生产条件和要素，建立起效能更强、效率更高和费用更低的管理组织、生产经营系统，从而推出新的产品、新的生产方法，开辟新的市场，获得更高的经济、社会、生态效益。简单地从已有的咨询报告、相关资料中摘抄出来的方案，是不能获得成功的。也就是在农业生产实践中运用新的、先进的、实用的技术和管理理念，进而实现价值提升。

（二）复杂性与交叉性

上述的专业性并不是要把现代农业咨询活动限制在一个狭窄的专业领域，恰恰相反，现代农业咨询活动涉及农业行业及咨询问题相关的多领域知识，内容广博，是面向实践应用的综合性交叉学科，要综合运用农学、经济学、管理学、哲学、天文学、地理学、文学、工程技术科学、计算机科学等多领域的专门知识，才能做好现代农业咨询工作。

而上述的创新性也包括农业上的创意，就是通过对特色资源的创新开发利用，应用美学、艺术学、中医学、景观学、园艺学、环境学、市场营销学以及现代旅游学的原理和方法，开发农业的多功能性，形成高附加值的创意农业产业，进一步增加了现代农业咨询学的复杂性。[1]

因而，现代农业咨询学是一门多学科大跨度相互交叉渗透、不断融合而成的新兴学科，具有复杂性、交叉性的特点。此外，成功的现代农业咨询案例都不仅仅是知识创新的成果，往往还要依靠咨询工程师的经验，具备农业生产的实践经验，对农业有较深刻的感悟，才能作出符合未来发展方向的判断，才能准确把握复杂的农业产业、农业科技发展方向，农村社会发展规律，生态保护等实践问题。

---

① 刘宏曼. 创意农业：北京都市型现代农业新亮点 [J]. 当代经济，2009，7（下）：118-119.

（三）实践性与应用性

咨询学本是直接服务于实践的科学，现代农业咨询学是直接面向农业生产、农村实践的科学，必须实事求是、因地制宜、因时而异，是一门实践性很强的应用学科。农业农村地域辽阔分散，自然条件、人文环境差异很大，自然的农业生产呈现季节性的波动。从事农业生产的主体大多是遍布各地的农民，在农业企业上班的工人也以农民工为主体，不同地区的劳动力素质、生产技术水平、物质基础、管理方式、工作环境等方面差异很大。农业咨询活动的委托方差异性也较大，既有村委会、乡镇、区县政府，也有市级以上单位，还有个体工商户、农民专业合作组织、企事业单位等，这些差异要求一个优秀的咨询团队不仅具有高水平的专业知识，还必须深刻了解各社会群体的不同诉求，了解社会发展的进程，能够灵活运用相关的知识，做出实事求是的咨询方案。

另一方面，农业为人类提供基本的生存生活资料，但在国民经济中属于弱势产业，具有很强的基础性和公益性特征。农业活动以农产品的生产、加工、流通、服务等经营业务为主，以土地为基本的劳动资料，以生物、动物为主要的劳动对象，受到自然资源多样性、土地资源稀缺性，生产的周期性、地域性，稳定性和可控性差等特点的影响，投入产出规律及其结果难以把握，生产单位的现金流具有明显的非均衡性，经济效益具有不确定性。现代农业咨询学的研究主体、服务主体的多样性与不确定性，要求学科的建设与发展都要紧密联系实践，既要研究事物的普遍规律，又要研究现代农业咨询实践中具体的特异性的规律。

第三节　现代农业咨询的理论基础

做好现代农业咨询服务，必须了解和掌握农业发展、农业产业成长、农业科技扩散以及农民行为认知等基本规律。相关的理论成果很多，本节只择要作介绍。

一、产业生态学（循环经济）理论

依据自然生态有机循环机理，在自然系统承载能力内，对特定地域空间内产业系统、自然系统与社会系统之间进行整合优化，充分利用资源，消除环境破坏，协调自然、社会与经济的持续发展。循环经济思想萌芽最早可以追溯到20世纪60年代，美国经济学家鲍尔丁提出"宇宙飞船理论"，直到20世纪90

年代，随着人类对生态环境保护和可持续发展的理论和认识的深入发展，循环经济才得到越来越多的重视和快速的发展。减量化（reduce）、再回收（recovery）、再利用（reuse）是循环经济实施的基本指导原则。产业生态学主要有三个方向：面向产品的分析——生命周期评价，面向物流的分析——工业代谢分析，以及面向区域规划建设的研究——生态产业园。任何地区现代农业的发展都是一个可以模拟的自然系统，形成产业系统中"生产者—消费者—分解者"的循环途径，通过企业、农户等主体间的广泛合作，使资源得到充分利用，实现物质闭路循环和能量多级利用，达到经济与环境"双赢"的目的。主要涉及生态农业、生态工业、环保产业三种较为典型的生态化产业模式，同时也涉及政府相关的提高产业可持续发展绩效水平的产业组织政策。农业生态系统是由农业生物（植物、动物、微生物）、农业环境与资源（大气、土壤、水域）和农业技术经济（农业商品交换、农业组织管理、农业科技教育）3 个亚系统和 9 个亚亚系统组成，形成严格有序的结构，各系统内又按严格的次序、层次构成。现代农业越来越重视生态保育，减碳降碳，发展生态农业，是现代农业建设的重要方向，对我国生态文明建设具有重大意义。

二、农业科技成果供求理论

农业科技成果供求理论是 1985 年由日本学者速水佑次郎（Yujiro Hayami）提出的，他认为农业科技成果转化过程可分为人的活动和物的运动两方面。前者以人（或支配人的行为的各种组织）为中心，通过活劳动投入的数量、质量、比例结构等的调控，操纵科技成果向现实生产力转化的规模、速度、方向及其效果，使整个转化过程在人的调控下朝着人们的预期目标发展，产生的动机由需要程度决定。后者以物化劳动和自然资源为依托，通过对生产资源的配置或重新组合，使各种生产资源之间形成有序的时空结构，以便为科技成果植入和应用于农业生产经营过程提供良好的运行环境和配套条件。[①] 由此，可将这些要素划分为主体要素（人或组织）和客体要素（资源和农业科技成果本身）两类。

农业科技成果转化过程的主体要素涉及三个方面：①成果主体——农业高校和科研院所等，是农业科技成果的创造者；②成果受体——政府、涉农企业、家庭农场、农民专业合作组织和农民，是农业科技成果的需求者，指吸收和采用科技成果的组织或个人；③成果载体，是连接供求主体的桥梁和纽带。

---

① 饶智宏. 农业科技推广的理论分析［J］. 农业科技管理，2004（增刊）：41-47.

农业科技成果转化过程的客体要素包含以下三个方面。

1. 科技成果本身

只有那些符合农民需求、能较大幅度增收和降损增效的过硬科技成果，才有转化成功的基础。

2. 各种自然生产资源

农业生产中必不可少的土地、光、热、水、气、生物资源，是农业科技成果转化的载体和必要条件。没有草，草食畜牧业的成果不能运用，若缺水，淡水养殖技术就发挥不了作用（工厂化农业除外）。

3. 社会经济环境条件

主要指除自然生产条件外的生产条件和经济环境。如种子、农药、化肥、生产设施、生产资金、生产工具、产品加工、销售等条件以及社会（各主体要素）对成果的认识及积极性等经济环境。

三、新技术扩散理论

农民对农业新技术的采用是指农民从获得农业新信息到最终采用新成果的心理、行为变化过程。汤锦如（1999）认为农民采用农业新技术的过程大致可分为如下五个阶段。

1. 认识阶段

也称为感知阶段。农民从各种途径获得信息，与本身的生产发展和生活需要相联系，从总体上初步了解某项创新。

2. 兴趣阶段

农民在初步认识到某项创新可能会给他带来一定好处的时候，就会产生兴趣。

3. 评价阶段

农民根据以往经验、资料对该项创新的各种效果进行较为全面的评价，得出肯定或否定的结论。

4. 试用阶段

也称为尝试阶段。农民为了减少投资风险、估计效益高低等，在正式采用之前要先进行小规模的试用，为今后大规模采用做准备。

5. 采用阶段

也称为接受阶段。通过试用评价得出是否采用的决策，如果该项新技术较为理想，农民便根据自己的财力、物力等状况，决定采用的规模，正式实施此项成果。

新技术可以由少数人向多数人扩散，也可以由一个单位或地区向更多的单位或地区扩散。新技术在农民群体中扩散的过程，也是农民的心理、行为变化的过程，是驱动力与阻力相互作用的过程。当驱动力大于阻力时，新技术就会扩散开来。研究表明，典型的新技术扩散过程具有明显的规律可循，一般要经历突破、紧要、跟随和从众4个阶段。[①]

四、农民行为改变理论

现阶段，农民仍是中国农业农村发展的主体力量，其行为的改变规律深刻影响着咨询方案制定与实施过程。行为科学研究表明，人的行为是由动机产生，而动机则是由内在的需要和外来的刺激而引起的。人的行为是在某种动机的驱使下达到某一目标的过程。当一个人的某种需要尚未得到满足，就会引起寻求满足的动机。在动机的驱使下，产生满足需要的行为并向着能够满足需要的目标行进。当行为达到目标时，需要就得到了满足。这时又会有新的需要和刺激，引起新的动机，产生新的行为……如此周而复始，永无止境。[②] 因此，要深刻认识不同地域、不同年龄阶段、不同教育背景农民的行为特征，不断创造新产品、新技术、新理念、新机会，诱导农民行为跟上时代发展的步伐，不断提高劳动生产效率，成为新时代高素质农民。现代农业咨询正是遵循这一理论，通过咨询方案的实施，不断满足各类群体的需求，诱导主体行为的改变，并使之又产生新的需求，周而复始成为不断满足新需求、转变主体行为的过程。

五、农业发展的诱致技术变迁理论

速水佑次郎和弗农·拉坦（Vernon W. Ruttan）于1970年提出农业发展的诱致技术变迁理论，该理论指出一个社会可以利用多种途径实现农业的技术变革，一个国家要获得农业生产率和产出迅速增长的能力，取决于通过各种途径进行有效选择的能力。当价格能够有效地反映产品和要素供需变化以及农民、公共研究机构和私人要素供应商之间存在有效相互影响的条件下，市场价格信号将引导技术变革沿着一条有效途径进行：产品需求增长—资源禀赋变化—相对昂贵要素的替代需求—公共机构开发新技术—供应商提供现代技术投

---

① 张仲威. 农业推广学［M］. 北京：中国农业科技出版社，1996.

② 俞克纯，沈迎选. 激励·活力·凝聚力：行为科学的激励理论与群体行为理论［M］. 北京：中国经济出版社，1988.

入品—引导农民用相对丰裕的要素代替日益稀缺的要素—实现技术变迁。[①] 这种技术变革将导致新的收入流的产生和相对要素禀赋的变化，进而成为制度变革的重要源泉。咨询方案的制定和实施，要考虑多重因素作用的影响。

现代农业咨询涉及运用的理论还有很多，如农业工程技术经济理论、创业理论、系统工程论、区域经济增长理论等。在很多专业书籍中都有论述，在后面的相关章节中也会简要介绍，在此不予赘述。

第四节　现代农业咨询的主要类别

现代农业咨询属于行业咨询的范畴，根据笔者从事这项工作的经验，可以分为三大类，即农业战略管理咨询、农业科技发展咨询和农业工程咨询。

一、农业战略管理咨询

农业战略管理咨询是为了实现农业产业、涉农企事业单位的发展目标或委托方业务发展战略需要，而对涉农企事业单位管理、农业行业发展决策、生产计划与组织、方案实施的指导与控制过程所进行的咨询活动，使委托方战略方向明确、组织管理有序、经营方式得法、效益显著提高。主要包括农业发展战略专题咨询、农业企业运营管理咨询、农业企业营销管理咨询、农民培训需求分析咨询等。实际工作中遇到较多的是以农业企业运营管理咨询为主的综合咨询项目，其次是国家或地方政府某部门委托的农业某一发展方向的专题战略咨询，包括技术需求分析、专题政策研究、涉农政策的社会稳定风险评估咨询等。

二、农业科技发展咨询

农业科技发展咨询是综合运用现代科学决策与管理知识、现代农业科学技术以及其他相关知识与信息，包括咨询工程师的经验性预判，按照农业科技发展规律向委托方提供有充分科学依据的建议、方案、方法、技术、措施等咨询服务，也包括以农业为主要产业地区的科技发展战略规划。农业科技发展咨询主要包括三个方面：①农民或农村基层社会组织的技术咨询，比如种什么，怎么种能挣钱、能丰收等，并不是严格意义上的现代农业咨询；②以农业为主要

---

① 张树军．诱致技术变迁与农业技术进步模式选择的理论分析：基于生产要素价格变动的视角[J]．安徽农业科学，2009（16）：24-27.

经济支柱或农村人口较多、面积较大的县、乡的综合科技咨询，不仅局限在农业行业的科技咨询，还包括工业、信息、城镇建设、社会发展等方面的技术咨询；③国家或地方政府的农业科技发展专项咨询，如某省（市）制定的农业科技发展规划，国家自然科学基金委员会发布的涉农基金申报指南等，都是农业科技方面的专项咨询活动。

三、农业工程咨询

工程咨询是遵循独立、公正、科学的原则，综合运用多学科知识、工程实践经验、现代科学和管理方法，在经济社会发展、境内外投资建设项目决策与实施活动中，为投资者和政府部门提供阶段性或全过程咨询管理的智力服务。[①] 农业、林业专业的咨询是工程咨询 21 个大专业之一，农业工程咨询服务范围主要包括农业规划咨询、项目咨询（农业投资机会研究、投融资策划、项目建议书、农业项目可行性研究、项目申请、资金申请等）、评估咨询、全过程农业工程咨询。实践中运用较多的是农业产业规划咨询、农业园区规划咨询和农业项目可行性研究报告的编写。

我国的工程咨询业诞生于 20 世纪 80 年代初，是社会主义市场经济体制建立和改革开放的产物。随着政府职能的转变和建设项目投融资体制改革的深化，工程咨询在经济建设中的作用日趋重要。农业工程咨询简单来说就是为农业行业发展、农村发展、农业项目投资决策等提供科学依据。农业工程咨询业是智力服务性行业，需要运用多种学科知识、经验和现代科学技术管理方法。农业工程咨询虽然起步较晚，但发展很快，已成为农业工程项目建设中不可缺少的一部分。

第五节　现代农业咨询的社会功能

现代农业咨询促进了决策的科学化、民主化和管理的现代化，推动了现代农业发展、农业科技创新和城乡融合发展的进程。

一、现代农业咨询能够使"三农"政策更好地贯彻执行

农业、农村和农民问题是我国经济社会发展和现代化建设的根本问题，农业是国家的战略性基础性产业，国家和各级政府出台了一系列政策措施来支

---

① 何立峰. 工程咨询行业管理办法［J］. 中国工程咨询, 2017（12）：24-27.

持、保护、促进农业农村发展。尤其是 2004—2021 年，中央 1 号文件连续 18 年锁定"三农"问题。然而这些政策、措施并不是所有的人都清楚，并不是所有的干部都能理解透彻，在政策执行过程中总会存在这样或那样的偏颇，对事业的发展产生诸多的障碍。尤其是在信息化高度发达的时代，决策者在决策过程中需要考虑的因素越来越多，而且越来越复杂，决策的过程是一种挑战，不仅要熟悉本国农业政策，还要了解国外农业的各项政策。农业咨询机构及其执业者运用现代科学理论、技术和方法对复杂的情况进行系统分析研究，结合实践经验，提高了决策的科学性和可操作性。农业咨询工程师必须精通涉农领域各项政策，并擅于合理地利用政策策划项目，推动政策的贯彻落实，成为落实"三农"相关政策的重要工具和推手。

二、现代农业咨询是用现代服务业引领现代农业发展的重要手段

自我国"十一五"规划中强调要"推进现代农业建设"以来，全国现代农业稳步发展，农业科技进步不断加快，在推进农业机械化、规模化、标准化、信息化、产业化和科技进步等方面取得了重大进展，以生物育种技术、设施农业技术、新型肥料及施肥技术、农业病虫害生物防治技术、农产品深加工技术、农业防灾减灾技术、农业信息技术、高效节水技术等为代表构成的现代农业技术体系已经初步形成。同时，现代科技与信息技术紧密相连、突飞猛进，在很大程度上决定了现代农业发展的空间和高度。工业化、信息化、城镇化与农业现代化同步推进，现代农业发展方式需要不断优化，情况愈加复杂。现代服务业在促进"三农"发展中的地位就变得越来越重要。

只有依靠农业服务业的创新发展，才能在专业化分工下，不断优化农业发展的各要素结构和体量，持续提高农业发展水平。现代农业咨询是农业服务业的重要组成部分，是促进农业经济科学发展的先导产业。它能够集成技术、资本、劳动力、管理等要素，并进行优化配置，形成系统的、科学的咨询方案，通过方案的实施，协助生产者提高业务能力，采用新的生产工具和最新的农业科技成果，改进生产工艺和流程，加强生产管理，进行农业生产的流程再造，提高了管理效率和现实生产力的水平，促进现代农业科学发展。

三、现代农业咨询能够促进农业科技创新与成果转化

加速农业科技创新与成果转化是推动农业发展的强大动力，是现代农业发展的基础和支撑，是创新驱动发展战略在农业农村工作中的具体运用和落实，是提高我国农业国际竞争力的关键。如何开拓新思路，不断突破农业科技创新

与成果转化的瓶颈，在转化手段上创新，提升现代农业的科技含量和成果应用能力，需要持续探索、不断创新。不论是政府还是企业，在决策前先咨询，可以减少失误和不必要的损失、提高决策和管理的科学水平，有利于将农业科技成果系统集成并推广应用，破解农业科技创新和成果转化的瓶颈。

现代农业咨询是整合创新生产要素资源的重要手段，将技术、人才、资金、政策、管理、服务等创新要素有机集成，是知识、技术的继承、发展和利用的过程，更是一个技术创新的过程。通过充分整合农业大学、科研院所的技术力量，着力先进适用农业科技成果的推广应用，以市场为导向，以利益机制为纽带，将科研机构、企业与农户的行为连接起来，把科技、生产、市场结合起来，把农产品的生产、加工、销售环节连接起来，进行必要的专业分工和生产要素重组，实现资金、技术、人才、信息等生产要素的优化配置，从而推动项目区农业科技进步贡献率的提高，促进先进农业科技成果的落地应用。

四、现代农业咨询能够促进农民增收，加快乡村振兴进程

一个优秀的农业咨询方案，不仅能提高经济效益，更重要的是会产生较好的社会、生态效益。通过现代农业技术的集成组装、推广、示范、应用，扩散到更广的地区，把高效的产业化经营模式传递到广大农村，千家万户的农民掌握了先进实用的生产技术，生产出品质优良的农产品，提高了产品的质量和效益。一个优秀的咨询方案，着力于企业与农民的技术对接，提高农民的科技素质和市场意识，有的农民直接成为企业的职工，或组成了农业专业合作组织，完全按市场规律来运作，有效降低了生产成本，提高了生产效率，提高了农民的各项收入。一个优秀的咨询方案，着力于用现代市场经济经营理念和组织方式来管理农业，进行规模化、标准化生产，集中销售，带动加盟农户尤其是专业户步入农业现代化进程，逐步带动区域实现农业现代化。

农业现代化的过程必然加速各类要素的重组。农业现代化进程需要重新整理、配置土地，进行必要的集中经营；需要优化资金配置，并推进金融创新；大量先进技术的引入，必须要有人才保障，培训农民提升其素质和技能，还要引入各类必要的技术人才；需要引入先进的管理理念和有前瞻思维的管理者，培育先进文化。这些变化又要引动相关配套服务设施的建设，需要住房、餐饮、银行、学校、商场、医院等公共设施建设，以及道路、铁路、桥梁、网络、电力、水务等基础设施建设，进而需要工商、税务、公安、政府等公共管理资源的供给。这些建设加快了城乡融合发展的进程，对乡村振兴起到助推器的作用。现在很多咨询项目本身就是城镇化、城乡一体化以及乡村振兴规划。

五、现代农业咨询能够传播普及农业科学知识

科学普及和科技创新是我国实施创新型国家战略任务的两大抓手，让公众充分、公平地享受科技进步带来的福祉，并获得进一步发展的机会。一个优秀的农业咨询方案承载、记录着最新的农业发展理念、农业实用技术，是先进农业技术的优良载体。在信息时代，通过网络传播的知识，打破了因经济、种族、政治立场以及宗教信仰而形成的信息壁垒，向每个人提供了广泛获取知识、思想和见解的途径。然而，网络传播的知识、信息交叉重叠，每一节点处的陈述都以其他节点的陈述为注解或前提，且能以极低的成本复制，常产生知识堵塞现象。由于网络的无序性，网络知识的起点和传播过程都很难界定。好的知识一转再转，遗失了很多信息，又增加了很多信息，早已面目全非，知识的边界早已模糊，使人难以判定其准确与否、实用与否。而通过农业咨询方案传播的知识体系是专门针对某一具体事项的，经过加工和创新，有着清晰的边界，能够解决实际问题而又易于接受。通过农业技术传播使知识得以增值，从而物化为现实的农业生产力。

在生产力水平和人类文明程度充分提高的前提下，知识传播的手段和方式方法也在不断创新。知识的传播除了以往的信息搜集、知识积累和文明成果储存以外，更为重要也更为繁重的任务则在于对知识进行加工和过滤，而后进行高质量、高效率的对外传播。农业咨询服务不仅起到了加工和过滤的作用，而且进行了优化、重组与创新，能使广大农民及相关从业者与知识、技能之间保持协调的社会行为，始终让这些知识、技术有效地为农业生产服务。农业咨询方案作为前沿知识、技术与农民的"中介"，带动了农业技术的传播和普及，提升农民的文化素质，并进而内化为生产力水平的提高，加快农业发展方式的转变。

六、现代农业咨询能够促进农业科技进步

一个优秀的农业咨询方案的实施能够直接促进农业科技进步。比如有关农业科技发展战略的咨询项目，最终提交的咨询成果多是科技发展规划。通过咨询项目进一步明确农业科技领域在推进科学前沿和服务国民经济社会发展中的定位和作用，对未来农业科技发展进行深入的研究，充分凝聚我国农业科学家的战略智慧，不断探索规律，既要研究农业科技现状，还要研究农业科技发展动态、发展方向以及科学前沿，更要深入分析农业科技发展规律。明确未来若干年各专业学科领域的发展布局、优先领域以及与相关学科交叉的重点方向，

应对未来国际科技竞争态势。同时，要明确农业科技发展对营造良好政策环境的需求，促进改革创新，全面推动我国农业科技进步。政府科技管理部门对这类咨询项目的需求较多，该类咨询成果的实施能够直接促进本地区农业科技进步。

另外，农业咨询项目实施还可以间接促进农业科技进步，咨询项目是对未来农业发展的谋划，势必对科技产生新的需求，这种现实产业发展的需求最能拉动农业科技的进步。咨询项目的实施也需要农业科技的支撑，进而加速推进农业科技进步。

第二章 国内外农业咨询的发展概况

第一节 咨询活动的历史沿革

作为人类文明产生以来就有的一种智力交流与传播活动，咨询在极其久远的年代就已经为人们所认知。比如出远门的时候向长者们询问远方的习俗以及在路上的注意事项，外敌入侵的时候向部落长老们求救问计等。这种活动实际上是一种询问与回答的过程，这个过程中，存在着较多的智力思维活动。不同学者对于咨询活动发展阶段的划分不尽相同，在此，按照时间顺序将咨询活动分为三个发展阶段，即古代咨询、近代咨询和现代咨询。[①]

咨询成为国民经济中的一个行业，即咨询业，还是近代的事。是以咨询机构形式，依靠具有丰富知识和经验的咨询人员，为委托方提供各种智力服务的行业。现代咨询业自19世纪初在英国诞生以来，大致经历了个体咨询、集体咨询、综合咨询和国际合作咨询四个发展阶段。咨询业活动已渗透到经济、政治、社会、军事、法律等各个领域。[②]

20世纪40年代在西方国家兴起咨询公司，是从事软科学研究，并出售"智慧"产品的一种服务性公司。雇有一批具有各种科学技术知识的专家，安排他们从事社会、经济、政治、军事和科学技术、管理等方面的研究，提供最优化的理论、策略和方法，并进行预测，为客户服务。世界上较著名的咨询公司有国际应用系统分析研究所、兰德公司、斯坦福国际咨询研究所、伦敦国际战略研究所、巴特尔研究所、小阿瑟公司、野村综合研究所、中国国际咨询公司等。[③]由国家设立的征询意见的机构称为咨询机关，对政府交付讨论的问题提供意见和建议，不具有约束力。成员多为各党派代表人物，以及社会上有名望或具有专门知识的人。其名称各国不同，如西班牙称国务委员会，加拿大称枢密院，我国称各级党、政府的政

---

① 余明阳. 咨询学 [M]. 上海：复旦大学出版社，2005.
②③ 夏征农. 辞海 [M]. 1版. 上海：上海辞书出版社，1999：3049.

策研究室等。①

一、古代咨询

古代咨询指出现于人类社会早期并且一直存在于奴隶社会、封建社会和早期资本主义社会的咨询活动和咨询现象。从时间上看，主要是从原始社会开始出现咨询活动一直到英国工业革命之前的工业化发展初期。

古代咨询以发生在君臣之间为主，智囊（谋士）与君主的关系对咨询效果有较大的影响。历史上，亚里士多德（Aristotle）与亚历山大（Alexander）大帝、托马斯·霍布斯（Thomas Hobbes）与理查（Richard）二世、约翰·弥尔顿（John Milton）与奥利弗·克伦威尔（Oliver Cromwell）、商鞅与秦王、孟子与梁惠王、魏征与唐太宗等，君臣之间的关系处理得较好，为人称道，因而，对社会进步起到了重要的推动作用。然而，古代君主并不完全尊重谋士们的独立价值，往往是请他们为自己的政绩作解释，而不是真正倾听他们的意见，尤其是反面的、批判性的意见。此时，谋士们得到的是悲剧的下场。被誉为"治国良臣、兵家奇才、商人始祖"的范蠡帮助越王勾践卧薪尝胆灭了吴国后，功成身退，留言"蜚鸟尽，良弓藏；狡兔死，走狗烹"与好友文种，文种不听，结果被越王赐死，这就是一个典型的谋臣与君王不能共存而发生的悲剧。

古代咨询有三个特点：①咨询工作往往是个体活动，不注重发挥集体智慧，是单个的"智囊人物"发挥作用，而不是"智囊团"的集体智慧起作用，有一定的局限性；②咨询工作的方法基本上是凭经验和推理，这就免不了经常发生失误，可靠性难以保障，影响了咨询结论的科学性；③咨询工作都隶属某个统治者，因此，在咨询过程中不免会看主人的脸色办事，其公正性、独立性必然会受到影响。②

二、近代咨询

（一）工业化进程催生了近代咨询

18世纪60年代，资本积累和科学技术的发展促进了传统农业社会向现代工业社会转变，为工业化的产生奠定了基础，大工业的思想和理念渗透到社会

---

① 夏征农. 辞海［M］. 上海：上海辞书出版社，1999：1948.
② 冯之浚. 渊远流长的咨询活动［J］. 群言，1998（3）：3.

的方方面面，服务业随之发展并逐渐壮大。工业化进程也催生了中国的近代咨询。1840 年，鸦片战争后，中国进入半殖民地半封建社会，封建经济开始分解，中国自给自足的封建小农经济开始解体，促进了中国商品经济的进一步发展，为中国近代资本主义产生提供了最基本的条件，包括劳动力、市场、资本等。1912—1919 年，曾出现短暂的繁荣（中国近代民族工业的黄金时期），新建厂矿有 600 多家，其中发展最快的是纺织业和面粉业。工业化对近代咨询产生了深远的影响，专业化、市场化的咨询团队开始产生，咨询开始成为服务业的一个行业门类，也进一步催生了现代管理科学发展壮大。

（二）专业化分工是近代咨询产生的必要条件

商品经济发展对专业化知识的需求越来越高，凭借个人的传统经验性知识和推理已很难满足工业化大生产的要求。专业化分工是提高组织工作效率、促进经济增长的源泉，就是要把企业活动的特点和参与企业活动的员工的特点结合起来，把每位员工都安排在适合其知识、技能特长的领域中工作，有利于提高工作熟练程度，减少因工作变换而损失的学习时间，有利于使用高效的专用设备，不用再为新岗位而对员工进行培训。由于长期从事同一工种的工作，从而不断地丰富提高其知识和技能，并进一步提高企业组织的产出绩效。专业化分工需要能够独立完成某一专门技术任务的设计、施工工作的专门人员，工程师职业悄然兴起。例如，中国最早的民族工业江南机器制造总局的机械管理方面的首席工程师就是美国人霍斯。工业化生产要求进行专业化的企业组织设计，包括部门设计、层级设计等，都必须遵守专业化分工的原则。专业化的大生产也将原有的咨询服务演变成了专业化的咨询团队，逐渐开始市场化运作，并成为服务业门类中的重要组分。

（三）现代管理学的产生和发展是近代咨询产生的科学基础

现代管理学，研究在现有的条件下，如何通过合理地组织、配置人财物等因素，提高生产力的水平，是适应现代社会化大生产的需要而产生的综合性交叉学科。涉及决策论（decision theory）、博弈论（game theory）和运筹学（operations research）等学科。通过科学管理理论、行为科学理论、管理科学理论、决策理论、生产管理方法、信息管理方法等，来研究管理的方式方法；通过组织行为学、领导科学、组织文化等，来研究组织理论；通过厂商理论、产业组织、市场学、消费者理论、战略管理等，来研究经营理论。不仅研究应用专门知识和技能的能力（技术技能），还研究与人共事、理解别人、激励别人的能力（人际技能）和分析、诊断复杂情况的心智能力（概念技能）。也使咨询从简单的技能咨询，发展到企业生产组织与管理咨询、战略咨询，以及将工程技术与现代管理紧密相连的工程咨询。在咨询手段和方法运用上，以设计试验和数学计算为主，相比于以前的以个人才智和悟性经验随机进行的咨询，有了本质上的不同，成为近代咨询产生的学科基础。

（四）咨询行业协会的产生是近代咨询发展的一大特点

为适应工业化和科技发展的需要，咨询在工程、科技、管理等领域的业务不断拓展，咨询的组织形式也由个体发展为集体组织，成为具有法人性质的专业咨询机构，咨询也逐渐受到人们的认可，由单纯的社会活动上升为一个服务经济社会发展的行业。紧接着是建立咨询行业的从业规范，咨询工程师协会、学会等组织应运而生。1913 年成立的国际咨询工程师联合会（FIDIC）是国际上最大的咨询行业协会，在提高咨询工程师的职业道德和服务水平、加强工程项目的科学管理和可持续发展、建立公平竞争秩序、促进国际经济技术的交流与合作方面，起着重要的作用。我国于 1992 年成立了中国工程咨询协会（CNAEC），会员遍布全国各地。

三、现代咨询

（一）科技进步促进了现代咨询的快速发展

第二次世界大战促进了科学技术的腾飞，也促进了咨询业的飞速发展。为了战争的需要，在政府的组织和推动下，科学家在系统论、控制论和信息论等基本理论，以及原子弹、计算机科学技术等方面的研究取得了重大突破。战后，原子能、电子计算机和航天技术迅速发展。同时，以建立模型和定量分析为主的数学方法、以经验主义和权变理论为代表的案例研究方法、以价值工程和不完全信息理论为主的经济学研究方法进入管理学的研究领域，促进了管理科学的新发展，为咨询业开辟了新领域、提供了新方法。

在科技进步的推动下，产业结构逐步优化升级，现代咨询的发展步伐加快。在社会生产和再生产过程中，体力劳动和物质资源的消耗相对减少，脑力劳动和知识的消耗增长，劳动和资本密集型产业的主导地位日益被知识和技术密集型产业所取代。尤其是在 20 世纪 90 年代中期以来，世界范围内产业结构发生了较大变化，第一产业所占比重进一步减小，第二产业比重也逐步下降，而第三产业比重呈现不断增长的态势。发达国家的服务业在国内生产总值

（GDP）中所占比重超过了 70%。对信息、服务、技术和知识等要素的依赖程度加深。服务业向第一产业和第二产业延伸和渗透，对生产前期研究、生产中期设计和生产后期的信息反馈过程展开全方位的服务。因而，金融、法律、管理、培训、研发、设计、客户服务、技术创新、广告等综合服务日益发展壮大。现代咨询业发展迅速，体现了信息化、国际化、规范化、一体化的特征。

（二）现代咨询的主要特征是信息化、国际化、规范化、一体化

信息技术在咨询服务中的应用，提高了现代咨询发展的速度，信息技术推广应用的显著成效，促使世界各国致力于咨询的信息化。尤其是 20 世纪 90 年代中期以来，计算机和网络技术的飞速发展，使咨询工作获取和处理数据的速度加快，数据、知识的创新与挖掘速度愈来愈快，网上咨询、虚拟咨询服务兴起，咨询服务效率快速提高，呈现咨询信息化的特征，促使咨询业迅速成长。

现代咨询的国际化是伴随着世界经济的全球化而兴起。第二次世界大战后，新科技革命使劳动生产率大幅度提高，各国经济的相互依赖程度加大，推动了各国经济走向国际化。在现代科技和世界经济大潮的推动下，现代咨询业务突破了本国界限，向国外不断拓展；国际咨询业务合作不断增加、不断深化；现代咨询的国际交流日益频繁，引导着世界经济的发展走向。

现代咨询的规范化表现在咨询组织和行业的规范化两个方面。一方面，现代咨询的组织化程度越来越高，具有法人地位的咨询机构数量不断增加，规模不断扩大。发达国家的咨询机构发展成为大型的跨国咨询集团，出现了综合咨询研究机构，成为服务政府和社会的"智囊团""思想库""头脑企业"。另一方面，现代咨询行业的自律性和制度建设不断加强。行业的规范包括合同格式、工作指南、程序规定、工作手册等。我国也制定了一系列工程咨询行业管理规范，现在实行的《工程咨询管理办法》《工程咨询单位资信评价标准》是由国家发展和改革委员会分别在 2017 年 11 月 6 日、2018 年 4 月 23 日发布的，是推进工程咨询行业自律管理、优化行业服务供给侧结构性改革的举措，也是贯彻国家"放管服"改革要求的制度安排。2018 年 6 月 28 日召开的中国工程咨询协会第六届会员代表大会，通过了《中国工程咨询业自律公约》，成为我国工程咨询行业共同遵守的行业规范。

现代咨询的一体化特征表现在现代产业自身的融合性特征和全过程咨询趋势。首先，产业自身融合性发展而表现出一体化特征。科技进步和信息化的不断发展，使现代产业间的融合互动程度更加深入、范围更广、层次更高，产业的生命力更强。信息技术几乎渗透到工业、农业和服务业的所有产业，服务业

对工业、农业的融合与渗透，已经从某个产业发展到全产业链，成为产业结构优化升级融合发展的催化剂。其次，现代咨询的一体化表现为从某个独立事件的咨询逐渐向全过程咨询发展，从前期战略咨询、规划咨询、可行性研究咨询，到设计、招标、监理、管理咨询等业务，既有专业性的咨询公司参与，又有综合性的咨询公司参加。现代社会中咨询已经无处不在，渗透到社会生产与生活的各个领域。

第二节　国外农业咨询的发展概况

发达国家的策划机构，有的叫咨询公司，有的叫智囊团，有的叫研究所，有的叫"智库"等，规模不等，从业人员很多，对国家的政治、经济、文化等方面影响相当大，有的甚至影响到国际关系。农业咨询业通常都是这些咨询机构的业务领域之一，有代表性并且发展比较好的主要有英国、德国和日本。

一、英国农业咨询的发展概况

作为老牌的工业国，英国策划咨询几乎是与工业革命同时起步的，1818年，英国土木工程师学会（The Institution of Civil Engineers）的成立标志着工程咨询业的诞生。英国被认为是咨询业的创始国，经过两个多世纪的发展，英国的策划咨询业已经形成一个规模比较大、行业发展比较成熟的体系。有各种规模的策划咨询机构2 000多家，较大咨询机构的从业人员有2 000多人，服务范围十分广泛，包括工程咨询、技术咨询、管理咨询。随着咨询机构的壮大，不断地分化出新的咨询机构，有经验的技术人员成为合伙人，成立新的机构；从制造商、承建商企业中分化出技术人员，建立新的咨询机构；适应大型化、复杂化工程项目的需要，建立多学科、多个专业协调的大型咨询机构。英国咨询业呈现了自身的特点：①历史悠久，经验丰富，因为发展早于其他国家，有百年的历史，积累了相当丰富的咨询经验，有大批资深的咨询人才，有相当稳定和长久的业务关系；②组织严密，作风严谨，对行业的管理很严格，咨询人员须由咨询工程师协会审查合格后才能吸收为会员，个人和企业，未经审批入会，不能开展咨询业务，向海外开展咨询业务，须由海外协作事业部统一管理，咨询组织之间互通情报、交流经验，咨询项目的实施和验收都非常严谨，注重信誉；③行业地位高，社会广泛支持，英国的咨询业很受社会的尊重，从事咨询业的人属于知识行业，社会地位很高，社会对各类咨询机构很支持，提供各种条件让咨询企业相互协作，有时女王会参加一些大型咨询工程竣工的颁奖仪式；④向外拓展业务，跨国经营，英国咨询业非常重视向海外发展业务，政府鼓励咨询业进军海外，沿袭原来在殖民地积累的资源优势，同时由驻外使馆搜集情报支持咨询公司，在经费上也对咨询公司提供帮助。较著名的是创办于1958年的"英国伦敦国际战略研究所"，其理事会成员包括欧洲、北美洲、中东、东亚以及太平洋地区16个国家。

1944年英国的农业法规定农业部免费提供科技服务和农业培训。1946年10月1日成立了国家农业咨询服务机构（National Agricultural Advisory Service，NAAS），其主要任务是推广农业新技术，以保证英国自身食品供应的需要。1971年，NAAS和另外四个农业部所属单位合并成一个大型机构"农业发展和咨询服务部"（Agricultural Development and Advisory Service，ADAS），把主要力量放在发展而不是研究上，在农业领域引进现代信息技术；使农业服务部分或全部有偿化；发展低投入农业，重视动物和自然保护。自1992年4月1日起，ADAS变成了一个执行公司，成为农业部管辖下的一个独立经营单位。这个改革使农业技术推广服务引入了更大的独立性和自主性，赋予ADAS私营色彩。

农业技术推广从无偿服务转向有偿服务的过程并不是一帆风顺的，推广人员必须从市场的角度去考虑问题，挨家挨户提供咨询服务。ADAS用了很大的力量改善公共关系，开展促销活动。通过农业报刊和专业展览会，向农户提供了大量的宣传品，分类介绍服务内容：动物饲养、大农业、园艺、管理、农产品市场、农村工程（建房、机器、土地整治）、研究和发展、实验室分析和病虫害防治等。

ADAS对技术推广人员制定了专门的培训计划。技术人员不仅要懂技术，而且必须有能力向农民介绍税率，说服农民签订合同。技术推广工作分成15个地区中心，其中有1个中心领头，每个中心都设有若干咨询站负责商业性推广服务，并有几个特殊服务部门负责完成农业部委托的任务。每个中心有6～10名专家，由1名组长率领。同时有6个发展中心可以为专家在各地区推广中心工作中提供科研支持。这6个发展中心都有各自的专长：大农业和种植业、养殖业、经济开发、农村工程、土壤和水、环保。发展中心主要负责ADAS的专项技术和工艺管理，把这些技术传授给技术推广人员，并对他们进行技术和商业培训。ADAS的开发试验在研究中心进行，实验室中心则专门从事化学分析、微生物和植物病测试工作，为技术推广人员和研究中心提供服务。ADAS共有1 900名工作人员，其中大部分在75个地区的推广站工作，约有350人在研究部门工作。

在农业技术的推广过程中，ADAS 必须与农民签订合同。技术推广人员去现场考察、研究分析，制定一个总体方案。费用标准根据技术人员所付出的时间和效益而定。一个农业项目一年的推广费平均为 2 000 英镑，每天的咨询费约为 250 英镑。农业部在推广水污染（肥料库、青储饲料、燃料）处理、动物免疫、多样化开发和景色管理方面给予费用支持。农业部与其他工业部门对应用研究的开发试验也给予了费用支持。[①]

二、德国农业咨询业的发展概况

如果说，英国的策划咨询机构是老牌的智囊团，那么，德国的策划咨询机构则是后来居上。冷战后，德国咨询产业呈现稳定快速发展势头，年增长率远远高于德国国民经济年增长率，咨询产业年增长率均超过 10%。已经形成了一系列著名的大型综合性咨询公司，产业高度集中，实现了跨国经营，成为一个成熟的现代产业。德国已有各种形式的咨询机构 9 680 家，包括政府决策咨询机构、兼有投资功能的咨询机构、以技术转让为主的咨询机构、纯营利性咨询机构。据德国咨询业协会的统计，信息技术咨询的营业额占整个咨询业营业额的 34%，居第一位；而企业管理咨询的营业额占 31%，居第二位，两大领域合计占总营业额的 2/3。在德国，信息技术咨询和企业管理咨询的服务渗透到工业、农业、商业、交通、建筑、服务等各行业。主要特点有：①德国咨询业紧紧依托于市场经济的发展，及时为激烈竞争中自主决策的企业提供各种咨询服务；②德国咨询业十分重视人才的质量，咨询公司对咨询人员的素质要求很严格，一般说来，只有拥有某专业的专家资格，如经济师、建筑师、会计师或经济学博士、法学博士等，才有条件加入咨询组织；③德国咨询业充分发挥行业组织的积极作用，1954 年，德国成立了德国咨询协会（BDU），会员单位已经超过 410 个，协会有 6 400 名专业咨询人员；④德国咨询业非常重视咨询的规范性和咨询活动与新技术的结合，科学规范的咨询程序，保证了高水平的咨询结果，与高新技术的结合，提高了咨询的科学性；⑤加快高新技术的产业化进程，把咨询活动面向高技术企业、科研机构和高等院校，而且德国咨询业十分重视市场的科学预测与企业的良好信誉。

在德国，农业咨询服务内容广泛，包括与农业生产和生活有关的各种信息。德国主要的农业咨询机构是官方的，德国的各种农业法案中都规定，农民可以免费享受政府的农业咨询服务。主要内容有：①在生产方面，如何生产优

---

① 常诚．ADAS：英国最大的农业咨询机构［J］．宁夏农林科技，1995，1：44-46.

质产品、提高经济效益和保护生态环境；②在管理方面，如何合理利用土地、劳动力、资本等生产要素；③在市场营销方面，如何争取有利的市场和增加销售机会；④在家庭经济和家政方面，如何提高家庭的经济收入、改善生产状况，以及处理各种家庭问题。德国官方的农业咨询服务，面向全体农民，是无偿的。但各地的具体方针和工作方法有所不同。在大多数州，官方咨询机构的人员，要承担各种农业咨询工作、职业教育工作、家庭经济专业学校的教育工作及各种行政管理工作。

除了官方咨询机构外，德国还有民办的农业咨询机构，即各种农业咨询社。农业咨询社是由农民自愿组织起来的，先选出一个理事会，再由理事会雇用一名咨询员，作为咨询社的业务工作人员。咨询社的费用主要由加入该社的农业企业和农场主承担，州政府有关部门也给予一定的资助。这种农业咨询形式是对官方咨询服务的必要补充，两者密切合作。官方咨询机构为咨询社提供指导和各种便利，咨询社则将有关咨询信息反馈给官方咨询机构。农业咨询社的工作范围，与官方农业咨询机构类似，但其重点是生产技术和企业管理的咨询。咨询社的优点有三：①有利于咨询社成员积极参与咨询活动，增强其主人翁意识；②由于咨询工程师是专职的，不兼其他与咨询无关的事物，所以能提高咨询服务效果；③因咨询社分布广泛，所以有利于对农业企业和农场主开展特别咨询服务。[①]

三、日本农业咨询业的发展概况

日本的咨询机构，在 20 世纪 50 年代开始出现，到了 50 年代后期，随着日本国土综合开发事业的发展，公共事业方面的咨询企业纷纷涌现，在 60 年代后期日本咨询业逐渐步入快速发展时期。日本的咨询业的开展时间相对晚些，主要以综合性咨询机构居多。

市场作为一只"无形的手"，是推进咨询行业前进的主要力量。其次是政府的支持，日本政府为推动信息咨询产业发展发挥了重要的作用。可以说，在发达国家中，由政府制定完善的政策，并采取强有力的措施，大力推动科技中介与信息咨询业的发展，日本政府的作用是最为突出的，其效果也是最为显著的。有如下几个特点：①由政府立法，并制定有关实施细则，对科技中介与信息咨询业的社会地位和在国民经济中的作用予以明确的肯定；②由政府指定事业法人，由通商产业大臣委托具体咨询机构负责国家项目咨询和企业重大业

---

① 成茹. 德国重视农业咨询服务 [J]. 云南农业，2000（5）：24.

务；③根据政府指定法人及通商产业大臣委托事业的分工，各事业法人依法推动相关的企业援助工作，并具体承担政府的专项拨款的实施；④建立相应的国家资格考试制度和资格认定制度，为科技中介咨询业的队伍建设提供政策保障。虽然日本的科技中介和咨询有强烈的政府色彩，但运作完全按照市场经济规律。日本已把强化咨询研究看作产业生存、竞争和发展的重要国策之一，每年的咨询研究费约占日本科研经费的1%。①

农业咨询业在发达国家已发展成一个成熟的行业，成为一个国家农业现代化和农村经济繁荣的重要标志。大力发展中国的农业咨询业，对于合理配置农村生产力要素、加速农业科技进步、提升农业产业化发展水平、促进农业增长方式的转变和农业供给侧结构性改革、提高农业社会经济效益、加快乡村振兴步伐，具有十分重要的意义。

四、国际农业咨询业发展对中国的启示

国际工程咨询业的发展已有近200年历史，国际管理咨询业的发展也有100多年历史，而国际农业咨询业则是第二次世界大战后发展起来的。各国政府分别制定不同的政策扶持农业咨询业的发展，加快了现代农业建设步伐。各国普遍重视农业咨询人才队伍建设，农业咨询从业者多具有较高的学历，并拥有广泛的经验和不同学科的知识。不断提高和改进咨询的手段和方法，数据库的建立和不断改进的分析方法使咨询服务的效率不断提高、结果也更加科学。尽管很多农业咨询机构是非营利性的，也完全按照市场经济规律运作，依靠咨询工程师诚实、公正、客观、科学的咨询精神，依靠咨询机构科学、严谨、规范的咨询程序，依靠咨询行业协会的监督，在激烈的市场竞争中，逐步形成自身的品牌，从而在竞争中立于不败之地。②这些经验对中国的农业咨询业发展有很好的借鉴意义。

（一）不断提高全社会的咨询意识

要采取多种措施，在全社会倡导"先咨询，后决策，有问题找咨询"的现代管理理念。要充分利用新闻媒体，广泛宣传和普及咨询知识，介绍咨询业在经济社会发展中的重要作用，摒弃"万事不求人"的传统观念，强化"借脑""融智"意识。要通过成功咨询案例的宣传和示范，使客户和潜在客户树立咨询先行意识、咨询有偿意识和咨询产业意识，逐步营造有利于农业咨询业发展

---

①② 张汉明，黄其振. 国际农业咨询业发展的经验及其启示 [J]. 世界农业，2007 (6)：8-10.

的良好环境氛围，提高农业咨询业的社会地位。

（二）加大政府的宏观管理和政策扶持力度

政府的宏观管理和政策扶持是农业咨询业发展的必要条件，在未来相当长一段时间内，为农业发展提供咨询服务将会发挥越来越重要的作用。要充分发挥咨询行业协会的作用，建立农业咨询机构的市场准入制度。在税收、信贷等方面给予政策扶持，鼓励农业科研机构、大专院校及其他社会组织和个人积极兴办农业咨询服务机构。对从事农业咨询服务的中小企业，由政府采取适当的方式给予政策扶持，纳入农业科技推广体系扶持范畴，以农业咨询业的发展来促进现代农业的发展。要通过重点扶持和政策倾斜，逐步培养和造就一批国内知名的现代农业咨询服务机构，逐步形成有一定规模、一定影响的中国特色现代农业咨询产业。

（三）加快建设高素质的农业咨询人才队伍

发达国家对咨询从业人员要求极高，一个高素质的咨询工程师，不仅要有较高水准的专业知识，还要具备法律、心理、社会、经济及相关科学知识；不仅要有敏锐的思维能力和较强的语言表达能力，还要具有很强的创造性、灵活性、上进心和事业心；不仅要具有较强的分析判断能力和协调组织能力，而且要有较强的解决问题的能力和丰富的实践经验。尽快建设符合时代要求的高素质农业咨询人才队伍，已成为中国农业咨询业加快发展的当务之急。要引进不同专业的技术人才，优化咨询人才队伍的结构。建立和丰富农业咨询专家库，加强与专家的联系。完善在职咨询人员的培训制度，对现有从业人员分期分批地进行专业、外语和其他相关知识的培训，定期举办各类讲座，不断提高从业人员的素质。要选派有潜力的农业咨询人员出国进修、考察或合作研究，使他们在实践中不断得到锻炼和提高。

（四）完善农业咨询机构自身的运营机制

运营机制是咨询机构不断发展的内在动力。按照市场机制的要求，尽快建立一套既有激励又有约束、符合咨询业发展规律、充满生机和活力的运营机制，是中国农业咨询机构的当务之急。积极探索事业单位的农业咨询机构灵活经营之路。要有明确的经营战略和经营理念，建设高效的工作团队。以"扁平化"的组织结构代替"矩阵式"的组织结构，推行项目经理责任制及单位技术负责人责任制。强化责任意识，明确项目合同管理、咨询活动过程管控、咨询成果产权等在内的各项责任，实行全过程管理。建立有效的内部激励机制和约束机制，充分调动咨询人员的积极性和创造性。

(五) 加强农业咨询机构的合作与交流

随着经济全球化趋势的日益发展，咨询业的发展已经冲破了地域、国界的限制，广泛的咨询合作与交流已成为一种时代的潮流。鼓励农业咨询单位引进科学的咨询方法和高效的咨询服务手段，促进引进吸收再创新。积极与有关国际组织沟通，建立长期的合作关系，开展各种形式的农业咨询国际合作与交流，提高我国农业咨询国际化水平。鼓励有一定实力的农业咨询单位"走出去"，拓展海外市场，通过与国外同行的竞争与合作，了解和熟悉国外咨询业的管理与技术，在竞争与实践中不断接触、引进和吸收最先进的技术、知识、经验，学习国外先进的咨询理论、技术和方法，积累经验，使中国的农业咨询业沿着服务专业化、经营市场化、技术现代化、功能社会化的方向发展，提高农业咨询服务的效率和质量。

第三节　中国农业咨询的发展概况

一、农业咨询活动历史悠久

虽然中国现代农业咨询发展的时间不长，但中国有着悠久的农业咨询活动历史。古之人，皆食禽兽肉。至于神农，人民众多，禽兽不足，于是神农因天之时，分地之利，制耒耜，教民农作（东汉《白虎通德论》）。[①] 燧人之世，天下多水，故教民以渔，宓羲氏之世，天下多兽，故教民以猎（秦尸佼《尸子》）。[②] 可见，在约公元前 6000 年时，神农氏、伏羲氏就开始教民制农具、耕种农作物、狩猎，从事最原始的农业生产。

据贾思勰的《齐民要术》中记载，范蠡（即陶朱公，公元前 536 年—公元前 448 年）在春秋时期即教民生产致富之法，"猗顿，鲁穷士，闻陶朱公富，问术焉。告之曰：欲速富，畜五。乃畜牛羊，子息万计"。[③] 这也是我国较早的"技术扶贫"的案例。据《汉书》（东汉班固著）记载，氾胜之"成帝时为

---

① 游修龄. 中国农业通史. 原始社会卷 ［M］. 北京：中国农业出版社，2008.

② 曾雄生. 中国农学史 ［M］. 福州：福建人民出版社，2008.

③ 郭文韬，严火其. 贾思勰王祯评传 ［M］. 南京：南京大学出版社，2001.

议郎"，"使教田三辅，有好田者师之。徙为御史"。① 这是我国较早的由于教人种田而得以升迁的记载。

清朝乾隆年间的《旌德县志》中记载，元代"元贞间县尹王祯……治旌六载，每暇口躬率家童辟廨西废圃，构茅屋三间，引鹿饮泉水注为清池，以种莲茨，四面树以花草竹木，仍别为谷垄稻区，环植桑枣木棉，示民种艺之法，扁其居曰山庄，命其圃曰偕乐。又尝教民种桑麻苎禾黍牟麦之类。并图画所为钱镈梗耧耙扒诸器，使民为之"。② 王祯从播种到收获的方法，都一一加以指导；又"亲执耒耜，躬务农桑"。最后，王祯把教民耕织、种植、养畜所积累的丰富经验，加上搜集到的前人有关著作资料，编撰成《王祯农书》（完成于 1313 年）。对广义农业生产知识作了较全面系统的论述，提出中国农学的传统体系。

著名农学家徐光启（1562—1633 年），亲自进行农业试验，总结出许多农作物种植、引种、耕作的经验，对引进新作物、推广新品种、促进农业生产技术的传播起到了重大的作用。考中秀才以后，徐光启常拿自已整治水淹地的事例来教育学生："那几弓地，本来十年九不收，我只用很少时间稍加整治，种上杨柳，每年家里烧柴，就从这里解决了，可见世上没有无用的土地，只怕你不开动脑筋，不研究农事。"徐光启不仅提出了出现荒年时，朝廷要推出什么政策，官员要做点什么事情，更直接告诉灾民，什么作物的根、茎、叶可以吃，什么树皮可以吃，甚至什么泥土可以充饥，而什么东西不能吃等许多具体的方法。③ 所著《农政全书》在我国农业科技发展史上具有重要的历史地位，产生了深远的影响。

二、现代农业咨询的产生

（一）产生条件和背景

中国农业从 20 世纪 90 年代开始，全面进入新的历史发展阶段，主要农产品供给已由长期短缺转变为总量基本平衡、丰年有余；农业发展已由受资源约束转变为受市场和资源双重约束；农业已由单纯追求"高产"转变为追求"高产、优质、高效、生态、安全"；农民收入的增长，已由主要依赖农产品产量的增长，转变为依靠调整产业结构、发展多种经营，以及外出务工的收入；农

---

① 万国鼎. 氾胜之书辑释［M］. 北京：农业出版社，1980.
② 郭文韬，严火其. 贾思勰王祯评传［M］. 南京：南京大学出版社，2001.
③ 我先祖的故事：利玛窦、徐光启与熊三拔［M］. 杭州：浙江大学出版社，2010.

业正由传统农业加速向现代农业转变。

与此同时，科学研究的重大突破使农业生产和科学技术本身产生质的飞跃，出现革命性变化；现代农业科学在学科分化、分工与更新的同时，不断走向新的综合与联合，具有智能化、实物化、产业化和多功能化等显著特征，形成许多新的科技交叉点和生长点，拓宽了农业的领域。自然科学与社会科学、技术科学与经济科学结合更加紧密，农业发展战略问题研究越来越重要，农业产业发展规律的研究越来越重要，农业项目的咨询策划与评估的研究越来越重要。只有更好地掌握农业自然规律和经济规律，才能更有力地促进农业发展战略决策、体制、机制和政策的完善以及农业科学技术水平的提高，推动农业和农村经济全面发展。为政府相关部门和企业、事业单位，以及各类社会组织从事现代农业提供更多的智力支持与服务。

（二）旺盛的需求加速了现代农业咨询的发展

现代农业咨询是按市场规律向客户提供有充分科学依据的规划、可行性报告、项目建议、实施方案等各类咨询服务的新兴产业，它既是市场经济发展的产物，又是推动市场经济发育的积极因素。以实地查看、辨别实物、发送简明技术数据、口头解答等方式，解决生产疑难问题的工作，还不是真正意义的现代农业咨询。就传统的农业咨询本身而言，常常是把农业技术推广定义为一种咨询活动，农业技术发展到一定阶段，必然要运用现代农业咨询的手段、方法、理念加速推广，但农业技术推广不是真正意义的现代农业咨询。[①] 进入 21 世纪，随着国际经济全球化和市场经济一体化的逐渐形成，咨询业作为一个行业发展的概念已被社会所接受，在发达国家早已成为重要的产业，对推动管理创新、科技与经济的深层次结合，起着重要作用，并伴随着经济、社会的快速发展而茁壮成长。

1. 农户生产经营需要农业咨询

农户依然是现阶段我国直接从事农业生产的主体，在市场经济中，农民会遇到品种选择、技术选择等一系列的问题，如果仅靠原有经验和原有技术，所得的收益是有限的、暂时的，面对一系列的选择与集成（即品种、栽培技术、采收技术、包装流通等）创新，农户要作出正确的决策与选择确实很难，因此迫切需要农业咨询。虽然这种咨询，很少是真正意义的现代农业咨询，但农户

---

① 罗建军，郭常莲，聂濮阳. 山西省农业科技咨询产业发展研究［J］. 科技情报开发与经济，1997（2）：8-10.

的咨询活动是现代农业咨询活动的基础和有力推手，会推动合作组织、政府、企业产生现代农业咨询的需求。

2. 政府宏观农业管理需要现代农业咨询

中国特色社会主义市场经济的发展与完善，要求政府加快推进经济、社会、生态的民主化和科学化进程，提高各行业的管理效率。农业是既有经济效益，又有重大社会效益、生态效益的产业部门，又是确保国家粮食安全的战略性、基础性产业。如何确保 14 亿人口的饭碗里有饭吃，饭碗里装中国粮、中国菜、中国肉，不仅仅是民生问题，还是政治问题、经济问题、国家安全问题，也体现着国家、省、市、县、乡各级政府的责任担当，更考验着各级政府的政治智慧、执政能力。面对农林牧副渔生产的复杂性，农民农村多元性，以及市场环境、国际环境变化的多样性，各级涉农部门、单位，必须对农业农村发展给予清醒、科学的认识、预判，才能进行有效的管控。需要有专门的团队进行研究才能够完成这一光荣使命，通过现代农业咨询，深入广泛地研究论证，才能确保作出科学有效的决策。

3. 现代农业企业创业与农业技术创新需要现代农业咨询

中国现代农业已进入多主体共同发展的时代，农户、农民专业合作社、农场、各类企业都是经营农业的主体，尤其是随着国家各类惠农政策的出台，非农企业经营农业的劲头越来越足。创业阶段或开辟农业新业务板块的企业急需得到高质量的农业咨询服务。此外，现代农业技术创新重点已不仅是单项技术的推广应用，而是包括现代管理科学与农业新品种、新技术、新成果的系统集成应用，进而凝练成各类项目，已成为推动现代农业技术成果转化的动力。现代农业咨询为现代农业科技创新提供了良好的机制，成为创新的重要推手。

中国的农业咨询单位在 1 000 家以上，大部分是政府所属的大学、研究院（所）等事业单位，除了开展研究工作之外，也从事农业咨询活动，如中国社会科学院农村发展研究所，中国农业科学院农业经济与发展研究所、农业资源与区划研究所，农业农村部规划设计研究院，国务院发展研究中心等；也有少数新成立的农业咨询企业，还有一些大的咨询企业的农业部门等。咨询内容包括农业工程咨询、农业技术咨询、农业信息咨询、农业政策咨询、农业管理咨询、农业战略咨询等，以农业工程咨询和技术咨询为主。农业咨询的服务对象包括政府、企事业单位等。①

---

① 黄其振，祁志红，张汉明.我国农业咨询业的发展研究［J］.农业图书情报学刊，2007，19（5）：8-11.

中国的农业咨询业起步晚，还处于规模较小、基础薄弱、手段滞后的发展阶段，无论是发展规模、技术水平，还是管理水平、服务质量，与发达国家相比还有差距。随着市场经济不断走向成熟，农村经济体制改革不断深入，对农业、农村投入力度不断加大，中国农业咨询业市场将不断扩大，市场前景广阔。

三、信息技术与现代农业咨询

20 世纪 90 年代以来，以数字化和网络化等新技术为主要特征的信息革命，不断向生产、生活的各个领域渗透，也深刻地影响着现代农业咨询服务业的发展。

（一）现代信息技术的内涵与外延

现代信息技术是指与信息的采集、加工、输入、识别、表示、描述、存储、输出、传递、利用有关的一切技术的总和。[①] 主要包括以下四个方面。

1. 计算机技术

计算机技术是包含了多种信息处理技术的综合信息技术。计算机技术的不断发展为信息的存储、传递、利用提供了极大的方便。计算机技术中尤其要提到的是软件技术和数据库技术。软件技术极大地方便了用户对信息的利用，而数据库技术极大地方便了信息的存储。未来的计算机可能体积更小、存储量更大，运行速度是现在的许多倍，可能出现光子计算机。

2. 网络技术

网络的诞生给人类的生产、生活方式带来了一场全新的变革。通信网络的产生和发展改变了传统的通信方式和信息获取方式。组织内部的网络则使内部信息沟通的速度加快、方式转变。

3. 通信技术

现代通信技术的发展使信息的传播速度越来越快，从过去的程控交换通信到现在的数字移动通信、即时通信，人与人之间信息的沟通越来越便捷。信息交流基本不再受时间、空间的限制。

4. 多媒体技术

多媒体技术的产生使人们与计算机的交互信息由单一信息，扩展到包括文字、图像、声音、影像等媒体在内的多种信息。多媒体技术使人类对信息的利

---

① 吴曙雯，王人潮，程家安，等 . 农业决策咨询信息网络化特征的分析研究［J］. 石河子大学学报（哲学社会科学版），2002（2）：75-78.

用更加深入。现代通信技术、多媒体技术与计算机技术的有机结合使信息系统高度现代化，也使现代农业咨询的技术、方法、手段、时效等方面发生着深刻的变化。

（二）现代信息技术环境下的农业咨询活动

1. 农业咨询机构要大力开发有自身特色的数据库

网络环境为咨询业的发展提供了巨大的可利用资源，使农业咨询服务更具科学性、时效性、广泛性等特征。网络和数字技术为咨询业的发展提供了技术与方法保障，有效地利用这一技术建立特色数据库成为促进农业咨询业发展的重要手段。农业咨询机构不但可以通过数据库进行客户管理、人事管理和咨询案例管理，更重要的是数据库对信息的搜集、分析和咨询方案的制定发挥着更为重大的作用，加速了咨询智能化发展的进程。

2. 农业咨询机构必须加强对网络信息资源的研究

互联网打开了世界信息互通的大门，人们可以使用世界范围内的信息资源，可以不受时空的限制实现信息资源共享和信息交流。互联网上的信息资源十分丰富，有数据库、文本文件、图像文件、数据资料、应用程序和商情资料等。这些信息资源的获取和开发利用是咨询机构开展智能化服务的重要途径，只有熟悉并掌握各种网络中的信息资源种类、结构、范围、深度等，才能为客户提供优质、有效、迅捷的服务。

3. 农业咨询机构要建设好知识创新平台

现代农业咨询行业是一个智力型服务行业，必须不断加快知识创新的速度，运用多学科知识和经验、现代科学技术和管理方法，提高咨询服务的质量和效率。农业咨询单位应该建立关于农业、农村、农民的详细基础资源的开发系统，以及咨询成果、农业新品种、新技术、创意资源等的集成创新管理平台，用于咨询工程师的业务查询、知识更新、方案比选，保证咨询工作的质量和效率，推动咨询服务的现代化进程。

四、农业咨询机构的类型

伴随着我国投资体制改革和现代服务业的发展，各类咨询机构发展迅速，种类繁多，农业咨询机构按不同的依据可分为多种类型。

（一）专业农业咨询机构与综合性农业咨询机构

专门从事农业专业或与农业密切相关业务的咨询机构是专业农业咨询机

构。这类机构多以政府直接管理的事业单位为主，多为政府财政全额拨款，也有差额拨款和自收自支的机构。包括各个级别的农业科学院、农业大学、农业技术推广站、农业服务中心。比如中国农业科学院农业经济与发展研究所、中国农业科学院农业资源与区划研究所、北京市农林科学院、天津市农业科学院、山西省农业科学院、广东省农业科学院、云南省农业科学院等科研单位。

很多综合性的咨询机构，主要从事铁路、道路、市政工程、建筑、旅游、园林景观的规划、设计等业务，在其业务范围内涉及农业专业或有相应的农业业务板块。这类机构多以公司化形式运作，有国有企业，也有民营企业。比如中国国际工程咨询公司、各省级工程咨询公司、北京土人城市规划设计有限公司、北京中设泛华工程咨询有限公司、北京大地风景旅游景观规划院、北京东方畅想建筑设计有限公司、北京大唐地景园林规划设计中心等。

（二）营利性农业咨询机构与非营利性农业咨询机构

营利性农业咨询机构以谋取利润为组织的最终目的，以各类公司化运作的咨询企业为主，这些企业一方面努力提高自身业务水平，另一方面注重市场营销和品牌建设，一般都有专门的市场营销队伍。部分农业科研单位改制后，变成了自收自支的事业单位，还有部分地区的农业服务中心也是自收自支型的。但这种自收自支、营利性的农业咨询企业的经营状况并不太好。

以服务农民、支援农业、促进农业科技成果转化及示范推广为目的的为非营利性农业咨询机构。主要以国家财政支持的、公益性的农业科研单位和农业大学为主。咨询服务收取的费用主要是用来弥补咨询过程中的资料费、材料费、差旅费及临时聘用的人员费用等，不以追求利润为目的。这些单位并不注重宣传，以研究见长，更加注重服务质量。当然，介于营利性与非营利性咨询机构之间，还有一类农业咨询服务组织，具有半公益性质。这类组织多见于有财政差额拨款的事业单位，比如有些地区的农业科研单位、农业技术推广站和农业服务中心等。

（三）农业战略咨询机构与农业项目咨询机构

按照咨询服务的内容，可以分为农业战略咨询机构和农业项目咨询机构。农业战略咨询机构的服务内容，包括农业企业发展背景分析、发展现状与评价、企业战略环境与分析、发展目标与定位、发展模式与优化、市场分析与营销策划、组织机构与管理模式、效益分析与风险规避、保障措施与发展建议等。主要服务对象是农业企业或对经营农业知之甚少又准备投资农业的企业，也包括对区域产业发展战略分析有需求的政府机构。做好战略咨询需要咨询机构拥有丰富的经验、深厚的行业背景和知识积累，目的是帮助企业解决经营管理问题，实现较好的绩效，协助企业实现业务转型升级。专门从事农业战略咨询的机构并不多见，我国在这一领域较有影响的是以中国农业大学卢凤君教授为核心的咨询团队，擅于运用"企业—功能—环境"的系统思想进行战略分析。

农业项目咨询机构的服务内容，是在已有战略判断的基础上，进行的更为详尽细致的研究，包括土地基本情况、发展目标与总体定位、空间布局与功能定位、重点建设项目、进度安排、投资估算、效益分析、保障措施、风险分析等，还包括项目可行性研究报告、评估报告等。强调项目的可操作性，明确什么时间做什么事、怎么做、做完之后的效果等。大多数咨询机构都属于此种类型。

还可以从服务的对象进行划分，有主要服务于某级政府部门的，还有专门为企业做咨询服务的，还有主要服务于乡镇、农村的，有专门为县级以上政府服务的，等等。

第三章　现代农业咨询方法概述

咨询方法论是咨询工程师认识一个具体的咨询项目，并完成咨询项目的一般性方法，是开展咨询工作的基本方法和理论。

第一节　现代农业咨询沟通及洽谈

现代农业咨询是有偿与无偿结合的服务，主体是有偿服务，因而，商务沟通与洽谈就显得格外重要。沟通是商务活动中非常重要的一项基础性工作，有效进行商务沟通，才能达到咨询机构预定目标，实现科学、稳定、有序发展。商务沟通是在咨询活动正式开展之前所必须进行的，同时也伴随着咨询项目从开始到结束的全过程。

一、农业咨询的客户

农业咨询的客户，是指具有涉农服务需求并与农业咨询机构签署咨询服务协议或者咨询服务合同的组织或个人，客户是咨询机构的服务对象，是"甲方"，是咨询服务活动链的起点与终点。[①]

（一）客户咨询的主要内容

农业咨询客户的咨询内容比较复杂，种类繁多，一般包含六个方面：①具体的技术类咨询，经常有客户咨询今年种什么能赚钱，怎么才能种好地等具体的品种和技术类问题，甚至邀请咨询工程师去现场考察，这类客户一般多为免费的服务，也没有固定的服务协议，具有一定的公益性；②专题研究类咨询，包括发展机会研究、农业（区域）科技发展规划咨询，也包括农业发展战略研究等；③农业发展规划类咨询，即一个地区的农业产业发展规划，或农业园区规划、乡村振兴规划等；④项目论证咨询，即可行性研究，论证项目是否可行；⑤项目策划咨询，在已有的战略框架内，策划具体的落地项目；⑥管理咨

---

① 余明阳. 咨询学［M］. 上海：复旦大学出版社，2005.

询，主要是农业产业组织、农场的管理、农业企业发展战略等。现代农业咨询的服务内容主要是后五个方面。

（二）客户的需求心理

咨询前期的沟通、洽谈，客户主要了解咨询机构的团队情况、收费状况、相关咨询产品情况、目标值能否实现以及咨询机构是否可以胜任等。

1. 咨询机构的影响力

客户选择咨询机构的过程中，机构的影响力是一个重要的考量因素。咨询机构的影响力主要表现在以下三个方面：①有高水平的"大师"级咨询人才及其所率领的团队；②有高水平的已实施的咨询产品，也就是咨询产品展示基地；③有品牌特色。一个能够随时为客户提供满意咨询产品并且具有合格专业能力的咨询机构，往往能够在客户中享有极好的口碑。其实在任何行业都是如此，有着良好信誉、服务周到、具有专业精神的咨询机构总是会为客户所青睐。[①]

2. 咨询产品的价格

影响农业咨询产品价格的因素较多，要从"买卖"两个方面来分析。从买方（也就是客户）角度主要有三个方面的因素：①如果是从财政支付咨询费用，则在财政支付能力强的地方，可以付费高些，中西部及欠发达地区支付的咨询费用要偏低些；②大型国有企业或资产运营好、效益好的企业愿意支付更多的咨询费用，民营企业、个人，尤其是效益不好的企业，支付意愿要低些；③客户对咨询的重要性认识越高、对咨询产品期望值越高，越愿意支付较高的咨询费用。

从卖方角度也主要有三个方面因素：①咨询单位的性质，一般科研单位和大学收费较低，企业性质运营的咨询单位收费较高；②咨询单位所处的发展阶段，刚成立的、处在成长期的咨询单位收费较低，而成熟的、具有核心竞争力的咨询单位收费较高；③低价竞标，为了争取到某一咨询项目，咨询单位故意压低报价，是在投标过程中常有的不当竞争现象。

国家计划委员会《关于印发建设项目前期工作咨询收费暂行规定的通知》（计价格〔1999〕1283号）中，规定了按建设项目估算投资额分档收费标准、按建设项目估算投资额分档收费的调整系数、工程咨询人员日费用标准。这个

---

① 陈懿媛. 工程咨询服务企业潜在顾客购买意愿重要影响因素分析［J］. 中国工程咨询，2008（9）：35-39.

标准虽几经调整，却很难在实践中实施，各地区之间也有相应的差别。随着国家放管服改革的推进，《工程咨询行业管理办法》（发改委9号令）于2017年12月6日起实行，咨询服务收费由咨询单位与客户协商确定，促进优质优价，也有通过招投标确定最终价格的，注意要禁止价格垄断、恶意低价竞争。

3. 咨询机构的团队结构及人员素质

客户不仅需要"大师级"的咨询专家，还需要与大师共同工作的团队，团队的人员配置是客户考虑的重要内容。要了解咨询服务团队的组织管理机构、主要技术团队的人员配置结构、服务的工作方案、拟投入的设备配置及其他服务等，这是完成咨询任务的必备条件。大型的跨国咨询集团之所以为全球用户所瞩目，一个重要的原因就在于其具备高水准、高素质的咨询工程师和优秀的团队。

4. 咨询机构的后续跟踪服务

在咨询服务过程中，经常有这样的情况出现：客户似乎对所咨询的项目有了全面深刻认识，但是在具体实施操作过程中，会出现各种各样的问题。这就要求咨询机构能够定期对客户进行回访，以解决他们遇到的难题。如此一来就在无形中增加了咨询机构的知名度，也会产生很多潜在的客户资源。随着农业咨询业的发展，后续跟踪服务也是客户在选择咨询机构时的一个重要考量因素。不仅包括咨询服务的后续跟踪，还包括后续的具体技术、科研成果的支撑，以及融资咨询等。

（三）客户关系的管理

咨询机构与客户的关系是平等的，客户与咨询单位之间的关系一般可分为以下四个阶段。

1. 相互沟通了解

主要是与客户进行沟通，了解其需求，判断自身的专业结构和团队能否满足客户的需求。当咨询机构通过各种渠道与客户取得联系以后，首先是通过沟通准确掌握客户的需求信息，做好需求分析，也有很多客户根本说不清楚具体的需求，就需要咨询机构帮助分析其需求；其次是合理分析自身的能力、条件能否满足客户的需求，以判断能否进入下一个阶段。

2. 确立正式合作关系

在双方相互了解的情况下（很多情况下要通过招投标程序），签署正式的服务协议或咨询服务合同。双方分别作出相应的承诺，明确各自的责权利，双方进入正式的伙伴关系。明确工作计划和解决问题的程序、方式，以及提供报告和其他文件的数量、质量等。

毋庸置疑，咨询方案是甲方委托乙方来做，但切记咨询过程永远是甲乙双方共同的事情，不是甲方委托乙方之后就万事大吉，全部咨询活动都是甲乙双方密切合作的过程。甲方必须指定一个既了解全面情况，又能协调内外部关系的人，作为咨询过程的联系人。一般情况下，联系人负责安排乙方到项目区域调研、组织座谈、汇总有关材料等事项，这些持续的沟通、交流与磨合对项目顺利进行是至关重要的。这一阶段一定要注意明确"合作"关系，即咨询服务是双方的事，不是咨询机构单方的事，才能完成好咨询项目。

3. 正式提供咨询服务

咨询机构组建工作团队到客户单位、项目现场考察，通过召开座谈会、采访员工、发放问卷等多种形式了解情况。双方的关系层层递进，通过深入沟通、反复沟通，提出有创新价值的观点，双方碰撞迸发出灵感。通过深入沟通，咨询工程师辨识对象，找出差异，提出解决问题的方案。在反复沟通中，咨询工程师可根据不同的客户需求提供适合具体情况的解决方案，只有创新的方案和解决问题的办法，才能令人耳目一新、眼前一亮，才能让双方皆大欢喜。通过双方良好的沟通和了解，咨询机构可以赢得客户的尊敬，客户能够真切观察到咨询机构的专业技术水准。这种关系也影响到咨询服务的效果。

4. 后续辅导，深化友谊

咨询成果正式交付客户以后，协议规定的工作任务已经结束。但与客户之间的关系并未结束，那就是对咨询服务内容的解读及开展相关的技术辅导。咨询机构要帮助客户不断地取得成功，这一过程将使双方的友谊不断深化。尤其在现代农业加速推进、新的农业项目不断涌现的时代，客户一旦有了新项目第一个想到的就是有良好合作关系的咨询机构，而且不少客户还会为自己满意的咨询机构作推介，于是咨询业务量就会源源不断地增加。①

二、农业咨询的商务会谈

商务会谈一般包括以下三个阶段。

1. 会谈前的准备阶段

要初步了解客户单位的背景以及客户考虑外聘咨询顾问的原因，了解对方参加会谈人员级别、知识背景，主责的业务范围等基本情况。了解客户对会谈

---

① 鲍勃·耐尔逊，波得·伊科纳米 . 如何做好咨询 ［M］. 廖亦斌，李金英，丁宁，译 . 北京：企业管理出版社，2000.

的期望，这将在很大程度上决定了如何设计具体的会谈方案，展示与客户咨询内容相关的咨询产品，使客户能够充分了解咨询机构的能力、水平，达到良好的会谈效果。

2. 正式会谈阶段

同初次会见任何人一样，为了建立良好的关系，会谈一开始是轻松的开场白，让客户早点开口讲话，然后自然过渡到讨论。客户主要讲自身情况、需解决的问题，咨询单位讲解决问题的思路、设想，就咨询机构和客户各自业务简单总结，提出合作的方式方法。双方会谈中的争论越小，越容易建立合作关系。最后，双方要商定下一步的行动。

3. 会谈结束

会谈结束后，咨询机构将整理出会谈纪要或协商意见等内容以书面的形式交给客户，在与客户签订合同的过程中起到备忘的作用，同时也显示出咨询机构的专业水准。

三、农业咨询服务协议的签订

前期洽谈的最后结果，就是签订令双方都满意的咨询服务合作协议，这一阶段要注意以下四个问题。

1. 农业咨询的服务范围

对承担的咨询任务必须有明确的范围，以免在工作中造成任务界限模糊，越干越乱。如连续提供咨询服务，就应注意在咨询服务协议中写清楚每一阶段咨询成果的内容、标准和形式，及其计费的标准和付费的时间。即使是长期合作已形成了互相信任的关系，也要如此，避免人事不清。协议正文不宜出现过多内容时，这些细节可作为协议的附件，并规定这些附件作为合同的组成部分。如果是相互并列的若干个农业项目，在一个合同中无法囊括全部项目时，可以先签署一个战略性框架协议，再在此基础上，签署若干个分合同，分别交付咨询成果，并分别计算相应的服务费用。

在执行咨询任务过程中，咨询机构还应注意任务的性质和范围发生任何明显改变的可能性。若变化的幅度大，需要对承担的任务作相应的调整。在签协议时，应尽量考虑周全，并注明当这类变化出现后，双方权利和责任相应发生的改变。

2. 确立联系人

对于合同条款的执行，双方应各派人直接负责决策。双方的联系人应自始至终参加从业务联系到合同商谈的全过程，这样有利于对协议的背景有充分了解。一般咨询机构的联系人为两人，即项目负责人和技术负责人；咨询客户方的联系人应由主管此项目的负责人指派专门人员来具体负责。

3. 完成时限及对咨询报告的要求

任何咨询合同中都要说明完成任务的时间限制。合同中还应有对原期限的修改规定，包括双方任何一方提出修改原期限的规定。对于较大项目，一般都包括多个连续不断的过程，咨询机构需每个阶段都提交一份报告。此外，咨询机构还应提交多次简短的工作进度报告，以便让客户及时了解工作情况。在合同中，这些报告的份数、要求、提交时间等都应写清楚。

4. 标明适用的法律依据

若协议双方都是国内的机构或公司，那么就按照《中华人民共和国民法典》等有关领域的法律条文来处理。如果客户和农业咨询机构所属的国家或地区采用的法律不同，则应在合同中严格规定合同解释的法律依据。这对于避免不必要的争执极为重要。如果双方援引不同国家、地区的法律条文，则对同一个问题的法律解释会有很大差别。如果合同文本采用一种以上文字，则最好说明以哪种文本为主要语言，以便对合同的含义进行唯一性解释。①

四、农业咨询服务成本构成与核算

如前所述，已对咨询服务收费进行了初步的探讨，接下来讨论两个问题，即咨询服务成本的构成和费用的核算，这是商务洽谈前必做的功课。

（一）咨询服务成本的构成

咨询服务的成本主要包括工资、管理费和项目直接费用三个方面。工资包括咨询项目参与者的人员工资和外聘专家的工资，这部分工资主要是技术人员的工作，包括岗位工资、薪级工资、各种补贴、住房基金、社会保险、医疗保险等，也包括做项目的绩效奖等。专家工资，一种是按专家技术职称、级别确定的计日工资额或计时工资额；另一种包括专家基本工资和附加福利费（包括健康费和其他社会福利费）等，这两种专家工资可任选一种。

管理费主要包括，行政工作人员的工资、不动产折旧、税金、租金、公用事业设备费用、办公用品费、通信费用，以及行政事务、工作人员培训、专业会议、业务联系往来等费用，这些虽然与某一具体的咨询项目直接联系不多，但需要按一定比例计算在项目成本中。

① 邵望予.国际咨询知识［M］.北京：人民出版社，1992.

项目直接费用包括专家和工作人员的差旅费、食宿费、邮电费、法律公证费、资料印刷费、电子计算机数据处理费、复印费、实地考察费、专家单位补偿费等。

（二）咨询成本费用的核算

现代农业咨询必须进行成本费用的核算，凡国家有统一标准的，按国家统一标准执行，对于没有统一标准的，由客户和咨询机构协调收费标准，边远贫困地区和濒临倒闭的客户，要适当降低收费标准，有的情况下可提供免费服务。

1. 总开支＋固定费用计算法

不易计算或者不直接体现为增收节支等经济效果的项目，可按咨询过程中的总费用开支（包括工资、管理费和直接费）加上一定比例的咨询机构利润的办法计收咨询费。咨询项目的管理费一般掌握在总费用开支的20％左右。

2. 按投资总额百分数收费法

此方法适用于已确定投资总额的农业项目。计费时，先列出项目工程费用和建设费用分析表，然后根据咨询工作量确定最高费用和最低费用的比例，最后来确定收费百分比。在计费时，投资费用总数较大时，收费比例可以适当降低。实践中，一般技术经济论证项目按总投资额的0.1％～0.3％收费；可行性论证及编写可行性报告按总投资的0.5％～0.8％收费。根据不同性质、类别的具体项目，进一步商洽。

3. 聘金

当聘请专家担任技术顾问或讲座授课时，咨询单位应根据工时或课时、工作量和服务范围给予报酬（含差旅费和其他直接开支），若聘请时间较长应付聘期定金。[①]

4. 人月费单价法

由酬金、可报销费用和不可预见费三部分组成。咨询项目的酬金部分由承担咨询任务全体成员酬金总和构成。每位咨询人员的酬金数额等于其人月费率乘以其人月数。其中，人月费率由咨询人员的基本工资、社会福利费、海外津贴与艰苦地区津贴以及咨询单位管理费和利润组成；人月数是以月数计算的咨询人员的工作时间。根据委托服务范围对咨询任务所作的说明，可确定预期的咨询工作类别和范围、工作深度和进度以及相应进度计划。进度计划通常以简

---

① 卡尔弗特·马克汉姆. 顶级咨询顾问［M］. 张立辉，译. 北京：中国经济出版社，2001.

单直观的"横道图"表示，作为计算咨询人月数的依据。

可报销费用是为执行咨询服务任务而发生的工作费用。预算内容包括国际与国内交通旅行费、食宿费、通信费，各种资料的编制、打印、复印、传递费，办公设备、用品费，为当地提供的设施和服务所付的费用，以及其他工作费用。

不可预见费是指在执行咨询任务的过程中除了酬金和可报销费用之外的费用。由于工作量额外增加而导致的咨询专家酬金，由于通货膨胀、汇率波动而引起的成本费用的增加等。该项费用相当于客户的备用金，通常取酬金和可报销费用之和的 5%～15%。如果不发生上述情况，客户则不支付这项费用。[①]

对于一个具体的农业咨询项目收费，要根据实际情况，综合考虑以上四种核算方法，进行科学的成本核算，进而提出可行的收费额度。

第二节　数据的获取、分析与诊断

咨询合同或协议签订后，就正式进入咨询服务阶段（也存在没签合同或协议就开始咨询服务的情况），获取与咨询项目相关内容的数据、资料，并进行分析和诊断是咨询服务必需的、重要的工作程序和内容。

一、数据获取的渠道

咨询机构要详细了解客户的自然资源、社会资源、人文历史、气候生态、农业产值、种植品种、种养结构、工作总结、年度报告、发展设想、群众意愿等，这些数据多数情况下客户能直接提供，对不能直接提供的数据，要通过调研、访谈、问卷等形式获取。而且在签订咨询合同时，一般都要写清所需的资料及时间要求，以便开展下一步工作。对于专业性很强的农业发展数据、技术资料，客户那里找不到，咨询机构要向相关的农业主管部门、农业科技主管部门及海关，或者农业行业协会、学会索取（购买）。现代农业咨询机构一般都建有自己的数据库，可从自己的数据库中搜集，尤其是大型咨询机构建有自己的知识挖掘系统，在搜集资料方面更加便捷。还可以咨询相关领域的专家获取数据。所有数据要注意保密，遵守合同条款中的保密条款。

---

① 注册咨询工程师考试教材编写委员会. 工程咨询概论 [M]. 北京：中国计划出版社，2010.

二、数据搜集的主要方法

除了客户直接提供的数据外，多数数据是采用技术方法获取的。常用的方法主要有观察调查法（实地调查法）、访问调查法、问卷调查法和文案调查法等，也可把这些方法分为两大类，即直接获取法和间接获取法。直接获取法是指咨询工程师通过对调查对象的观察、判断，或与调查对象交流访谈，或通过技术手段采集对象信息等渠道来获得对象数据、信息的方法。间接获取法是指咨询工程师与调查对象不直接接触，而是通过电话、网络、问卷、数据库等手段，获取对象数据、信息的方法。

（一）观察调查法

观察调查法是咨询工程师在现场对被调查对象的情况直接观察和记录以取得信息资料的调查方法。这种方法，不直接向调查对象提出问题，而是凭咨询工程师的直观感觉或是利用摄录、照相和其他器材来记录和考察调查对象的活动和现场事实，以取得必要的信息。农业咨询最常用的观察调查法是实地踏勘，就是对拟规划建设区域进行实地考察，增加直观印象，并获得必要的数据，也称为实地调查法。

观察调查法的最大优点是直观性和可靠性，可以比较客观地搜集到第一手资料，直接记录事实和被调查对象的现场行为，调查的结果更加接近事实。观察调查法一般不依赖语言交流，基本上是调查者的单方面活动，不与被调查对象进行人际交往。因此，它有利于排除语言交流或人际交往中可能发生的种种误会和干扰。

观察调查法常常需要较多人员到现场进行长时间的观察，调查时间较长，费用支出较大，对咨询工程师的业务技术水平要求比较高。如果调查人员没有敏锐的观察力、良好的记忆力和必要的心理学知识、人文地理知识、社会学知识、农业生产知识以及对现代化设备的操作技能等，就无法完成此项工作。

（二）访问调查法

访问调查法又称为询问调查法，是指咨询工程师采用访谈询问的方式向被调查对象了解情况的方法。它是调查中最常用、最基本的调查方法。整个访谈过程是调查与被调查对象之间相互影响、相互作用的过程，也是人际沟通的过程。因此，访问调查要取得成功，不仅要求咨询工程师做好各种调查准备工作、熟练掌握访谈技巧，还要求被调查对象的密切配合。

访问调查通常会遇到被调查对象不愿意正面答复甚至拒绝答复的隐私性问题，如关于收入、家庭生活、政治观点、宗教信仰等问题。因此，除非有必要，应该尽量避免调查这类问题。非问不可的时候，须注意提出问题的技巧，以免受访者不愿意提供资料、回答不实，或者造成尴尬局面。

（三）文案调查法

文案调查法是利用客户内部现有的，或可以直接获得的各种数据、资料、信息、情报，对咨询内容进行分析研究的调查方法。文案调查法是对已经加工过的资料的收集和研究，以收集文献性信息为主，不是对原始资料的搜集。搜集的资料既有动态的，也有静态的，尤其偏重于从动态角度，搜集各种反映调查对象变化的历史与现实资料。也可称为间接调查法、资料分析法或室内研究法等。文案资料来源有很多，包括国际组织和政府机构资料、行业资料、公开出版物、相关企业和行业网站、有关企业的内部资料等。①

由于所需资料的搜集相对比较容易，调查费用低，机动灵活，调查的各种障碍少，不受时空限制，能够准确地把握资料的来源和搜集过程，可以经常性地进行。因而，文案调查得到广大咨询工程师的高度重视，常被作为调查的首选方式。几乎所有的调查都可始于搜集现有资料，只有当现有资料不够用时，才进行实地访问调查等。并且，文案调查也为实地访问调查创造了良好的条件。通过文案调查，可以初步了解调查对象的性质、范围、内容和重点等，并能提供实地调查无法或难以取得的各方面的宏观资料，为进一步开展和组织实地调查创造了良好的前提。两者之间还能起到相互呼应的作用，可以帮助探讨现象发生的深层原因并进行说明。

文案调查要注意搜集资料的普遍性，既要有宏观资料和微观资料，也要有历史资料和现实资料，还要有综合资料和典型资料。所选资料要与咨询主题密切相关，越新越好。要从资料的动态变化中找出事物发展变化的特点和规律。在研究运用文案调查资料时，应注意资料的内容是否可靠、全面和精确地满足咨询项目的要求，以及资料的专业性强不强、有没有过时等。文案调查法也有一定的局限性，如过时的资料比较多、实用性差、准确性难以把握等。而且，文案调查要求调查人员有较扎实的理论知识、较深的专业技能，否则将无所适从。

---

① 全国注册咨询工程师（投资）资格考试参考教材编写委员会．项目决策分析与评价［M］．北京：中国计划出版社，2011.

（四）问卷调查法

问卷调查法是调查人员通过电话询问、网上填表或邮寄问卷等方式，用书面形式间接了解调查对象信息、搜集调查对象数据的调查方法。其核心工作是设计调查问卷。

调查问卷一般由卷首语、问题、信息编码等部分组成。卷首语语气谦虚、诚恳，文字简明、通俗，主要介绍本次调查的目的、意义及内容概要，调查对象的选择方法，问卷填写的要求等。问题是调查问卷的主体部分，有背景性问题、客观性问题、主观性问题、检验性问题等；设计的问题必须符合客观实际情况，必须围绕咨询项目要解决的核心问题和假设，必须符合调查对象回答问题的能力，还要考虑调查对象是否自愿回答等。信息编码就是把问卷中的问题及回答，全部转变成字母或数字等代号，以便进行计算机数据处理。问卷设计还要注明问卷名称、调查对象地址、调查员姓名、调查时间等，有的问卷还有结束语。

问卷调查法节省时间、经费和人力，调查结果容易量化，适应范围广、操作简单易行，因此得到了大量应用。缺点是有针对性的问卷设计比较难，很多时候需要了解对象意图、动机和思维过程，另外，问卷的回收质量和数量及分析和统计等工作也会受很多因素的影响。

文案调查法是以上调查方法中最简单、最一般和常用的方法，同时，也是其他调查方法的基础。观察调查法与访问调查法能够控制调查对象，应用灵活，调查信息充分，但是调查周期长、费用高，调查对象容易受调查者心理暗示影响，存在不够客观的可能性。

三、数据整理与分析

通过调查获取了大量的资料，这些资料纷繁复杂、种类繁多，有的与咨询内容有关，有的关系不大，需要对资料进行分类、整理，并作出初步的情况诊断。通过对资料的初步归类整理，除去虚假不实的数据，剔除无关的数据，所有的数据资料均系统化、条理化，就可以为进一步分析诊断打下坚实的基础。一般情况下农业咨询项目的数据主要可分为三大类。

1. 背景类数据

包括项目单位、项目区所在区域的政治形式、经济发展水平、主要政策导向、文化建设、社会结构、产业发展水平、生态保护状况、组织沿革等情况。分析这些情况对项目单位、项目区所产生的影响。如果是乡镇的产业规划咨询项目，那么背景资料重点要分析区、县的情况，对省、市级的材料也要初步加以分析。

2. 项目区（项目单位）自身的数据

包括项目区（项目单位）的自然资源、区位交通条件、社会发展状况、历史人文资源、农村区域发展、农民意愿导向、经济发展水平、三次产业结构、市场发育状况、组织管理等情况。对这些情况要进行整理分析，去伪存真，以便进一步研判。

3. 农业发展现状数据

包括农业总产值、种养加比例结构、主要品种结构及规模、主栽品种、主要配套技术、农业废弃物资源化利用情况、先进技术引进示范与推广应用情况、休闲观光农业发展情况、农业生产组织化程度、生产管理水平、从业人员素质、机械化水平、信息化水平、农产品质量安全状况、农产品结构、农产品销售情况、农业专业化服务体系建设与应用情况、农村人文环境、村基层组织状况等。这是农业咨询项目数据分析的重点。

数据的初步分析，主要是运用咨询工程师的经验、知识、感觉，根据实地踏勘情况，对经过整理分类的资料进行初步研究和判断，探寻农业发展、生产管理中存在的问题。为进一步深入系统分析以及采用专业方法分析打下基础。通过数据的初步诊断研究，才能将分类整理出来的数据放到农业发展、咨询项目的全局上加以考量，从而评价其在提高农业发展水平和生产管理水平中的地位与作用。并以此为据，进一步深入专题调查和拾漏补缺性调查，以使各种必需的资料、数据更加系统和完备。这一阶段，除了要提出问题外，还要结合有关专题研究报告，形成解决问题的初步思路。

有的咨询单位建有知识创新与管理服务平台，集成咨询成果、技术、信息、创意等，用于咨询工程师的业务查询和知识挖掘，对提高数据获取能力、提升数据分析诊断水平有很大的帮助。

第三节　现代农业咨询常用方法

咨询方法可分为哲学方法、逻辑方法和专业方法。哲学方法是人们认识和把握事物普遍规律的根本方法，具有很强的抽象性和思辨性；逻辑方法是通过概念、判断、推理、假设等思维形式，进行归纳、演绎、综合的方法；专业方法是借鉴各专业学科如经济学、管理学、运筹学、系统学等，并加以综合、创新的方法。农业咨询的方法与其他行业的咨询所用方法均有类似之处，在共用的方法体系中，进行农业专业、行业发展规律的研判与创新，即所谓的"隔行不隔理"。方法相同，只是研究的对象不同。本节将简单介绍农业咨询常用的几种方法。

一、系统分析法

系统是由相互作用、相互依赖的若干要素组成的具有一定功能的有机整体。从系统的角度去研究事物就产生了系统科学，它是人类科学思维的划时代突破。系统分析方法就是把要解决的问题作为一个系统，对系统要素进行综合分析，找出解决问题的可行方案的咨询方法。就其本质而言，是从研究对象的整体出发，着眼于整体与部分、整体与结构及层次、结构与功能、系统与环境等的相互作用和相互联系，力求整体目标最优的现代咨询方法。系统分析在农业咨询领域的应用通常包括以下六个步骤。

1. 系统分析，确定目标

从客户咨询客体的农业农村系统整体发展要求出发，明确客户期望达到的目标，提出需要解决的核心问题，确定此次咨询活动必须达到的目标。

2. 调查研究，搜集数据

围绕农业咨询项目的目标，进行系统的调查研究和数据搜集，进一步验证确定目标、提出问题时的初步假设，分析产生问题的真正原因，为下一步拟订备选方案做准备。这个阶段搜集的数据和信息包括事实、见解和态度。要对数据和信息进行去伪存真、交叉核实的加工和处理，确保其真实性和准确性。

3. 系统综合，拟订方案

主要是根据既定的农业咨询目标，制订出可以实现目标的各种方案。在拟订咨询方案时，通常遵循两个基本原则：①提供两个以上备选方案，以避免越权和代替咨询；②在多方案情况下，坚持各方案间相互排斥原则，即要么A，要么B。不同原则的方案是不能重叠的，备选方案各具特色。

4. 比较筛选，评价方案

通过数学分析、运筹学分析、模型分析、功能模拟分析等方法，对提出的各种备选方案进行比较和评估，以便找出各种方案的优缺点。在对诸多方案进行分析评价时，应坚持咨询方案的价值标准、满意程度和最优标准。

5. 系统选择，咨询优选

通过上面的综合分析、比较和计算，从几个备选方案中，选择出最佳的方案，根据系统局部效益与整体效益相结合、多级优化和满意性等原则，农业咨询工程师向客户提出书面咨询报告，客户根据报告中提出的若干方案或建议权衡利弊，决定最终方案，并开始组织实施。

6. 跟踪实施，调整方案

在方案实施过程中，由于咨询从本质上是预测性的活动，而且最可行的方案不一定是最佳方案，在实施时不可避免地会遇到以前无法预见的问题，所以，客户可能还要求咨询人员协助，继续跟踪方案执行情况，以便及时发现问题，调整或补充原方案，使方案的实施结果能始终朝着系统的目标前进，最终实现咨询目标。

系统分析是一种研究方略，它能在不确定的情况下，确定问题的本质和起因，明确咨询目标，找出各种可行方案，并通过一定标准对这些方案进行比较，有效地提出解决方案和满足客户的需求，帮助决策者作出科学抉择，是农业咨询的最基本方法。

二、逻辑框架与问题树分析法

（一）逻辑框架法概述

逻辑框架法（logic framework approach，LFA）是由美国国际开发署（USAID）在 1970 年开发并使用的一种设计、计划和评价的方法，是项目策划与管理分析过程的工具，包括利益相关者分析、问题分析、目标分析、策略分析、编制逻辑框架矩阵和活动与资源使用的进度。它用于阐明项目投入与项目各级目标（咨询活动、咨询结果、项目目的和项目总目标）间的逻辑关系。逻辑框架方法因其简洁、全面、易于掌握而在欧美国家得到了广泛的应用，很多国际组织把它作为援助项目的计划、管理和评价方法。在亚洲开发银行全面实施的项目绩效管理体系（project performance management system）中，逻辑框架法被更名为"设计与监督框架"，突出了这种方法的重点，使该分析框架成为整个项目绩效管理体系的基础与核心。

用逻辑框架矩阵（也可简称为逻辑框架）总结逻辑框架法的分析过程，如表 3-1 所示。逻辑框架矩阵是一个 4×4 的矩阵，包括投入、产出、目的与目标的层次描述，实现各层目标的假设条件，判定项目实施成果的可验证指标，验证指标的表现方式等。

表 3-1　逻辑框架矩阵的基本结构

项目描述	客观验证指标	客观验证手段（信息源）	重要的假设（或风险）
目标或影响	目标指标	监测和监督手段及方法	实现目标的主要假设条件
目的或作用	目的指标	监测和监督手段及方法	实现目的的主要假设条件
产出或结果	产出物定量指标	监测和监督手段及方法	实现产出的主要假设条件
投入或措施	投入物定量指标	监测和监督手段及方法	落实投入的主要假设条件

逻辑框架矩阵的核心是事物层次间的因果逻辑关系，即"如果"提供了某种条件，"那么"就会产生某种结果。这些条件包括事物内在的因素和事物所需要的外部条件。

1. 目标（goal）

通常是指高层次的目标，即宏观计划、规划、政策和方针等，该目标可由几个方面的因素来实现。

2. 目的（objectives or purposes）

是指"为什么"要实施这个项目，即项目直接的效果、效益和作用。一般应考虑项目为受益目标群体带来什么，主要是社会经济方面的成果和作用。

3. 产出（outputs）

是指项目的具体成果，即项目的建设内容或投入的产出物。

4. 投入和活动（inputs and activities）

该层次是指项目的实施过程及内容，主要包括资源的投入量和时间等。

（二）问题树分析

逻辑框架法从确定待解决的核心问题入手，向上逐级展开，得到其影响及后果，向下逐层推演找出引起后果的原因，得到所谓的问题树。将问题树进行转换，得到目标树，目标树确立的工作要通过规划矩阵来完成。因而，问题树分析是逻辑框架法的核心内容。

问题树分析是在项目利益相关者调查和分析的基础上，找出项目主要目标群体的核心问题，把所有问题都汇集起来，通过专家集体讨论，建立问题树，确定目标利益相关者的核心问题及其形成原因和后果。问题树分析通常包括以下六步。

1. 筛查问题

分析客户面临的主要问题，这些问题的范围根据研究目的、咨询的内容而确定，可大可小。

2. 锁定"核心问题"

在所确定的主要问题中，找出某一个问题作为"核心问题"或"起始问题"，是问题树的第一层（最高层）的问题。该问题所包括的范围要广，要与众多的问题都有因果关系，要与研究目的紧密相关，此问题一旦得到解决，其他一系列的问题都会迎刃而解。

3. 探究原因

确定导致"核心问题"或"起始问题"的主要原因。

4. 确定结果

确定"核心问题"或"起始问题"导致的主要后果。

5. 画问题树

根据问题的原因及后果，画出具有逻辑关系的问题树。

6. 拷问修补

反复审查问题树，并根据实际情况加以补充和修改。

问题树分析法的主要特点有：①简单明了，可以使解决问题的思路条理化、系统化，容易理解；②形象直观，该方法以树干、树枝的形式将要解决的问题及其因果关系直观地进行展示，把抽象的问题具体化；③数据简单，不需要复杂的定量数据，但对问题的本质及其关系分析得十分清楚；④实用性强，可用于复杂而多层次问题的分析、解读。①

三、BCG 矩阵

BCG 矩阵（Boston Consulting Group matrix），是波士顿咨询集团开发出来的咨询技术，它以企业经营的全部产品或业务组合为研究对象，分析企业相关经营业务之间的现金流量的平衡问题，寻求企业资源的最佳组合。该方法设定决定产品结构的基本因素有两个，即市场引力与企业实力。市场引力包括企业市场成长率、目标市场容量、竞争对手强弱及利润高低等。其中最主要的是反映市场引力的综合指标——市场成长率，这是决定企业产品结构是否合理的外在因素。企业实力包括市场占有率和技术、设备、资金利用能力等，其中市场占有率是决定企业产品结构的内在要素，它直接显示出企业竞争实力。市场成长率与市场占有率既相互影响，又互为条件，市场引力大、市场成长率高，说明产品发展有良好前景，企业也具备相应的适应能力、实力较强。如果仅有市场成长率，而没有相应的市场占有率，则说明企业尚无足够实力。

通过企业市场成长率和市场占有率的相互作用，会出现四种不同性质的产品或业务组合类型，即明星业务、金牛业务、瘦狗业务和问题业务。

1. 明星业务

产品的市场占有率和市场成长率都较高，被形象地称为明星产品。这类产品和业务既有发展潜力，企业又具竞争力，是高速成长市场中的领先者，是企业重点发展的业务或产品。

①　全国注册咨询工程师（投资）资格考试参考教材编写委员会．工程咨询概论［M］．北京：中国计划出版社，2011.

2. 金牛业务

产品的市场占有率高，但市场成长率较低，企业生产规模较大，能够带来大量稳定的现金收益，被形象地称为金牛业务。

3. 瘦狗业务

产品的市场占有率低，同时市场成长率也较低，行业可能处于生命周期中的成熟期或衰退期，市场竞争激烈，企业获利能力差。

4. 问题业务

市场成长率较高，需要企业投入大量资金予以支持，但企业产品的市场占有率不高，不能给企业带来较高的资金回报。

BCG 矩阵将企业的不同业务组合到一个矩阵中，可以简单地分析企业在业务中的不同地位，从而针对企业的不同业务制定有效策略，集中企业资源，提高企业在有限领域的竞争力。根据不同的情况可以采取发展策略、稳定策略、撤退策略等。

四、SWOT 分析法

SWOT 是优势（strength）、劣势（weakness）、机会（opportunity）和威胁（threat）的英文单词第一个字母的组合。通过组织相关人员召开研讨会，或通过更加复杂的结构分析法，分析一个组织或产业内外部的相关情况，得出关于对象的资源实情（优势和劣势）和环境情况（机会和威胁）的相关结果，通常用一个简明的矩阵表格表示。

优劣势是用来描述对象的内部因素。优势，是一个动态的变量，可以通过一定的努力巩固和开发现有的竞争优势而获得新的优势。劣势，也是一个相对的动态变量，而且与优势具有同等重要性。优势和劣势是辩证发展而非一成不变，在一定情势下可以相互转化。因此，咨询工程师要用发展和辩证的眼光来审视分析对象的优劣势，选取一个纵向的时间段而非仅仅是一个横向的切片来诊断，才能分析出关键性的优势和劣势。机会和威胁是对象外部环境的一部分。包括人口变化、技术进步、法规变化、消费者态度和行为的变化、原材料供给或成本的变化等。发现机会和威胁要和优劣势分析结合起来。

SWOT 分析形成四种组合，即优势-机会（SO）组合、劣势-机会（WO）组合、优势-威胁（ST）组合和劣势-威胁（WT）组合。

1. 优势-机会（SO）组合

要充分发挥内部优势，积极利用外部机会，是一种理想的战略模式。

2. 劣势-机会（WO）组合

要利用好外部机会来弥补内部劣势，转变劣势为优势。

3. 优势-威胁（ST）组合

要积极利用自身优势，回避或减轻外部威胁所造成的影响。

4. 劣势-威胁（WT）组合

要努力减少内部弱点和不足，回避外部环境的威胁。

SWOT 分析法不是孤立地分析优势、劣势、机会和威胁，而是用系统的思想将这些似乎独立的要素综合起来进行分析，分析直观、使用简单，使得咨询的成果更加科学和全面，是战略管理和竞争情报的重要分析工具，但不免带有一定程度的主观臆断。

五、头脑风暴法

头脑风暴法是以专家会议形式进行决策预测和咨询方案设计的咨询方法。这种专家会议是在一种非常融洽和轻松的气氛下进行的，大家可以畅所欲言地表达自己的想法。头脑风暴法的心理基础是一种集体自由联想而获得创造性设想的方法，它可以创造知识互补、思维共振、相互激发、拓展思路的条件，以最大限度地挖掘专家的潜能，使专家能够无拘无束地表达自己关于某个问题的意见和提案，让各种思想火花自由碰撞，就好像掀起一场头脑风暴，往往能产生一些有价值的新观点和新创意。[①] 会议要有专人做好记录，会后做好整理，为进一步讨论和分析做准备。

运用头脑风暴法要坚持五个原则。

（1）互不批评原则。消除每个与会者的心理顾虑，创造轻松活泼、无拘无束的气氛，保证思维的发散性和流畅性。

（2）自由奔放原则。让与会者的思维保持在奔放跳跃的灵感状态，以便提出各种新颖、奇特的构想，突破常规性思维的束缚和障碍。

（3）数量最大化原则。不在乎各种设想质量的高低，只为获得最大数量的设想，数量越多越有助于发现有价值的解决方案。

（4）借题发挥原则。就是善于借鉴会上别人的想法来提出自己的设想，促成思维的连锁裂变反应。

（5）言简意赅原则。为了节省时间、提高效率，要求发言者言简意赅，不需详细论述。

---

① 朱新林. 头脑风暴法在管理决策中的应用 [J]. 企业管理, 2009（9）: 104-105.

头脑风暴法有利于充分发挥个人的想象力，有利于各种意见、构想的不断提出、修改、补充和完善，它能在较短的时间内，获取质量较高的咨询方案。但同时它也受到与会者经验、知识、思维能力等多方面的限制。

六、德尔菲法

德尔菲法（Delphi）是在专家个人判断法和专家会议法的基础上发展起来的一种专家调查法，它广泛应用在市场预测、技术预测、方案比选、社会评价等众多领域。

德尔菲法一般包括以下五个步骤。

1. 建立预测工作组

德尔菲法对于组织要求很高。进行调查预测的第一步就是成立预测工作组，负责调查预测的组织工作。工作组的成员应能正确认识并理解德尔菲法的实质，并具备必要的专业知识和数理统计知识，熟悉计算机统计软件，能进行必要的统计和数据处理。

2. 选择专家

依据预测问题的性质选择专家，选择的专家要与咨询问题的专业领域相关，知识面广泛，经验丰富，思路开阔，赋予创造性和洞察力，专家组构成包括技术专家、宏观经济专家、企业管理者、行业管理者等。一般而言，选择专家的数量为 20 人左右。

3. 设计调查表

调查表所提问题应明确，回答方式应简单，便于对调查结果进行汇总和整理。

4. 组织调查实施

一般调查要经过 2～3 轮，第一轮将预测主体和相应预测时间表发给专家，给专家较大的空间自由发挥。第二轮将经过统计和修正的第一轮调查结果表发给专家，让专家较为集中地预测事件并进行评价、判断，提出进一步的意见，经预测工作组整理统计后，形成初步预测意见。如有必要可再依据第二轮的预测结果制定调查表，进行第三轮预测。

5. 汇总处理调查结果

将调查结果汇总，进行进一步的统计分析和数据处理。

德尔菲法具有匿名性、反馈性、收敛性、广泛性的特点，形成了德尔菲法较为突出的优点：①便于专家独立思考和判断，能克服权威效应和情感效应；②以信函方式征询专家意见，低成本实现了集思广益；③多轮征询意见，允许专家修改和完善自己的意见，有利于探索性解决问题。因而，德尔菲法应用范围广，能解决历史资料缺乏和不足的问题，也能预测有充足历史资料的事件，既能进行近期现实问题的预测，也可用于远期抽象性问题的估计。但也存在着思想沟通不够、少数人意见易被忽视、组织者主观影响等不足。[①]

七、比较分析法

比较分析法，也称为对比分析法和对照分析法，是运用相同内容的不同时期，或是同类数据的同期数值进行对比分析，以找出其异常值和异常情形进行追踪检查的一种方法。比较分析时，要从以下六个方面着手。

1. 全面纵向比较

本期与上期或以前各期的相同指标进行比较，如将本期的销售额与上期或以前各期的销售额进行对比，看有无异常情况。其中同比分析是指本期水平与上年同期水平的对比数值分析，环比分析是将本期数据与上一期数据作比较（也包括多个连续时期的数据比较）。例如，环比增长率＝（本期数－上期数）/上期数×100％，同比增长率＝（本期数－上年同期数）/上年同期数×100％。

2. 极限比较

本期与历史最高水平（或最低水平）相同项目指标进行比较，如本期销售利润率与历史最高销售利润率进行比较，视其差异情况。

3. 虚实比较

本期实绩与计划相同项目指标进行比较，如计划销售指标与实际完成指标进行比较，根据差异进行深入调查，找出其问题。

4. 同类比较

本单位数据与同行同类单位相同项目指标进行比较，如将本单位期内产品成本与同行业其他单位相同产品的成本进行对比，就可以找出差异，发现问题。

5. 内部比较

本单位内部各部门之间相同项目指标进行比较，如甲部门的产品质量与乙部门的产品质量进行比较。

6. 措施比较

本单位制定的各类管理措施、经营方针、生产计划实施后的实际结果，与

---

① 全国注册咨询工程师（投资）资格考试参考教材编写委员会．项目决策分析与评价［M］．北京：中国计划出版社，2011.

没有这些措施时进行比较，类似于政策措施的评估。

当然，还有"有无对比"，即有项目的数据和无项目的数据进行比较等。应用比较分析法时，要注意可比性原则。应用相同项目的期、量、质的指标进行比较，不相同项目不能进行比较，否则就无意义。另外，在分析时，还需将与项目构成内容相关联的各种因素同时进行比较。只有这样，才能探知根源。

八、平衡分析法

平衡分析法是运用国民经济综合平衡的原理对生产经营、组织管理情况进行诊断的一种方法，是一种综合分析法。主要是运用平衡表方法，对各种经济活动进行平衡分析，多运用各种比例来分析，主要包括以下八种：①产品生产量与销售需要量之间的比例；②可供商品量与市场需求商品量之间的比例；③机器设备的可供生产能力与生产能力需要量之间的比例；④原材料的采购量与生产需要量之间的比例；⑤原材料的供应量与生产需要量之间的比例；⑥劳动力的供应量与劳动力需求量之间的比例；⑦资金的供应量与需求量之间的比例；⑧原材料的储存量与原材料供应量之间的比例。

上述各种比例除了在量上保持平衡外，还要在期（供应期与需要期）、质（供应的质与需要的质）、品种（供应的品种与需求的品种）等多项指标上保持平衡。只有这样，才能使生产经营过程中各个环节保持均衡发展，才能使物资、资金保持平衡关系。如果某一比例不能保持平衡关系，即表明这一方面发生了问题，就要采取措施进行调整，否则就会影响整个生产经营的运行。

此外，农业咨询还经常用到综合评价法，就是将多个指标转化为一个能够反映综合情况的指标来进行评价，这种方法的关键是要确定合理的评价指标体系和各指标的权重。

第四节 撰写咨询报告与跟踪服务

向客户提交咨询报告是咨询工作的重要节点，也是咨询工程师工作的重要内容。

一、现代农业咨询报告的构成

农业咨询项目大小不一，咨询内容差异较大，用户要求各异，所以咨询成果的表达形式多样。一般情况下，一个完整的现代农业咨询报告主要由摘要、报告文本、报告说明书、表格及图件、PPT及动画演示等部分构成。

每个部分的作用各有不同，摘要是对咨询成果的高度概括，主要是给没有时间仔细阅读全文的高层领导和专家参阅、评审之用。摘要高度凝练主要观点、方法和结论，一般不超过 3 000 字。

文本是农业咨询报告的主体、主干，是用来对公众宣讲（保密的除外）的稿子。文本包括了背景分析、存在问题的解读、研究方法的解析、方案实施的步骤、时间安排、保障措施、咨询的结论和建议等。文本一般不超过摘要文字数量的 10 倍。

说明书是对咨询成果的详细解读，是交付客户咨询成果的主要内容。要使客户不仅知道怎么去做，还要知道为什么去做，怎样才能做得更好。图件和表格一般也要加到说明书中，根据咨询内容和客户要求的不同，也有单独做图册的。说明书的文字数量一般要超过文本字数的 2 倍以上。

PPT 是用来交流的，包括给客户演示、向专家汇报、评审等。PPT 切忌文字成堆，尽量以图表的形式表达，使之思路清晰，冲击力强，全面展示咨询成果的主要内容。根据客户要求和咨询内容情况，还可以制作动画演示，对咨询成果进行动态的展示，给人更加直观的认识，这也是现代咨询服务手段变革的重要结果。

以上咨询成果的构成不是一成不变的，对于简单的、小型的咨询项目，所有内容都从简，或者几部分相互结合到一起，变成一个咨询成果，提交给客户。有些农业咨询项目的报告在文本后面还列出附录及参考文献，包括被正文引用或密切相关的图表、数据等资料，用以证明该报告内容有根有据，增加用户的信赖程度，也便于他人参考研究。[①] 根据客户的需求，也有提供沙盘模型的，这需要有费用预算。

二、现代农业咨询报告的撰写

咨询报告是全部咨询工作的最终成果，集中反映咨询工作的质量、水平以及农业咨询工程师的素养。必须实事求是，以事实为依据反映农业发展的客观规律，必须按照严谨科学的态度撰写报告。并注意以下三点。

1. 理清思路，编好提纲

提纲是农业咨询报告的骨架，编好提纲能起到纲举目张的作用。应当力求紧扣咨询项目，做到中心思路清晰、结构合理，使报告的各主要部分、层次、主要论证及其方式得到有序合理的安排。切忌提纲空泛，拿到哪里都能用。最

---

① 卢绍军．咨询学原理［M］．北京：科学技术文献出版社，1992.

好是列到三级提纲，层次内容才能清晰。

2. 文字精练，逻辑严密

咨询报告不论篇幅长短，文字数量多寡，都应做到开门见山、文字精练，不说空话、废话。论证应当有理有据，富有逻辑性，不论归纳推理，还是演绎推理，都能层层递进，不偏不倚。文风要求质朴，不带有任何撰写者好恶的感情色彩，而是客观冷静地分析问题。行文体例根据本单位的格式习惯，也可按客户的要求及实际需要调整。切忌思维凌乱，空话连篇，不知所云。

3. 征求意见，反复修改

在撰写咨询报告的过程中，应始终注意搜集信息，尤其是与项目直接相关的环境、事务、人物等方面的动态信息，并征求农业专家、群众的意见，从内容推敲到文字润色，反复修改。可通过头脑风暴会、讨论会、论证会等形式集思广益，对报告中的内容加以论证、提炼精华，使咨询成果有创新、有说服力。使咨询成果能站得住脚，能经受实践的检验。切忌闭门造车，一叶障目，不见泰山。

三、对客户跟踪服务

一个咨询项目完成了合同规定的内容后，原则上这个项目就算做完了。但实际上，现代农业咨询机构对客户的后续跟踪服务也是不容忽视的工作，这些工作可视情况免费提供或收取相对较低的费用。后续跟踪服务主要体现在三个方面。

1. 进行方案实施具体技术指导

在咨询方案落实过程中，常发生具体执行人对方案理解有偏差，或实际情况有变化，或形势发展有新要求，都需要咨询机构有专门的咨询工程师负责对客户进行有针对性的技术辅导，保证方案能够顺利实施。

2. 推荐新产品

咨询机构自身或其他机构产出了新品种、新技术、新装备等，而客户对此不知或知之甚少，需要咨询工程师结合自身的农业生产经验，为客户推荐最新的、适宜当地生产条件的成果，为客户的增产增收保驾护航。

3. 有针对性地办好各类培训班

为提高客户对新思想、新信息、新技术的接受能力、应用能力，及时把信息传递给客户，可结合生产实际举办有针对性的培训班，对有关政策进行解读，对咨询方案进行再解读。也可以组织相关人员到发达地区考察学习、交流经验，也可以组织相关人员到项目区域的田间地头进行现场培训。

第四章 现代农业战略管理咨询

现代农业战略管理咨询是企业或各类社会组织在从事有关农业生产、科研、教学等活动过程中，为确定未来较长一段时间的发展方向、目标、任务等，而进行的咨询活动。具有概念性、动态性、不确定性、长期性等特征。在咨询实践中表现为某组织的概念规划、战略规划及政策咨询等，是主要为企事业单位或社会组织的未来发展而制订的农业发展战略咨询方案。

第一节 现代农业战略管理咨询概述

现代农业战略管理咨询是专门为涉农企事业单位及政府相关部门提供管理咨询服务，是管理咨询行业发展到一定程度而专业化分工的结果。对于传递农业生产管理的知识和经验、培养农业管理人才、提升农业生产效益和管理效率，具有重要意义。随着众多经营主体进军农业，现代农业战略管理咨询变得越来越重要。

一、战略管理咨询的概念

战略，原是军事战略的简称，指筹划和指导战争及非战争军事行动全局的方略；泛指对社会政治、经济、文化、科技和外交等领域长远、全局、高层次重大问题的筹划与指导；也指政党、国家作出的一定历史时期内具有全局性的谋划。战略在一定历史时期内具有相对稳定性，在达到这一历史时期所规定的主要目标以前基本上是不变的。[①] 加拿大明茨伯格（Henry Mintzberg）1987年在《战略的 5P》一文中指出，战略在管理学上表现为计划（plan）、模式（pattern）、定位（position）、计谋（ploy）和观念（perspective）等五种形式。一个企业战略的 5P 表现在不同的层面上，从企业未来发展的角度看，战略表现为一种计划；从企业发展历程的角度看，战略则表现为一种模式；从产业层次来看，战略表现为一种定位；从市场竞争的角度看，战略表现为一种计谋；

从企业自身层面来看，战略表现为一种观念。这几个方面的解读，使人们对战略有了较为深入的了解。

战略管理，是指一个组织对其发展方向、未来目标和达到目标的战略进行决策并采取行动的过程，可分为战略分析、战略制定和战略实施三个阶段。在企业中一般发生在公司、业务和职能三个层面：①公司层战略管理的主要任务是确定企业的总体发展方向、战略目标、社会责任和树立企业形象，决定企业的业务组合、每项业务在企业中的地位以及每项业务的业绩目标，分配企业资源、制定人力资源政策、设计组织结构，建立信息、计划和控制系统等；②业务层战略管理的主要任务是确定业务部门的业绩目标，制定和实施竞争战略；③职能层战略管理的主要任务是确定职能部门（生产、营销、研发、作业、财务、会计、人事等）的具体目标，制定和实施相应的战略和战术。

战略管理的主要依据是战略规划，是由愿景、使命、目标、战略和行动计划等内容组成的规划。一般以书面文件记载。常包括作为战略决策基础的外部环境分析、行业经济特点分析、行业变化驱动因素分析、行业关键成功因素分析等内容。企业的战略管理是对企业的战略实施加以监督、分析与控制，特别是对企业的资源配置与事业方向加以约束，最终促使企业顺利达成企业目标的管理过程；是确定企业使命，根据企业外部环境和内部经营要素确定企业目标，保证目标的正确落实并使企业使命最终得以实现的一个动态过程。

战略管理咨询就是为了确定未来发展目标、定位、举措等而进行的咨询活动，简单地说就是为了实施战略管理而进行的咨询活动，针对农业行业的就是农业战略管理咨询，是战略管理咨询的重要专业内容。

二、中国现代农业战略管理咨询的产生

（一）现代农业战略管理咨询是伴随着现代管理咨询的发展而产生

管理咨询起源于 19 世纪后期和 20 世纪早期的英国和美国，当时把从事管理咨询职业的人称作"工业工程师"，而不是现在的"管理咨询顾问""管理咨询师"，职责是帮助企业提高生产率。被称为"科学管理之父"的泰勒（Taylor）对管理咨询的发展有着深远的影响，他提出简化复杂制造工作、监督模式清晰化以及提高生产率的观点，要达到最高的工作效率的重要手段是用标准化的管理方法代替经验管理，首次将管理者和被管理者的工作区分开来。

随着全球科技的迅猛发展，世界经济结构也产生了深刻的变化，人们开始重视广告和市场营销的作用，管理咨询蓬勃发展。基于建立清晰公司目标体系

的目标管理思想成为 20 世纪 60 年代管理咨询的主流。目标管理对提高工作绩效，调动职工主动性、积极性、创造性，以及改善人际关系发挥了重要的作用。它解决了企业面临的如何调动员工积极性以提高竞争能力的问题，很快为世界各国企业所仿效。而实行目标管理也会造成管理成本增加、奖惩不一定都能与目标成果相契合、目标难以制定等问题，从而削弱了目标管理的效果。因而，实行目标管理具有一定的条件，要有一定的思想基础和科学管理基础，并要根据员工的素质逐步推行、长期坚持。

20 世纪 60 年代以后，"亚洲四小龙"（韩国、中国台湾、新加坡、中国香港）和日本，在短时间内实现经济的迅猛发展，"东亚模式"引起全世界的关注。人们开始研究有着"华夏文化"烙印的东方式管理，于是产生了"柔性管理"。"柔性管理"通过在人们心目中产生一种潜在的力量，旨在把组织意志转变为人们自觉的行动，是一种理性的、非线性的、高级的管理方式。

20 世纪 80 年代以后，在以信息技术为主导的科技创新的推动下，经济全球化浪潮催生了一系列新的经济形态。知识经济成为继农业经济、工业经济之后的又一种重要的经济形态。使人类社会的产业结构、生产工具、生产力都发生了深刻而广泛的变化。服务业在知识经济中的比重越来越大，各种生产力要素的协同运作越来越依赖于科学的管理，管理成为现代生产力的主导要素。生产组织趋于虚拟化和网络化。伴随而来的是"流程再造""企业再造""核心竞争力""学习型组织"等管理思想。管理咨询正是这些管理思想的推手，在经济活动中的作用变得越来越大。

进入 21 世纪以来，互联网发展迅速，知识挖掘与创新对经济体的作用越来越重要。管理咨询成为高度职业化的行业，管理咨询机构更加侧重于新的管理思想、管理方法和技巧的研究与应用，不断创新咨询方式和解决问题的思路，成为管理咨询服务价值的主体。管理咨询专家的地位越来越高。

中国的管理咨询业是借鉴日本和欧美国家企业管理咨询的理论、方法和经验发展起来的。20 世纪 80 年代以后，随着我国经济的蓬勃发展，在中国企业管理协会（中国企业联合会的前身）推动下，迅速发展起来，规模不断壮大，业绩迅速提升。但总体上项目数量多、项目规模小，与国际咨询公司相比差距较大。从中美两国咨询行业发展对比看，美国管理咨询业收入占本国全部 GDP 的 1.8% 左右，比重基本保持稳定，而中国管理咨询业收入占本国全部 GDP 的 0.19%～0.21%，仅为美国的 1/10。①

① 闫长坡. 中国管理咨询业发展趋势分析［J］. 企业管理，2020（1）：115-118.

为促进管理咨询业的发展,中华人民共和国人事部于 2005 年颁布实施了《管理咨询人员职业水平评价暂行规定》和《管理咨询师职业水平考试实施办法》(2016 年国务院取消了管理咨询师职业资格许可和认定事项,改为水平评价类事项)。把管理咨询专业人员职业水平评价,纳入全国专业技术人员职业资格证书制度统一管理,使中国的管理咨询业逐渐走向正规化的轨道。各个专业、行业都有自身的发展规律,管理咨询的方案也有所不同,农业管理咨询也有自身的特点。

(二)如何有效地解决好"三农"问题越来越受到世人的关注

进入 21 世纪,如何提高农民收入,实现农业现代化和乡村振兴,改善农民生活水平,确保粮食安全,维护农村稳定和社会和谐,成为中国现代化进程中迫切需要解决的问题。党中央国务院对"三农"问题高度重视,出台了一系列重要文件。这些文件都是在深入调研、试点、研究的基础上制定的,是农业管理咨询的重要成果。农业管理咨询在中国特色社会主义建设中的作用变得愈来愈重要。

解决"三农"问题是我国现代化进程中长期的历史任务,涉及土地管理、科技成果应用、生产组织管理、金融服务、产品流通、品牌营销、市场监管、生态保育、职业教育、社会公共服务等诸多领域。政府管理"三农"事务需要考虑的因素越来越多,需要有系统的思维和长远的战略考量,需要厘清政府和市场的关系,使之界限清晰、权责明确、效率提升。政府不断加强农田基础设施建设、提高粮食持续增产能力,同时也为潜在农业投资者提供巨大商机,农业产业化水平不断提升。各地不断探索通过提高农业产业化水平,率先实现农业现代化,进而带动城镇化,实现城乡统筹发展的路径和模式。农业战略管理咨询的作用越发凸显。

在全面深化改革的新形势下,市场在资源配置中起决定性作用,混合所有制经济是基本经济制度的重要实现形式,更多主体经营农业,给农业发展带来机遇,也使局面更加复杂。中国农业以其巨大的潜在发展空间,成为投资的朝阳产业,不断吸引着国内外各种资本力量。私募基金、风投资金、产业资本等资本力量成规模持续进入农业,中国农业企业盈利的水平逐步上升。工业化、"大农业"的发展理念加速向农业领域渗透,农业发展方式加速转变。在资本市场的融资推动下,农业产业不断进行纵向或横向的整合,产业链条不断延伸、扩张和重组。市场张力与业务弹性不断加大,农产品品牌打造与营销渠道建设越来越关键。一些刚起步的农业企业,缺乏高素质的管理团队,难以作出科学的决策。农业战略管理咨询业务需求量持续增长。

三、现代农业战略管理咨询的主要特点

(一) 全局性（总体性）

现代农业战略管理咨询是以客户的整体和全局为研究对象，根据客户总体发展的需要而制定咨询方案。是通过确立客户发展的总体定位、发展目标和战略路径来协调客户各部门自身的发展，各部门自身的发展是通过各自对实现总体战略目标的贡献大小来实现的。战略管理咨询并不强调客户某一部门或某一职能部门的重要性，而是看客户总体目标的实现与否。它所管理的是客户的总体活动和安排，所追求的是客户的总体效果。当然战略管理咨询也包括客户的局部活动和安排，但是这些局部活动是作为总体活动的有机组成部分在战略管理咨询方案中出现的，是为达到客户总体效果而进行的具体安排。

战略管理咨询方案要对客户的人力资源、组织结构层次、实体财产和资金以及外部市场资源进行调配，提出资源利用、流程再造、市场拓展等方案，需要对客户的组织结构、政策导向作出安排。为保证客户实现其总体战略目标，需制定一系列的活动方案，而实施这些活动需要有大量的资源作为保证。因此，对客户的资源进行统筹规划、合理配置，也是全局性的工作。

(二) 长远性

现代农业战略管理咨询方案是针对客户在未来较长一段时间的活动安排，通常是超过 5 年以上的时间，对客户的生存方式和发展目标等进行全方位的统筹规划。当然，战略管理咨询方案的制定是以客户现有的外部环境和内部条件情况为出发点，并且也要对客户当前的组织结构、生产经营活动有指导、规范和制约作用，但当前所做的一切都是为了更长远的发展，是长期发展的起步，是未来的起点。

当然，从咨询服务本身来说，任何咨询方案都是针对未来的，但战略管理咨询在任何情况下，都是着眼于未来更长时间内的发展问题，是面向未来的管理决策。战略管理咨询方案要以客户决策层所期望的或预测的未来将要发生的效果为假设基础，而对现在至将来的一系列资源进行安排，作出长期的战略决策。企业的战略管理是将企业的日常业务决策同长期计划决策相结合而形成的一系列经营管理业务。

（三）动态性

战略管理咨询方案是根据客户外部环境和内部条件状况来设定其战略方向、战略定位和战略目标，并为保证目标的实现而进行一系列的活动，必须依靠客户内部能力开展工作，在这一过程中随着外部环境条件、内部条件的变化以及战略执行结果的反馈信息等，不断调整自身行为。

现今任何客户都存在于一个开放的社会大系统中，诸多不能由其自身控制的各种因素影响着它的发展，包括竞争对手、服务对象、资金及原材料供给者、政府政策等，客户的行为要不断适应变化中的外部力量，在迅速变化和竞争性的环境中，客户要使自己占据有利地位并取得竞争优势，就必须考虑这些不断变化的因素，才能够继续发展下去。对客户外部环境变化进行分析，对内部条件和素质进行审核，并以此为前提确定战略目标，使三者之间达成动态平衡。

（四）高规格

战略管理咨询方案的执行主体是客户的高层管理人员，它涉及客户的各个方面的工作安排，不是单一层面的工作部署。虽然它在执行过程中也需要各个层面的管理人员乃至于全体员工的参与和支持，但客户高层管理人员的理解和执行是最为重要的。因为他们能够统观工作全局，了解全面工作的情况，能够对影响全局工作所需要的资源进行调配，进而影响到总体工作成效。因而，企业的战略管理是董事长和董事会的职责。

战略管理咨询方案是客户未来一段时间开展工作的纲领，对各个方面、各个层次及局部工作具有指导作用，某一具体工作方案、措施不能与战略管理咨询方案的原则和思想相悖。不同发展时期的战略方向不同，各种资源调配方案，甚至组织治理结构亦随之调整。脱离了发展战略，就像一只没头的苍蝇，到处乱撞，永远也无法掌握发展的主动权，永远也得不到完美的结果。尤其是在快速变化的环境中，战略管理的作用越发重要。

第二节 现代农业战略管理咨询相关理论

现代农业战略管理咨询涉及运用的理论较多，主要有竞争优势理论、企业资源理论、企业知识理论、政府职能有限论、行为管理理论等。

一、竞争优势理论

20世纪80年代以来，美国哈佛商学院的迈克尔·波特（Michael E. Porter）教授连续出版几本书，包括《竞争战略》（1980年）、《竞争优势》（1985年）、《国家竞争力》（1990年），逐步建立了竞争优势理论体系。[①] 提出了著名的"五因素分析体系"，即现有厂商的对抗强度、新加入者的威胁、供应商和购买者的谈判能力以及替代性产品或劳务的威胁。进而提出了三种通用竞争战略思想：①总成本领先战略，公司成本较低，意味着当别的公司在竞争过程中已失去利润时，这个公司依然可以获得利润；②差别化战略，即在品牌形象、技术、工艺、性能、服务、商业网络等其他方面具有独特性；③专一化战略，即主攻某个特殊的顾客群、某产品线的一个细分区段或某一地区市场，是围绕着为某一特殊目标服务这一中心建立的。

将企业竞争优势的概念应用到国家层次上，提出能增强本国企业创造竞争优势的"钻石模型"，包括六个方面因素：①生产要素；②需求状况；③关联产业的表现；④企业的战略、结构与竞争程度；⑤政府的作用；⑥机遇。进而归纳出一整套国际竞争的战略守则。波特的竞争优势理论是对传统比较优势理论和战略管理理论的重大突破。

二、基于价值创新的蓝海战略

波特的竞争理论是从竞争的理念、观点出发，企业经营者随时随地都应有竞争的意识，这种对抗增加了许多交易成本，影响了企业间合作共赢。欧洲工商管理学院的 W. 钱·金（W. Chan Kim）和勒妮·莫博涅（Renée Mauborgne）教授于2005年出版了《蓝海战略》一书，提出了基于价值创新理论的蓝海战略，成为一种新的战略管理方式。蓝海是指未被开发的行业，其中竞争对手很少，平均利润率很高，能给企业带来迅速而高效的价值增长。蓝海战略的创新性在于低成本与高价值的有机统一与融合，通过"剔除"和"减少"产业现有的一些竞争元素降低成本，通过"增加"和"创造"产业现在未注重的一些元素提高价值，产生价值突破和飞跃。

蓝海战略的价值创新不是简单的产品创新、技术创新、市场创新、资源配置创新或是组织创新中的一种。其价值创新的产品一般情况下是原先就有的，只是它原先被更多地关注于某些性能，而忽略了其他性能，通过挖掘更多消费

---

① 迈克尔·波特. 竞争优势 [M]. 陈小悦，译. 北京：华夏出版社，2013.

者所需要的性能，扩大了市场的需求。开拓蓝海所运用的技术也大多是已存在很长时间的，因为新发现的客户需求而被用于新的战略行动。蓝海战略不要求垄断市场，而是开辟无形的市场，一般情况下市场门槛不高。随着其他企业的效仿，也要不断更新，持续满足广泛的市场需求并获得高额的利润。因而，蓝海战略的价值创新是一种集成创新，它不拘泥于某个要素的创新，不局限于本行业的规则，甚至创造出一种前所未有的行业，重塑行业规则，也随之开发出一系列的消费者需求，从而带动一批相关产业的发展。蓝海战略是紧盯潜在市场比试创新的竞争战略，着眼点从供给转向需求，从竞争转向发现新需求的价值创造。[1][2][3]

三、企业资源理论

企业资源理论兴起于 20 世纪 80 年代中期，倡导人是美国的杰恩·巴尼（Jay B. Barney）。该理论认为企业的异质的内部资源是不能流动和不可交易的，拥有独特性、价值性、稀缺性和非流动性的资源是企业获得超额利润的源泉，这种资源包括企业内部的组织能力、资源和知识的积累。企业的成长与发展正是建立在企业所拥有的独特资源及在特定的竞争环境中配置这些资源的方式的基础之上。企业战略管理的主要内容就是如何最大限度地培育和发展企业独特的战略资源以及优化配置这种战略资源的独特的管理能力。[4] 企业资源理论强调从企业自身的资源出发而不是从市场角度出发来研究企业的成长与竞争力，保持优势的关键是获取并利用好企业难以复制和模仿的独特性资源。依据此理论，如何将农业企业内部已拥有的资源，最有效、最优地组合在一起，发挥最强的效果，使其表现出最佳的绩效，是战略管理咨询应考量的重要问题。

四、企业知识理论

企业知识理论首次出现是在 1998 年英国的《知识管理》期刊上，该理论源于企业能力理论的研究，是由鲍·埃里克森（Bob Erickson）和杰斯帕·米克尔（Jess Palmer Mikel）提出的。此理论认为，隐藏在企业能力背后并决定

① 许婷，陈礼标，程书萍. 蓝海战略的价值创新内涵及案例分析 [J]. 科学学与科学技术管理，2007（7）：54-58.

② W. 钱·金，勒妮·莫博涅. 蓝海战略 [M]. 北京：商务印书馆，2005.

③ 罗永泰. 基于价值创新的产品需求挖掘与开发实证分析 [J]. 科学学与科学技术管理，2006（8）：137-142.

④ 王庆喜，宝贡敏. 企业资源理论述评 [J]. 南京社会科学，2004（9）：6-11.

企业竞争优势的关键是企业掌握的知识，尤其是很难被竞争对手所模仿的隐性知识，与知识密切相关的认知学习、企业成长的过程是一个动态的生产性知识积累和创新过程。[①] 专业化的生产分工，使得企业专业化知识积累和创新的同时，也会有外部知识的吸收和学习。而外部知识的学习，使得企业生产性知识的多元化，生产性知识的多元化进而导致企业生产活动的多元化。依据此理论，要将农业企业的知识，按照企业的发展方向进行设定，组织企业的员工不断地学习，使企业总是拥有极高的发展能力。

五、政府职能有限论

曹闻民在 2008 年出版的《政府职能论》中详细阐述了政府职能有限论，该理论从生产力与生产关系、社会分工的角度来阐释，认为政府是社会生产力发展到一定阶段的社会分工的产物，起源于社会公共管理的需要并以这种需要为其活动的边界。[②] 因此，政府的职能不是无限的，而是有限的。在社会发展早期阶段，产生了这样一种需要：把每天重复着的生产、分配和交换产品的行为用一个共同原则概括起来，设法使个人服从生产和交换的一般条件。这个规则首先表现为习惯，后来便成了法律。随着法律的产生，就必然产生以维护法律为职责的机关——公共权力，即国家。国家就是从人类社会中分化出来的管理机构。政府执掌公共权力的目的和职能是管理社会公共事务，仅此而已。依据此理论，要将政府的这种有限职能发挥到最大的限度，使政府能够触及农业农村领域的方方面面，对农业农村的管理是政府的重要职能，要做到最好和最优。

六、政府职能两重论

政府职能两重论是在《马克思恩格斯选集》中提出的，认为政府一方面具备社会管理职能，解决社会自身无力解决的问题，比如政府对宏观经济的管理；另一方面是政治统治职能，政府是从社会中产生又凌驾于社会之上的一种力量，掌握并使用国家机器对被统治阶级实行统治，以维护统治阶级的利益。[③] 社会管理职能是政治统治职能的基础，政治统治职能又极大地影响社会

① 张洁梅. 企业知识理论研究现状及展望 [J]. 企业活力，2009 (8)：69-71.

② 张力燕. 论政府经济职能存在的必要性与有限性 [J]. 辽宁警专学报，2007 (7)：9-11.

③ 童颖华，刘武根. 国内外政府职能基本理论研究综述 [J]. 北京大学网络教育学院学报，2005 (2)：33-35.

管理职能。德国人弗里德里希·冯·恩格斯（Friedrich Von Engels）曾指出，"政治统治是以执行某种社会职能为基础，而政府统治只有在它执行了这种社会职能时才能持续下去"。对农业经济、农村社会事务的管理是政府履行社会职能的重要表现，在此同时，又表现为政治统治职能。

七、行为管理理论

管理的核心是对人的管理，农业管理咨询也不例外，行为管理理论是农业管理咨询的重要理论基础之一。道格拉斯·麦格雷戈（Douglas M·Mc Gregor，1906—1964 年）于 1960 年发表了《企业中的人性面》一书，提出了人性假设的 X 理论和 Y 理论。一个根据 X 理论看待自己作用的管理人员必然是独断专行的。基于 X 理论假设的管理哲学，不论是严厉的或温和的，都不适用于激励。Y 理论意味着利用组织中人力资源的最佳方法就是允许那些要求承担责任的人去承担责任。给人以机会，发掘其潜力，消除成长障碍，实行目标化管理。这两种理论假设，是从人如何对待工作、对待事业、对待与他人的关系的角度来认识人的本性，但实际上现实生活中的人并不完全是这样。人不一定是只追求经济利益的"经济人"，也不一定是只追求心理需求的"社会人"。人是"复杂人"，有各种各样不同的需要，为了把各种各样的人团聚成合力，就需要用企业的制度和员工的行为习惯来影响企业中人的行为，也就是要应用 Z 理论。威廉·大内（Wiliam Ouchi）在 1981 年，出版了《Z 理论》一书，Z 理论认为要通过建立企业文化对员工进行管理。树立共同的信念和价值观，可以在不需要命令的情况下协调员工的行为，并可以采取放权措施而不会导致混乱，能为所有员工指明奋斗目标和行为准则。Z 理论认为使劳动生产率提高的是人，而不是工艺技术。据此，农业企事业单位的管理应以 Z 理论为基础进行相应的文化建设，以 Y 理论为原则建立人事管理规则，以 X 理论为指导满足员工的经济需求。

此外，农业战略管理咨询还涉及农业经济的有关理论，即研究农业中生产关系和生产力运动规律的科学，包括土地制度、农产品流通理论、农业风险防范理论、农业多功能理论、农产品贸易与价格学、农业发展经济学、农业循环经济理论、农村社会学等，在很多专业图书中都有论述，在此不再赘述。

第三节　现代农业战略管理咨询工作思路

农业管理咨询是一项基于经验的高度智力化工作，做好农业管理咨询必须以深入细致、全面的调研工作为基础，准确的问题判断与分析为前提，正确运用管理学、农业经济学、农业管理学等理论知识，科学制订解决问题的方案，以高质量的咨询成果，解决客户存在的问题，满足客户的需求。战略管理咨询的前提和依据是要有一个科学的战略管理咨询方案，之后是将这个方案实施控制好。

一、细致、全面地做好调研工作

(一) 调研的重要性

做好调研对战略管理咨询工作显得格外重要，通过信息沟通将咨询双方连接起来，是战略管理咨询的出发点。调研获得的这些信息用于识别和确定客户所面临的机会及问题，提炼和评估客户的各项活动、监督管理绩效，增进客户对咨询服务过程的理解。通过调研发现问题、捕捉机遇，并制订与之相适应的策略和计划来解决问题，实现管理目标。调研之前要确定解决问题所需的信息范围，设计搜集信息的方法。调研过程中要根据进程及分析的结果，不断调整调研的内容及范围。最后要仔细分析、整理调研资料，得出相应结论，成为各项方略、方案提供决策的依据，为进一步工作打好基础。

随着市场竞争因素的多样化以及客户群体行为的多变性，咨询服务所需信息的数量和质量不断膨胀，要求调研工作富有创造性和深刻性。通过对调研资料的分析，对未来进行预判，发现深层次的、潜在的问题，为科学制订咨询方案提供充分的信息。

农业战略管理咨询的调研不仅限于对服务对象自身的调研，围绕客户所需解决核心问题的外部调研更为重要。外部调研往往需要找一些在行业内领先的单位，总结其成功经验，但不能机械地模仿。由于所处时间和地点都变了，所走的路径自然不同。学的是成功的方法、解决问题的思路，要根据自身的实践创新地吸收、创造性地利用，得到所需的解决客观实际问题的科学方法。

(二) 调研的过程

1. 确定调研目标

要根据咨询工作的目标，确定要了解哪些情况。包括组织机构、激励措施、绩效水平、地区经济发展水平、自然资源情况、技术先进与否、生产过程、产品（或服务）销售情况、竞争对手情况、消费者偏好等，还要确定外部调研要去哪些地方、哪些单位，要带着问题去，带着思路回。既要到工作开展好的地方去总结经验，更要到困难较多、情况复杂的地方去研究问题、吸取教训。漫无目的、意图不明的调研都会降低效率，不会有大的收获。

2. 制订调研计划

制订具体的调研计划，要确定调研的具体地点、路线、对象、时间安排等。需要召开什么规模的座谈会，需要哪些人参加，要提前约好、组织好，并准备好座谈会上要交谈的内容、问题等。最好提前做一个座谈提纲，使所有与会人员都有所准备。如需要发放调查问卷，则一定要将某些调研项目解释清楚，以便正确填写。另外，调研计划中，要把所需设备考虑周全。做好调研活动的流程设计，制订时间表、费用控制表，将每个细化工作环节落实到人，确保调研高效完成。

3. 执行调研计划

总的要求是组织有序，工作高效。①根据制订好的调研计划、目标、内容，确定参加调研人员的数量，既不能过多，又不能太少；②调研组要有明确的职能分工，一般要有一个核心人物，这个核心人物应该是主要策划人员，负责提问交流，其他人补充，调研组要有人负责记录、录音、照相（摄像），有人负责搜集各种资料；③调研过程中，要细心倾听，多问，少发表见解，不要问重复的问题，调研人员要衣帽整洁、鞋面洁净，谈话要清晰、通俗，不讲晦涩难懂的话，尽可能多地搜集信息，发现问题，碰撞灵感，探索思路；④在正式调研之前，往往还要进行预调研，就是在通过对一些典型的被访者的访问来检验一下问卷是否有疏漏，从中发现一些具有普遍性的问题，之后对问卷进行修订，这样做能够避免大规模发放有缺陷问卷带来的人员、时间和资金的浪费。

4. 分析调研资料，撰写调研报告

调研过程搜集来的数据、资料是重要的调研成果，要对这些资料进行去粗取精、去伪存真、由此及彼、由表及里、剥丝抽茧的专业加工，撰写出有价值的调研报告。结合调研时产生的灵感，从中提出有创造性的、解决问题的思路。

二、深入分析研判存在的问题

战略管理咨询通常都有明确的项目目标，要为客户解决具体问题。完成一个好的管理咨询方案，最重要的前提是要准确地发现客户在生产、管理、运营中存在哪些问题，再"对症下药"策划咨询方案。因而，及时准确地研判、查找问题，在战略管理咨询中显得尤为重要。

（一）如何发现问题

发现问题一般有以下三条途径。

1. 在调研过程中发现问题

调研中，通过现场查看、面对面的交流、不同层面的访谈，在获得最直接的第一手资料的同时，调研人员凭借自身的知识、经验、智慧、灵感，能准确地捕捉到问题。这就要求调研人员要对存在的问题有敏感性，并且要求主要策划者一定要参与调研，否则就不易发现问题，尤其是潜在的、不明显的问题。对外部调研时，还要通过迅速的相关比较分析，作出研判。

2. 通过整理分析调研搜集的数据资料发现问题

经过系统缜密的调研后，通过对调研材料进行整理，剔除明显错误、残缺等无效数据及材料，对有效的数据及材料进行分析，再根据农业生产组织管理规律、发展方向和市场状况，找出客户在生产经营上或政策实施上存在的问题和将来可能出现的不利局面。这一过程根据不同的情况，往往需要借助专业的分析工具、方法和理论等。

3. 通过组织专家研讨会发现问题

召集不同层面的专家开会，是发现问题、解决问题的有效手段。为全面剖析问题，应既有专业技术专家，还要有管理专家；既要有当地专家，还要请外地专家；既要有经济专家，还要有战略专家；等等。专家会议前要充分准备资料，因为专家多数没有去过现场，故此组织者一定要把现状描述清楚，给专家清晰、客观的现实。专家们给出的意见要仔细聆听、记录，会后做好分析，必要的话再次以不同的方式进行咨询，充分利用专家的智慧。

（二）农业战略管理咨询常见的问题

农业农村发展涉及因素复杂，农业战略管理咨询问题更是种类繁杂，不同性质的单位、同一单位在不同的发展阶段都有不同的问题。

生产经营单位，包括各类农场、农业企业、农民专业合作社等，是农业战略管理咨询服务的主要对象。常遇到的问题有：核心技术是否先进、主导产品市场前景如何、生产管理咨询、管理流程咨询、质量管理咨询、营销咨询、薪酬绩效管理咨询、人力资源管理与开发咨询、企业文化咨询、现代生产管理方式的应用等。

大型农业企业还常遇到集团管控、运营管理、并购重组、信息化咨询、产业发展与区域经济的协调、多产业之间的关联度等问题。新形势下，更多的非农行业的企事业单位进军农业领域，这些企业最需要的咨询服务常常是：经营战略咨询、组织结构咨询、人力资源管理与开发咨询、总体经营环境与行业环境分析、市场和竞争环境分析、内部资源能力分析、财务盈利能力分析、市场营销咨询、目标市场分析等。

政府部门常遇到的农业战略管理咨询问题多属于政策咨询，不同级别的政府部门的政策导向不同，咨询的问题也不同。国家机关遇到的是全国性的重大战略问题，比如2004—2021年连续18年出台的中央1号文件，是对全国"三农"问题进行总体政策部署。而某地区的设施农业发展问题，则是当地政府关注的局部问题。政府在某些阶段还会遇到农业的发展思路、战略方向、功能定位、空间布局、产业结构、农民培训等问题，都会向不同的咨询单位咨询。

涉农科研单位也常遇到战略管理咨询问题，主要包括基于经济社会发展需求分析的学科布局问题，基于内部管理制度建设的创新绩效问题、创新文化环境的建设问题，基于未来一段时间的单位发展规划问题以及基于政策导向的机构改革问题等。

三、运用相关理论和经验，制订科学的咨询方案

（一）形成专题研究报告

在全面调研、研判问题之后，一般要形成专题研究报告，以供深入研讨和综合分析。任何客户在某一发展阶段都存在不同的问题，这些问题对单位发展的影响程度是不同的，针对这些问题进行深入的专题研究对于做好一个战略管理方案尤为重要。前提是把问题清楚地界定，确定关键议题，找到影响客户实现发展目标的主要因素与次要因素，咨询工程师依据丰富的经验、理论，把所面临的问题按照重要程度依次排序。对于战略目标影响大的问题要形成专题研究报告。在咨询工作分工中要明确各专题报告的负责人，各个专题研究报告形成的过程中，要及时与咨询项目总负责人沟通，必要时要召开专题报告汇总研讨交流会，使专题研究的成果在咨询工作组成员内共享，对最终制订咨询方案影响很大。针对客户存在的每一个问题，制订有针对性的一个或几个专题性解决方案，并做好总结分析，为制订整体咨询方案打下良好基础。一个科学的、高效的、操作性强的咨询方案必须依次解决好这些问题。

当然，一个咨询项目存在的问题纷繁复杂，并不是每一个存在的问题都要进行仔细深入的研究，大多情况下一个战略管理咨询项目要有3~5个专题研究报告作支撑。既能解决必须解决的问题，又能节约咨询服务成本。做专题研究的问题都是非常棘手的，比如项目区集体建设用地利用问题研究、咨询项目组织结构与管理制度问题研究、项目产品选择问题研究、项目区与区域协调发展问题研究等。也有的战略管理咨询方案没有专题研究报告，要视实际情况综

合考虑是否做专题研究。

（二）做好总体绩效评估，确立竞争优势

借鉴专题研究和前期调研等成果，对客户进行综合绩效的总体评估，目的是找出其自身的优势与不足，对本体有一个正确的总体评价，并进一步明确弥补自身不足，巩固、发挥自身优势。主要从组织结构、技术水平、管理制度、营销策略、职工素质、盈利水平等六个方面进行绩效评估。

1. 对组织结构进行评估

组织结构是为实现组织目标而在管理工作中进行分工协作所形成的结构体系，是一个组织在职、责、权、利等方面的动态结构体系，是整个管理系统的框架。组织结构的形式有直线式、职能式、项目式、矩阵式、复合式、事业部、委员会等。各种组织结构都有其自身的长处和不足，不同发展阶段的组织宜采用不同的组织结构。处于组织生命周期第一阶段的小型单位只需要少数的管理人员，不需要专门化和规范化的组织结构。而大型组织其结构具有专门化和规范化等特点，有行政人员、技术人员、市场调研人员、财务分析人员和系统分析人员等，要求有稳定的组织结构。良好的组织结构具有一定的稳定性，分工清晰、协调有序，且能使每名职工充分发挥才能，又能使职工得到锻炼和成长。因而，要合理评价一个组织结构的绩效：①看组织结构能否适应组织发展需要和管理科学的要求，能否快速提升经营业绩和管理水准；②看各个岗位的职员能否人尽其才，是否有利于发现、培养人才，能否最大限度地合理使用人力资源；③评价组织各项业务的分工是否清晰，部门设置、业务流程是否有重叠和空挡；④评价组织的管理幅度是否与业务需要、管理人员的素质相匹配等，业务越复杂管理幅度越窄，管理幅度与层次成反比关系；⑤评价管理层级与信息指令传递是否顺畅，是否存在信息孤岛；⑥考虑组织的授权是否合理，是否易于协调各职能间的关系。随着现代信息技术的发展，组织的架构越来越趋向扁平化、虚拟化。

2. 对农业技术水平的评估

农业技术是人类在农业生产和农科实验中认识自然和改造自然所积累起来的经验、知识、技能以及体现这些经验、知识、技能的生产工具和生产资料。农业生产的技术水平体现在农产品的技术水平、农业生产过程的技术水平和从业人员的素质上。农业企业的技术水平是影响企业产出效率的重要因素，无论是部门还是企业的发展都将技术水平列为重要内容。

评估技术水平既可以从定性角度评价，又可以从定量角度评价，还可以进

行定性、定量相结合的评价。涉及定量评价时，要建立评价指标体系，运用层次分析方法确定因素权重，再通过函数运算等过程，才能得出结果，过程很复杂，除了进行专题的技术评价时，很少进行涉及定量的技术评价。一般咨询服务中只进行定性分析。就是邀请农业领域技术专家现场考察、座谈研讨来确定技术水平，针对农产品、生产投入品、栽培技术、养殖技术、生产工具、采收技术、加工技术、包装储运技术、流通与信息技术、产品检测等方面，通过专家的专业知识进行综合判断，是处于行业的一般水平，还是领先水平或落后水平，进行定性的评价。

3. 对管理制度的评估

"没有规矩，不成方圆。"规矩即制度，是用来规范行为的规则、条文，是理念向实践转化的中间环节。制度建设是一个制定制度、执行制度并在实践中检验和完善制度的过程，且是一个在理论上没有终点的动态过程，从这个意义上讲，制度没有"最好"，只有"更好"。一套高效科学、行之有效的制度，能降低风险、促进发展。在对管理制度进行评估时，应该至少开展以下两个方面的评估工作：①对制度本身的科学性评估，即对制度单体及其构成的集合进行系统性、权威性、可行性和规范性的评估，以合理评价制度内容及形式两方面的科学性程度；②对制度执行情况的评估，因为所有制度执行的对象是人，执行的结果会作用在人的身上，所以要对这些人的满意度进行评价。

制度科学性评估和满意度评估首先采用层次分析法建立指标体系，这是评估的工具。再采用专家意见法进行科学性评估，由专家填写评估表格，最后由主持人进行汇总分析。满意度评估是依据指标，制订问卷发放到每位职工，再回收统计。管理制度评估要坚持时间性、可操作性、可持续性原则，确保制度评估顺利进行。

制度建设的科学性评估是对制度单体及其构成的集合进行系统性、权威性、可行性和规范性的评估，以对创新团队制度的内容及形式两方面的科学性作出客观评价。制度科学性评估由除团队成员以外的第三方专家在充分了解团队制度的基础上进行评估。所有指标值采用李克特5级量表计分的方式进行处理。只有将制度不断地优化，与时俱进，才能让制度拥有活力，更好地发挥它的刚性作用，以此保证良好的秩序，使各项事业得以顺利进行。

4. 对营销策略的评估

现代农业是高度市场化的产业，所生产的产品或服务要得到消费者或服务对象的认可，良好的营销策略必不可少。评估营销策略的优劣，关键看销量和价格。农产品有很强的季节性，生产的产品及时销售出去，才能避免损耗；更为重要的是销售的价格，同样质量的农产品其销售价格可能差别很大。根源就在于是否有一个良好的营销策略。营销策略的评估主要从产品策略、价格策略、促销策略和渠道策略等四个方面来进行评价。

对产品策略进行评价，就是要评估企业提供的产品和服务能否满足消费者的要求，具体评价产品的定位、商标、品牌、包装、渠道、产品组合、产品生命周期等方面的实施策略。对价格策略进行评价，就是要评估企业产品的价格能否促进销售、获取利润，包括消费者对价格的接受能力、定价方法、行业特点、价格调整、成本、竞争者价格对策等。对促销策略进行评价，就是要评估企业的推销、广告、公共关系和营业推广等各种促销方式，评估其向消费者或用户传递产品信息、引起注意和兴趣、激发购买欲望和购买行为的效果，能否达到扩大销售的目的。对渠道策略进行评价，就是要评估与企业提供产品或服务过程有关的一整套相互依存的机构的运行效率，包括信息沟通、资金转移和事物转移、渠道结构等。随着线上营销的兴起，人们更加注重产品保鲜、订购、物流、退换货以及结算方式的评估。

5. 对职工素质的评估

人是生产力中最活跃的因素，尤其在知识经济时代，知识已成为企业核心竞争能力，企业间生产经营的竞争是人力资源和专业技术人才的竞争，归根到底是职工素质的竞争。素质作为个人或集体能力与水平的集中体现，深刻地影响着各行业、各部门事业的发展。评估职工素质主要从身体素质、农业专业知识、科学文化知识、政治思想与职业道德素质等几个方面进行。

对职工身体素质的评估，通常是对人体完成某个动作过程中表现出来的固有能力、人体各器官系统的机能在肌肉工作中综合反应能力的评价，主要包括对人体在肌肉活动中所表现的力量、速度、耐力、灵敏性及柔韧性的评价。对职工农业专业知识的评估，就是对职工掌握的与本职工作相关的农业知识进行评价，包括土壤肥料知识、植物营养知识、动植物育种知识、栽培知识、农药兽药饲料知识、饲养知识、产品加工储运知识、生产管理知识、农业信息化知识、农业文化知识以及学历、专业、培训等情况。对职工科学文化知识的评估，就是对职工掌握的科学文化常识、知识结构和水平进行评价，一般包括对文学知识、哲学知识、历史知识、心理学知识、经济学知识、法律知识、美学、音乐、绘画、礼仪常识等方面的了解，以及对区域经济、文化、交通、娱乐等方面情况的了解程度。对职工政治思想与职业道德素质的评估，主要是针对职工的"德"进行评价，一般包括对职工的政治理念、思想倾向、组织纪律、法制观念、文明素养，世界观、人生观和价值观等方面进行评估。除此之外，职工素质评价还包括对职工接受能力、执行能力、工作效率、职业技能水平，以及创造性思维能力、市场竞争能力等方面进行评估。

6. 对投入产出水平评估

主要是对涉农企业经营业绩的评价，对一定时间内的资产经营、会计收益、资本保值增值等经营成果进行综合评价。评价内容重点在盈利能力、资产质量、债务风险和经营增长等方面，以能准确反映上述内容的各项定量和定性指标作为主要评价依据，并将各项指标与同行业和规模以上的平均水平对比。

进行投入产出绩效评价首先要制订与绩效评价相关的指标体系、评价方法、评价标准，以企业的经营成果为评价导向。再进行调研、座谈，采集企业财务信息等相关数据，主要考虑利润指标、投资报酬率、销售收入、现金流量、盈利能力、偿债能力、每股收益等。当然，涉及投入产出水平评估的专业方法很多，也很复杂，一般在战略管理咨询中并不采用，除非要做专业的投入产出评价分析报告。这一步最关键的是看这个涉农企业能否赚到钱。

以上六个方面的评估在实际工作中，要根据情况有所侧重，哪个做的深，哪个做的浅，要根据实际情况和客户的要求来确定，最终要对客户绩效进行总体的评估与把握，明确优势在哪里、不足在哪里。

（三）把握发展机遇，明确发展思路

准确识别企业发展的外部环境，可以结合自身实际明确有效的发展路径。对外部环境评估可以采用波特的五力模型和 PEST 分析模型。

1. 五力模型

五种力量分别为供应商的议价能力、购买者的议价能力、新进入者的威胁、替代品的威胁、同业竞争者的竞争程度。

（1）供应商的议价能力。主要通过操控投入要素价格、数量与质量，来影响行业中现有企业的盈利能力及竞争能力，供应商的操控能力强弱主要取决于其提供给需求方的要素价值在需求方总成本中的比例及重要程度。

（2）购买者的议价能力。包括购买者对所需产品的价格与质量的要求，购买者的总数、向单个卖者的购买量，购买者实现后向一体化的能力等，影响行业中现有企业的盈利能力。

（3）新进入者的威胁。表现在与现有的企业发生原材料及产品市场份额的竞争，使行业中现有企业盈利水平降低。

（4）替代品的威胁。具有相同或相似功能、存在相互竞争销售关系的产品是替代品，替代品的威胁表现在对现有产品造成了价格上的限制，进而限制行

业的收益，影响着行业整体的总需求弹性。替代品能够提供比现有产品更高的价值或价格比，且买方转向采购替代品不增加其采购成本，则这种替代品就会对现有产品构成巨大威胁。

（5）同业竞争者的竞争程度。表现在行业中的各企业相互之间的利益冲突与对抗，主要是在产品价格、广告设计、售后服务等方面。波特五力模型提供了一种理论思考的工具，其运用的假设条件包括：了解整个行业的信息，行业的规模是固定的，同行业之间只有竞争关系。实践操作中要灵活把握。

2. PEST 分析模型

PEST 分析模型是较波特五力模型更为宏观的分析方法，P 是指政治（political），E 是经济（economic），S 是社会（social），T 是技术（technological）。通常通过这四个因素来分析外部环境。

（1）政治环境（political factors）。主要包括政治制度与体制、政局是否稳定、执政党的性质、政府的方针政策、政府的态度、企业和政府的关系、外交状况、产业政策、政府财政支出、政府预算、对外政策、相关法规（如税法、劳动保护法、公司法、合同法、环境保护法、专利法等）、政府采购规模和政策、进出口限制、财政与货币政策等。

（2）经济环境（economic factors）。主要包括经济制度、经济结构、产业布局、资源状况、GDP 变化趋势、居民收入、储蓄情况、利率水平、财政货币政策、通货膨胀率、失业率、消费模式、赤字水平、劳动生产率、股票走势、汇率、物价水平、能源供给情况、市场运行情况等。

（3）社会环境（social factors）。主要包括人口规模、年龄结构、人口分布、种族结构、收入分布、教育水平、消费水平、生活方式、公众道德观念、审美观点、购买习惯、文化传统、价值观念、风俗习惯、宗教信仰等因素。

（4）技术环境（technological factors）。包括发明、新技术、新工艺、新材料及其应用情况，农业领域研发动态、国家科技研发投入重点等。

五力模型和 PEST 模型只是基本的分析方法，提供的是基本的分析思路，实践中可灵活应用，延伸变化使用，相互结合使用。

经过专题研究，结合问题的研判及内外环境分析，综合运用有关方法、理论、知识，凭借自身的实践经验和感觉，"量体裁衣"，确立发展路径和管理咨询方案。发展路径选择要运用好蓝海战略，跨越现有的竞争边界，着眼于买方的需求，向改变市场结构本身转变，即不与竞争者竞争的战略。与蓝海对应的是红海，红海代表现存的所有产业，即已知的市场空间，是竞争极端激烈的市场。蓝海战略是一场差异战，胜在创新与创意，是在当前已知市场空间之外，构筑系统性、可操作性的蓝海。开创"无人竞争"的市场空间，彻底摆脱直面竞争，着眼点从供给转向需求，从竞争转向发现新需求的价值创新。开创属于自己的一片蓝海，开创独有的竞争优势和核心竞争能力。企业需要根据行业、市场、内外环境的变化和趋势，审时度势地制定自己的战略，搏击于红海的同时把握时机，积极开创蓝海。这种战略选择决定了提供的产品或服务的种类，进而对技术选择产生需求，需要有研发团队跟进，又产生了人才的需求，最终使企业走上依靠技术创新发展的道路。

四、方案解读与辅助实施

一个好的管理咨询方案，必须要让客户清清楚楚地理解，所以，对咨询方案的解读是管理咨询过程中，非常重要的工作。一般咨询单位都有专人负责对方案进行讲解，使客户的管理人员、职工能够透彻地理解方案中的概念、思路、方法等。还有的咨询机构除了必要的讲解外，还要协助客户组织相关的专业培训，导入理念、达成共识，以提高客户的专业化水平和整体素质。还有的客户需要制订具体的实施工作计划。此时，咨询机构的相关人员就会参与到客户运营方案的实施中去，并适时对咨询方案进行调整，成为客户管理团队的重要组成部分，这也是现代咨询工作发展的趋势。

解读一个咨询方案，要具备良好的演示才能，咨询工程师要向客户演示和讲解咨询方案。一般要召开不止一次的咨询方案报告会，对方案进行仔细的讲解并接受客户职工提出的质疑，使职工的思想和目标达到高度的统一，也是一次方案实施的动员会。在方案报告会上，咨询工程师需要用非常直观、生动、简洁、富有逻辑的演示方法向客户讲解他们所存在的问题和面临的困境、解决方案的思路和实施步骤、方案予以实施后能取得的成效等各方面的内容。演示过程需要带有较强的鼓动性和感染力，尽可能地说服所有客户接受咨询方案并产生向着目标努力工作的一种"冲动"，主动推动变革。

第四节　案例简析

《××农民专业合作社战略管理规划》简介

《××农民专业合作社战略管理规划》是北京市农林科学院受某企业集团委托，为该集团拓展农业业务板块所做的战略管理规划，已成为该集团农业发展的纲领性文件。课题组经过 6 个多月的调研、分析、考察和研讨，形成了

《××农民专业合作社战略管理规划（2009—2018年)》。该规划依据"统筹规划、指导实践，创建特色、突出品牌，协调区域、服务三农"的原则，以前瞻性、战略性的视野进行统筹规划，为某集团提供了农业发展方向、组织机制创新、品牌经营策划等方面的咨询方案，为提高综合管理水平、打造国内一流的农业企业、实现组织中远期目标提供了良好的咨询支持。

一、问题的发现

课题组制定了严密的调研计划，商定调研的具体地点、路线、时间等事宜，提前把座谈提纲、调查问卷发给对方。课题组进行了明确的职能分工，负责人是主要的策划人员，负责提问、交流，其他人补充；有专人负责记录、录音、照相（摄像），专人负责搜集各种文字、图像资料。经过三次现场调研，并召开不同层面的访谈会，对搜集的资料进行了梳理，邀请有关专家进行专题研讨。明确了该组织发展中主要存在以下问题。

1. 生产成本偏高

主要体现在两个方面：①企业建造日光温室的资金投入量较大，每年摊销的成本达1万元/亩[①]，占到了总成本的1/3；②人工的成本较高，每年每亩地的成本是1万元左右。另外，生产基地距离城市中心较远，运输、包装、流通的成本也较高。而蔬菜产品的价格按照一般市场价格出售，与分散农户生产的普通蔬菜价格相差不大，使得该企业产品的市场竞争力弱，成为解决当地农民就业的半福利性组织，企业逐利性的本质被弱化了。

2. 业务种类单一

合作社企业的主导产品是蔬菜，没有其他附属产业。这种单一的业务，由于去市场差异化价格体系没有形成，优质不优价，造成企业利润低。而且市场环境的任何微小的变化，都会引发整个企业经营状况的波动，抵御市场风险能力弱。

3. 组织结构重叠

合作社理事会有集团公司党委成员2名，经营管理班子2人，社员代表1人，当地村委会作为独立董事。经营管理层采用一正六副的组织机构，其中生产与技术经理职位有职能交叉，后勤和基建经理业务上又有交叉，造成了组织结构和职能上的重叠，增加了人力资源成本。出现了人浮于事、人累于事、人羁于事的不利局面。

---

① 亩为非法定计量单位，1亩≈667米^2。——编者注

4. 土地资源难以满足持续发展的需要

企业所在地村域范围内所有可利用的耕地在 2 000 亩左右，如果企业市场成熟、需求量大，则现有的生产基地难以满足潜在市场需求。况且生产基地都集中在相同的纬度，在同一区域生产蔬菜，难以满足市民对蔬菜的长期、不间断需求。

针对发现的问题，进一步对企业绩效进行专题评估，并对外部环境进行分析。

二、专题研究与绩效评估

首先，对该集团总公司运行状况进行评估。该集团公司成立于 2002 年，是一家以房地产开发为龙头，集房地产开发、资产经营、物业管理、装饰装潢、建材经营、新技术开发为一体的现代化企业集团，同时具有多项专业资质。公司不断完善管理组织体系，先后通过 ISO9001、ISO14001、OH-SAS18001 国际一体化管理体系认证。公司秉承"团结、务实、拼搏、创新"的企业精神，相继开发建设了多个精品地产项目，工程合格率达 100%，优良率达 98%，无工程质量事故及违法违纪行为，并先后获得国家建筑住宅最高奖项——鲁班奖、北京市竣工长城杯金奖等荣誉称号。该集团经历了创业期、战略调整期、再次创业期、成功转型期、快速发展期和腾飞起舞期等不同阶段，不仅在房地产开发行业占有一席之地，在建筑施工、装饰装潢、蔬菜加工、工程监理、物业管理、文体经营等领域也有了新的突破。该集团在以房地产为主业的基础上，不断拓展与延伸企业经营领域和发展空间，全力投入农民专业生产合作社的经营管理，合作社实际上成为具有独立法人资格的该集团下属企业。组织实施了生产基地规划、基础设施建设以及人员匹配等各方面的工作。

其次，对该合作社的进行现状评价。合作社核心区域占地面积 1 900 亩。由该集团总公司先期投资 5 000 万元进行建设，联合本地 128 户村民自愿组建农民专业合作社。建成标准化日光温室 312 栋、塑料大棚 21 栋、集约化育苗连栋温室近 4 000 米²、现有社员 156 人，促进劳动力就业 300 余人。合作社从规模化种植、标准化生产、品牌化销售、产业化经营入手，将 1 900 亩土地打造成以有机蔬菜种植为核心，形成以蔬菜种植、加工销售、科技推广、科普示范、休闲体验五大功能为一体的综合性都市农业园区，旨在为提高农民收入、改善生活水平、保证稳定就业提供持续发展平台。合作社主要生产黄瓜、番茄、茄子、辣椒、芹菜、甘蓝等六大类蔬菜，以及迷你黄瓜、特色樱桃番茄、彩椒等十余种特色蔬菜。产品主要通过代理商、营销配送方式销往北京市各机关单位、超市、宾馆、饭店等地。合作社申请注册了"燕都"的商标，凡合作社产品统一使用"燕都××"商标投入市场，打造品牌效应。社员不仅能够从合作社获得土地流转费、年终获得盈余分红，每月还能领到工资、福利津贴等。同时，合作社统一购买农用物资、统一生产措施，节约了 12％的生产成本，社员比当地非社员收入高 35％。合作社在不改变原有农户土地承包关系前提下，按照自愿原则，采取土地入股，农户入资有土地承包经营权入股与资金入股两种方式。

总体上看，该合作社业务主要集中在生产领域，经营层面刚刚起步，生产上积累经验同时，经营层面产生了很多问题。生产上有基础、没特色，合作社蔬菜种植、加工及销售的产业链条已经基本形成，温室、大棚、道路、灌溉等配套基础设施初见雏形，已经基本可以满足蔬菜生产需求。但蔬菜品种选择上，没有细致分析市场，与其他基地之间的同质竞争趋势明显，没有准确定位，处于摸索阶段。在经营层面有产品、没营销，就蔬菜项目本身而言，合作社也已经尝试了诸如与机关单位合作、配送等多种途径销售，但大范围、大批量蔬菜仍然是优质低价被动参与低端市场竞争，高投入难以回收。在企业经营层面，系统化营销手段与方法还处于探索阶段。合作社组织结构、业务职能有重叠之处，效率不高；农业生产的技术水平相对较高；有一套相对完善的管理制度，但激励机制不健全；社员职工的整体素质还有很大的提升空间；合作社投入产出水平不高，回报率较低等。

三、外部环境分析

根据评估结果，进一步分析农民专业合作社的蔬菜生产趋势，为做出良好的咨询方案打好现实基础。

（一）农业企业及蔬菜生产情况分析

农业企业（agricultural enterprise，agribusiness），是从事农林牧副渔业等生产经营活动，具有较高的商品率，实行自主经营、独立经济核算，具有法人资格的营利性的经济组织。建设现代农业的关键就是用现代产业体系提升农业，用现代经营形式推进农业，用现代发展理念引领农业。农业产业链就是在现代农业发展理念的指导下开展的一种新的经营形式的产业体系，因此，农业产业链建设是我国现代农业的重要组成部分和产业支撑。蔬菜是不可或缺的生活必需品。随着我国农业、农村经济结构的调整，我国蔬菜产业发生了天翻地覆的变化，品种日趋丰富，市场流通活跃，已经成为我国种植业中仅次于粮食的第二大农作物。

北京市农民专业合作组织自 2007 年开始迅速发展，2009 年顺义区有 133 家，密云县有 600 家，平谷区有 390 多家，大兴区有 324 家，怀柔区有 391 家，房山区有 343 家。为适应特大型城市发展需要，突出首都农业的城市农产品供应和应急保障、生态休闲、科技示范等功能，切实加强"菜篮子"工程等农产品生产基地建设，全面提升蔬菜等鲜活农产品供应保障和质量安全水平。从战略上重视蔬菜产业的发展，为北京及周边区县蔬菜生产提供了广阔的空间。同时，要着力培育大型农业企业集团和农民专业合作社，支持符合条件的农业企业上市，推进农业企业的集团化、资本化。种植合作社符合政策导向，属于政府支持农业企业范围。

北京是一个拥有 2 000 多万人口的大城市，农产品特别是蔬菜供应主要来自外埠。北京自产量最多的产品如鸡蛋、牛奶占消费量的 30%～40%（不同时期自给率会有变化，现在要低于这个数值），蔬菜、粮食则低于 20%。从农产品进京主要通道流量看，东南方向进京农产品占全市外埠进京农产品总量的四成以上（42.4%）。该合作社处于京西南区域，外部竞争压力相对不大，利于出产特色蔬菜等农产品供应北京市场，而且其自然环境、资源条件适宜生产高品质的蔬菜。

根据对北京市八大农产品批发市场的追踪监测，从全年来看，河北、山东、辽宁、北京是北京蔬菜主要供应地，占到北京蔬菜供应总量的 70% 以上。根据季节变化情况，蔬菜供应地由南向北转移。冬春季节，以南方地区、山东和河北的设施菜供应为主，夏季炎热，主要依靠河北坝上地区、承德及东北等冷凉地区蔬菜供应，进入秋季，以北方地区秋茬菜供应为主。

（二）蔬菜产业发展的趋势分析

纵观我国蔬菜种植与产业发展，可以发现以下几个明显趋势：

1. 蔬菜定制与配送趋势

随着居民收入和消费质量需求的提高，人们对蔬菜消费也开始从追求数量向追求质量转化，尤其是对品牌消费和绿色消费的需求会大幅增长。这种消费方式的变革要求蔬菜零售终端也相应发生变化。超市零售符合现代消费者的购买习惯，同时高端蔬菜的定制与配送也更加符合高端人群的消费。

2. 蔬菜定价权向下转移趋势

我国蔬菜流通市场已从卖方市场转为买方市场，由此，谈判控制权逐步从生产领域向加工、销售领域转移。因此，蔬菜生产者需要和蔬菜产业链下游企业组织通过不同紧密程度的合同形式进行纵向联合，以此达到控制蔬菜定价权的目的。

3. 蔬菜交易方式趋于高效透明

优质蔬菜生产规模将不断扩大，针对标准化程度高、附加值高、品牌信誉好的优质蔬菜来讲，以批发市场为枢纽的流通体制下协商买卖的方式已经不能适应客观发展要求，而竞价成交、透明度高、流通效率高的交易方式（如线上交易、电子商务平台）成为一种新趋向。

（三）相关市场分析

1. 高端蔬菜市场分析

京津市场以无公害蔬菜为主，占 50％～60％；绿色食品蔬菜为辅，占 20％～30％。京津市场蔬菜总体发展趋势是优质化、营养化，趋向绿色、有机食品。北京市农产品配送业产生于 21 世纪初，最初由农产品经销公司、农产品物流中心和农产品生鲜超市配送，北京奥运会促进了农产品配送业的迅速发展。若在北京一周花 100 元购买 2.5 千克精致高档蔬菜，一年高档蔬菜消费额为 5 000 元左右。据测算，能够承受这笔消费的北京家庭保守估计至少有 20 万个，市场容量保守估计就有 10 个亿，潜力很大。即使只有 10％的人成为该合作社的消费者，年销售额应接近 1 个亿，利润将是非常可观的。可见，国内包括蔬菜在内的高端农产品市场刚刚起步，发展潜力和空间巨大，随着监管机制完善，市场竞争与整合，真正具有高端蔬菜生产条件的企业必然会因为坚守而获益。

2. 特色种养市场分析

在现代城市周边，传统农业提供基本生活必需品的时代已经渐渐远去，环境保护、生物多样性以及承载文化历史等多功能性农业正在逐步呈现。特色种养在秉承农业传统功能的同时，又可以创造更大经济效益，符合城市周边都市农业发展要求，具有巨大市场空间。例如，特种野猪有原生态、保健、经济三大优势，以其饲量少（仅为家猪的 1/3）、抗病能力强、耐粗饲料、易饲养而深受养殖户的欢迎。作为猪家族中的一个新品种，能够解决家猪生产波峰波谷的不稳定性现象，作为外向型和旅游经济产品，市场容量大，发展前景广阔。

3. 休闲养老市场分析

据有关部门总结百姓生活十大变化，其中之一便是假日旅游热兴起。2011 年北京旅游业全年接待国内外旅游人数首次突破 2 亿人次，同比增长 15％左右；外国入境过夜游客人数首次突破 500 万人次，同比增长 6％左右；旅游总收入首次突破 3 000 亿元，同比增长 16％左右。据世界旅游组织测算，旅游业每直接收入 1 元，相关行业就可增收 4.3 元；旅游业每直接就业 1 人，社会就可新增 5 个就业机会。

全国老龄工作委员会办公室的数据显示，到 2050 年前后，我国 60 岁以上的老年人口将占全国总人口的接近 1/3，占世界老年人口的约 1/4。随着入住养老院需求的增长，养老院的收益有望进一步提升。而养老院只是养老产业的一个方面。养老产业可包含老年地产、老年服务、老年医疗、老年餐食、老年文化、老年用品等方方面面。

4. 科普公益市场分析

教育农业园是兼顾农业生产与科普教育功能的农业经营形态，即利用农业园中栽植的作物、饲养的动物以及配备的设施，如特色植物、异地植物、水耕设施栽培、传统农具展示等，进行农业科技示范、生态农业示范，给游客传授农业知识。具有代表性的有法国的教育农场、日本的学童农园等。还可与院校合作，形成实验实习基地，使合作社所在农业园区成为中小学生农业知识科普重要基地，成为大学和科研院所研发的校外合作基地，通过项目运作和成果转化，拓展对外合作渠道，增加收益途径。与培训公司合作，既能使参与者获得知识熏陶，也可品尝到各色新鲜无污染的农产品，而这些参加培训的人士，大多数都是职业经理人，从而使他们成为农场的忠实消费者，农场通过场地服务，放大了价值，获得了新的发展。

从以上分析可见，北京经济社会发展已经接近发达国家水平，对健康绿色生活的需求与日俱增。同时，城市扩张对耕地等生态环境造成了巨大的压力，土地资源稀缺，专业合作社的生产形式既有发展优势，又有其先天不足，农业的发展面临低效重复、同质竞争的挑战，又面临"劣币、良币"混杂，优质不优价的尴尬。

四、战略选择

战略管理咨询最关键的一步是做战略选择，确立什么样的发展模式和实现路径是关键中的关键。课题组总体思路是规避商战中的限制性因素，着力在有限土地上开拓求胜，运用蓝海战略努力寻求开创新市场的可能。使合作社的发展超越竞争对手而转向买方的需求。全力跨越现有的竞争边界，将不同市场的买方价值元素筛选并重新排序，从给定结构下的定位选择向改变市场结构本身转变。不仅是简单地瞄准现有市场的"高端"或"低端"顾客，而是面向潜在需求的买方大众，不是一味地细分市场满足顾客偏好，而是合并细分的市场，整合潜在需求，用好蓝海战略。

（一）模式选择

根据蓝海战略核心要求，突出蔬菜种植为主营业务，结合设施农业、观光采摘等相关领域业务，发挥各自特点，又都聚集在合作社所属经营地域范围之内，根据各自业务逻辑关系设计不同发展模式。

1. 纵向一体化

合作社主营业务蔬菜种植与销售，可以考虑延伸产业链条，采取后向一体化战略，以集团总公司为依托，开拓餐饮连锁业务，控制蔬菜价值增值的关键环节，利用集团总公司开发地产的有利条件和优势资源，适时进入餐饮行业，主推该合作社蔬菜产品，形成从种植、储运、加工、消费转化的一体化经营模式，最大限度增加蔬菜产品价值，扩大品牌的市场影响力。满足消费者对绿色、健康、安全的食用追求，提高蔬菜生产与销售的附加值，真正做到优质优价，消化掉蔬菜产能，转化成利润。同时带动观光、旅游、采摘、休闲度假等休闲产业，能够起到前期铺垫与引领作用。

2. 横向一体化

横向一体化战略也叫水平一体化战略，是指为了扩大生产规模、降低成本、巩固企业的市场地位、提高企业竞争优势、增强企业实力而与同行业企业进行联合的一种战略。实质是资本在同一产业和部门内的集中，目的是扩大规模、降低产品成本、巩固市场地位。该合作社可以考虑与高档酒店联合，推出本企业特色菜系。辅以宣传合作社所在地区的文化内涵，在安全绿色消费蔬菜的同时，满足顾客的心理需求。再进一步考虑与果蔬汁厂商横向联合，形成产品深加工，通过联合扩大规模、降低成本，利用对方的渠道资源、销售途径、营销体系推广合作社的蔬菜产品。在条件相对成熟时，可以考虑与京城知名旅行社合作或者自己开发旅游公司，开发相关的历史与文化资源，进一步放大收益。

3. 多元化经营

多元化经营就是要建成集农业、休闲、旅游、会议、科普于一体的集团化运作模式。这种多元化经营模式可以相辅相成，利于多赢共进。当然，扩大的产品和品种都是在合作社已有的前提下，例如，农业领域的综合开发与立体化运用，能够将现代化大农业样板浓缩于方寸之间，又可以将都市型农业的灵动与精致放大到极致。

扩大企业生产经营范围和市场范围，还能充分发挥该集团公司在房地产、文体、投资、商贸及其他领域所拥有的资源，最大限度整合优势，为该合作社发展提供更为宽阔的平台和空间。

（二）明确定位

根据该合作社地理位置、发展实践、战略发展环境、发展趋势及相关市场分析，合作社应重点发展两大业务，即农业生产（包括加工与物流）、休闲养老（包括观光和科普），并依据这两大业务来进行定位。

农业生产是以蔬菜为中心，包括优质蔬菜种植、加工以及附带产业发展和特色种养产业，构造生态循环农业链条。

休闲养老是以"水"为题进行景观设计和附属住宿餐饮的综合服务体。以有机蔬菜种植为核心，打造绿色精品的"放心菜""安全菜""唯美（味美）菜"，阐述合作社生产的蔬菜不仅有美好的味道，还能给人带来内心唯美回忆之意。

同时，带动其他产业发展，形成集蔬菜种植、加工、观光休闲、科普教育、生活服务等五大功能于一体的高标准都市型现代农业企业。打造中国农业休闲观光品牌，强调"放慢生活节奏，品位历史味道"的宣传口号。

（三）实现路径

与关注已有的通常呈收缩趋势的竞争市场需求不同，该合作社应着重考虑如何创造需求、突破竞争。目标是在当前的已知市场空间竞争之外，构筑系统性可操作的发展战略，并加以执行。尽量规避传统同质、红海竞争，拓展新的非竞争性的市场空间。只有这样，才能以明智和负责的方式拓展全新领域，同时实现机会的最大化和风险的最小化。

1. 突出主营业务

该专业合作社的主要业务是生产蔬菜，如何突出蔬菜种植效果，转化蔬菜价值形成利润，是合作社亟待解决的问题，这个主营业务经济效益如何，直接关系到合作社持续发展的内在基础。要突出蔬菜产业，实现价值增值，必须对产业链进行整合。从整个链条的方便性上看，由于农业企业处于整个链条的中间，而且业务交叉较多，因此，以龙头企业组建农业产业链成为最佳选择。

要对产业环境与农业企业资源进行联动优化。通过建立混合纵向一体化的链接机制进行产业链整合，产业链组织中的龙头企业能够支配各种资源，将市场交易内部化，可以节省交易费用。通过建立"公司＋农业园区＋市场"的组织形式进行整合，强调风险共担、利益均沾。通过建立"品牌＋标准＋规模"

的经营体制进行整合，突出品牌作为终端产品实现增值的主要手段。

2. 强化亮点特色

文化科普是其未来发展中的重要特色，农业文化旅游资源不能简单地进行自然或人文的划分，它综合了自然与人文两方面的特长。合作社农机具及农产品不仅能展示，还可以通过游客实际操作，以最原始生产状态为基础，以最天然果实为原料，以最真切的制作过程，生产出自己的产品。这种身心体验，可谓历久弥新、回味悠长。

3. 打造多赢中心

该合作社的核心业务是蔬菜产业链为标志的休闲农业，以蔬菜为基础和核心的产业网络结构不断丰富与拓展，逐步形成集家庭科普、低成本旅游于一身，以生态郊野环境和农业休闲地产为亮点的多元化经营态势。通过对已有基础设施整合与再利用，重点打造与提升合作社业务软实力和文化历史内涵。通过与蔬菜生产、加工等农业领域相关产业开发和业务拓展，形成一次投入，多元化产出的多赢局面，开拓利润形成渠道，创新利润形成方式，分摊成本，创造效益。

养老和科普是未来合作社打造的两个亮点，养老还与休闲相结合，科普与潜在客户群体相结合。在吸引游客消费同时，扩大合作社在郊区会议经济、农业科普领域全新市场。养老休闲板块打造与推出，有利于扩大合作社盈利面，分摊固定成本，创造更多发展机会。

五、战略目标

(一) 总体目标

围绕着合作社的战略定位，结合合作社发展条件和环境，经过初创、培育、整合、腾飞等不同时期，在合作社周边、张家口、承德坝上冷凉地区建设三个 1 000 亩蔬菜生产基地，年产蔬菜 1 250 万千克，合作社休闲会议对外服务近 20 万人次，上述主营业务年产值合计 4.5 亿元以上，建设一个以蔬菜产业为主，集旅游、养老、餐饮于一体的多功能综合体，直接就业 2 100 人，间接就业人数 2 600 人，形成市场化、现代化、国际化，具有较强核心竞争力和较高知名度的大型农业企业集团。

(二) 阶段任务

外延式扩张—内涵式扩张—外延式扩张与内涵式扩张相结合，实现任务目标。

1. 战略初创期（2009—2011 年）

这个阶段是投入为主，企业初创时期。通过土地流转组建合作社，投资形成蔬菜种植园、温室及附属设施，建成千亩设施蔬菜种植园区。形成相关战略发展规划，带动当地农民就业 300 人，尝试进入高端蔬菜市场。

2. 战略培育期（2012—2015 年）

处于整合资源、确定发展方向时期，主要任务是夯实发展基础，引进战略投资者及合作伙伴，通过"增资扩股"等方式实现外延式扩张。培育成为北京市区级知名企业，打造品牌；形成完善法人治理结构、科学决策体系；形成设施农业、观光农业、科普基地、旅游服务等几个核心业务板块，占据蔬菜高端市场 10％份额；带动 500 人就业；完成附属产业基本建设。

3. 战略整合期（2016—2018 年）

这个阶段主要通过内部资源整合实现内涵式发展。净利润保持 8％增长率，资产负债率下降，净利润逐步上升；成为北京市知名企业品牌，占领蔬菜高端市场 30％份额，辐射周边就业 1 000 人；附属产业形成利润，稳定就业 500 人。通过基地周边河道整理和周边道路修缮，建成相关服务配套设施，使其成为功能完善的都市型现代化农业基地。

4. 战略腾飞期（2018 年以后）

总资产达到 10 亿元，净资产达到 5 亿元，净利润达到 2 亿元；成为中国知名企业，建立现代集团管理模式；占据北京市蔬菜高端市场 50％份额；每个产业基地能辐射周边 26 千米^2。合作社发展将充分结合外延式扩张与内涵式扩张两种方式，通过"品牌输出"和"产品输出"实现持续成长。

六、项目策划

为实现战略管理目标，农业战略管理咨询要策划项目，这个阶段的项目策划主要是粗线条的，对未来的投资回报要有一个基本估测。在这个项目中主要策划了四类项目。农业生产项目主要以精品蔬菜和健康养殖为例，以已有蔬菜项目为基础，建设与完善观光、设施、科普 3 个园区；启动特色种植和健康养殖项目，集约化利用基础设施和自然资源产生最大化效益。

1. 精品蔬菜

"绿色消费"已成为世界消费大趋势，生态园的建设和生产中，应进一步加强有机绿色食品的生产，以有机栽培模式采用清洁生产方式生产有机食品，并形成品牌。

培植精品，营造主题形象。基于观光农业生态园缺乏拳头产品、难以深度开发的现状，生态园规划应以生态农业模式作为园区农业生产的整体布局方式，培植具有生命力的生态旅游型观光农业精品。

2. 特色种养

与鱼塘改造相结合，启动健康水产养殖项目；与土地功能分区相结合，启动特色种植和畜禽养殖项目。种植业以板蓝根和朝天椒为主，养殖业以狐貉、矮马、野猪为主，形成立体农业发展模式，在合作社资源掌控和辐射范围内，形成特色蔬菜种植产业、相关健康养殖产业、与水有关娱乐休闲产业，打造农业休闲旅游首选之地。并且通过循环农业设计，综合利用已有资源，增加经济效益。

3. 休闲养老项目

发掘人文底蕴，在发展生态、休闲旅游同时，突出地域历史文化优势，使得消费者在休闲、度假之余，领略历史与接受文化熏陶，放松身心。重点打造以水为题的会议中心及水上休闲游乐项目，通过园区内部环境治理和综合设计，形成农业观光、采摘、科普及旅游养老于一体的休闲综合基地。

4. 科普公益项目

通过在园区内建设设施农业、展示中心等，对广大游客和中小学生开展环保教育和科普教育。同时，应全国农业发展及农业结构调整的需要，把园区规划成农业技术交流中心和培训基地以及大专院校学生实习基地，体现观光农业生态园的旅游科普功能，进一步营造旅游产品的精品形象。

策划完项目后，还要做资金筹措方案、效益分析以及保障措施等内容，在此就不再赘述。

七、延伸服务

延伸服务要根据具体情况，有时做得多，有时做得少。如果战略管理咨询方案做得好，后续的咨询就会较多。在此案例中，客户在完成战略咨询规划后，又开展了延伸咨询服务，就是对该合作社所在地的生产基地进行了具体的规划设计。主要内容包括基地规划的依据、基地的范围与规划期限、生产基地建设的 SWOT 分析、建设的目标、功能区划分、项目分布及重点项目、交通及基础设施规划、景点与休闲农业项目、投资估算及资金筹措、效益分析与保障措施等。在此不作全面介绍，只对基地的总体设计与有关项目作简要介绍。

（一）建设目标

生产基地整体设计的理念是：打造"两河绕园、玉带缠腰"之势，利用"曲水为上，聚气敛财"的风水，形成"二龙戏珠，平湖秋月"的大局，体现"动静结合、快慢相依"的特色。命名为"LD庄园"。

1. 总体目标

从 2009 年起，经过 9 年建设，本部基地运行良好，产值近 7 亿元，扣除物化成本，年均净效益约 1.5 亿元，2 000 人稳定就业。同时辐射京冀两地，形成产业布局合理、要素高度集聚、多功能有机融合、循环清洁生产的现代农业生产基地核心区，辐射周边 40 000 亩区域。

2. 具体目标

（1）规模。2009—2012 年，建成 1 个核心区面积为 700 亩的精品种植区，辐射面积达 1 万亩，以蔬菜种植为主。

2013—2015 年，建成 1 个占地 100 亩的"钓鱼岛"养老休闲核心区；在精品种植区内建设 300 亩设施农业带和 300 亩观光农业带；建成 2/5 亩健康养殖区、320 亩特色种植区域、100 亩"龙仕会所"休闲别墅、10 亩物流加工园区、20 亩展示科普园区、生产资料库 30 亩。

2016—2018 年，完成 5 000 米绕园"二龙戏珠"创意观光河道治理工程，即"一心两带"建设布局。

（2）设施装备。基地规划范围内沟、渠、路等农田基础设施配套合理，道路通畅，形成"二横三纵"道路网络，排灌方便，用电便捷，农田（地）有效灌溉率达到 98％；畜牧业区块符合动物防疫隔离条件。应用广泛先进农业设施和机械装备，畜禽养殖主要生产环节采用机械化、自动化设施，排泄物处理与利用率达 95％；设施农业面积达到 1 200 亩，农机总动力达到 1.5 千瓦/亩。

（3）农业科技。落实责任农技推广制度，实行首席农技专家负责制度，各产业区块责任农技员到位，工作任务量化到人。实行良田、良种、良机、良制、良法"五良"配套，主导品种覆盖率达到 80％，测土配方施肥覆盖率达到 80％。主要农产品有生产技术标准和安全生产操作规程，达到农产品安全质量标准，并建立可追溯制度，农药、化肥、药物等投入品符合农产品安全生产要求，农业投入品残留合格率达到 100％。注重生态环境建设，坚持"减量化、再利用、再循环"原则，资源节约、环境友好型技术广泛应用。

（4）产业经营。规模经营水平较高，基地规划范围内耕地流转率达到 70％。基地规划范围内农产品全部达到绿色农产品有关要求，创立 3 个省级以上农产品名牌，推出与打造高端农产品品牌。合理发展休闲观光农业，在确保主导产业生产功能的基础上，基地整体与各主导产业区块的休闲、观光、文化、生态等功能得以合理开发与利用。

（5）产出效益。土地产出率、资源利用率、劳动生产率明显提高，农业总产值达到 18 000 万元，畜牧业产值达到 4 600 万元，单位面积产出比周边同类产区高出 20％以上，达到 6 500 元/亩。农民普遍增收，农民人均纯收入达到20 000 元。示范带动效应明显，经济效益、社会效益、生态效益能够协调发展。

（二）功能分区

根据基地规划范围内产业发展现状和未来发展趋向，共分六个功能区，即精品种植区、特色种植区、健康养殖区、加工物流区、生物能源区、休闲会务区。以"一心、二带、三区"为整体规划思路，钓鱼岛为"一心"，打造水上休闲、娱乐、养老中心；设施农业带和观光农业带为"两带"，种植蔬菜、水果；特色种植区、健康养殖区、物流加工区为"三区"，建设生产与加工物流基地。

根据功能分区及已有道路为基础，形成"两横三纵"、八个对外节点的交通系统。LD 庄园建成后将形成钓鱼之岛、鸳鸯溪语、近水楼台、心旷神怡、驿路情怀、鱼鹰灵动、塞纳风情、童心未泯、御道出行等主要休闲创意景点。可以辐射北京和河北两地，形成背靠北京、面向河北的发展态势。

（三）各功能区项目分布

1. 精品种植区

在精品种植区内建设 300 亩设施农业带和 300 亩的观光农业带，逐步将合作社打造成种植业、科技实践、都市休闲观光为一体的综合园区。补充生产设施，建设育苗大棚、钢管单栋塑料大棚等，购置大小农机等设备，强化技术推广及社会化服务体系建设，重点加强主导品种推广、品牌建设以及新品种、新技术展示，配套高效节水的滴灌系统和泵站，机耕路硬化，加强沟渠等基础设施建设和土壤地力提升。重点加强机耕路、进排水渠道、泵站等建设，新建和改扩建管理房、冷藏库、仓库等，同时购置电力设备、生产设备和检测设备等，建设 1 个优质品牌，培育 2 家专业合作社等。估算项目建设总投资 4 851万元。预计年产大棚红茄 12 000 吨，实现产值 5 600 万元；年产优质黄瓜、丝瓜、尖椒等 1 500 吨，实现产值 1 800 万元，产品达到绿色食品标准。预期实现产值 7 400 万元，净效益 1 330 万元。

2. 特色种植区

在原有果园基础上，进行优化布局，形成"一特一药"发展格局，"一特"是指朝天椒精品种植，"一药"是指中草药板蓝根种植。改造果园地 320 亩，建设温室钢架大棚；园区主干道路硬化，修防护网，园林绿化，建管理房、进排水渠。估算项目建设总投资 628 万元，预期实现产值 900 万元，净效益 400 万元。

3. 健康养殖区

通过改造和扩建标准化饲养栏舍，配套相关设施，建成动物防疫、无害化设施、场内监测和排泄物处理与综合利用等配套设施齐全的特色畜牧养殖精品园 215 亩。

配置大型粉碎机、配合饲料机组、喂料机、屠宰加工等设备，良种率达到 100%，排泄物无害化处理率 100%。估算项目建设总投资 485.3 万元，预期实现产值 500 万元、净效益 80 万元。

规划水产养殖面积为 100 亩。配置足量的增氧设施、水质检测设施及其他配套设施，引进良种繁育推广等。估算项目建设总投资 547.4 万元，预计年产特色水产品冷水鱼 1 万吨、麻鸭 3 000 只、长江带鱼 50 千克，实现产值 800 万元，产品达到绿色食品标准，净效益 300 万元。

4. 加工物流区

规划面积 10 亩，建设集蔬菜鲜切、冷藏、窖藏及物流运输为一体的综合园区。在对原有的产地市场进行提升改造的基础上，建成集蔬菜产品展示、检测、批发、物流、办公与信息发布为一体的，辐射整个基地且在当地具有重要影响力的农产品集散地。

规划新建酱菜、咸菜生产车间及相关配套用房等建筑物 7 000 米^2，并引进相关设备与设施。加强物流信息平台、检测检验平台与冷链配送平台等体系建设，建成集农产品交易、信息交流与冷链配送于一体的农产品物流配送区。并引进冷库制冷、装运等相关设备与设施，为农产品加工区以及物流配送区的农副产品提供优质、安全的贮藏场所。购置农药残毒检测仪、紫外-可见分光光度计、原子吸收光谱仪、原子荧光光谱仪、高效液相色谱仪、气相色谱-质谱仪等检测设备，完善检测检验平台建设；购置农产品冷藏、冷冻食品配送运输车、冷藏配送集装箱等低温运输工具，完善冷链配送平台建设。进一步发展与完善现代农产品配送和物流体系建设，把农产品流通业建成具有较强竞争力的现代农业产业，实现农产品流通业的突破性发展。

估算项目建设投资 3 550 万元，其中，管理办公大楼 270 万元，场地建筑投资 990 万元，水电路设施 500 万元，管理设施及保险设施等 340 万元。实现产值 9 300 万元，净效益 3 200 万元。

5. 生物质能源区

采用种养循环模式（图 4-1），按照种植业的消纳能力，在基地规划范围内配套建设畜牧产业，按照农牧配套需求，改造或新建 8 个标准化规模畜禽养殖场，养殖生猪和各种禽类，满足生物质能源需求。有机连接畜禽养殖场与各示范区、精品园，将畜禽养殖产生的排泄物变成种植业的有机肥料，既实现了养殖业粪污的"零排放"，又可有效减少农用化肥污染，改善土壤环境，增加作物（蔬菜、水果等）产量，提升农产品质量档次，促进生态平衡和循环经济发展。

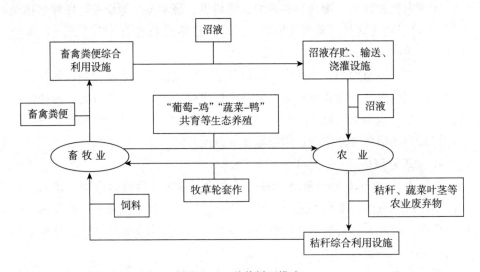

图 4-1　种养循环模式

估算项目建设投资 1 688 万元，其中，畜牧产业配套 958 万元，包括养殖场标准化改造 375 万元，新建标准化养殖场 583 万元（含栏舍建设和农机设施配套）；秸秆青贮、氨化等综合利用设施 1 000 米³，畜禽排泄物利用沼气工程 960 米³；沼液存贮塔 10 个、沼液存贮池 7 200 米³、输液管道、沼液喷滴灌或流灌等配套设施 356 万元；畜禽良种和优质牧草种子引进 73 万元，技术推广培训 5 万元。

基地规划范围内实现生态循环，农业废弃物资源化综合利用，进一步降低基地规划范围内化肥、农药、饲料等成本支出，生产绿色有机食品，提升农业的经济效益和生态效益。

6. 休闲养老区

休闲养老区位于现代农业生产基地内,规划面积 260 亩,形成具有区域特色的农业观光养老基地。突出"山、野、乐、趣"四大特色,以"一心两带"作为观光旅游与休闲创意园区依托,以钓鱼岛为核心,打造观光、旅游、养老综合体,内设规格不同会议室若干、温泉洗浴中心、游泳馆及健身中心。

打造成为北京郊区养老旅游首选之地。估算项目总投资 5 201 万元。为基地提供休闲、家庭娱乐场所,预计年吸引游客 20 万人次,人均消费 1 000 元,产值 2 亿元,养老规模 500 人以上,创造 500 个就业机会。把基地建设成为生态环境优美、旅游产品丰富、文化底蕴深厚的观光休闲农业中心。

其他附属及办公设施(科普展示中心、生产资料库、庄园及休闲办公区)共计用地 80 亩,建设经费约 2 500 万元。河道治理及部分道路硬化绿化建设经费需由具体设计单位计算。

第五章　农业项目可行性研究咨询

农业建设项目的可行性研究是在投资决策前，运用多学科手段综合论证一个工程项目在技术上是否现实、实用和可靠，在财务上是否盈利。对项目可能产生的环境影响、社会效益、经济效益、抗风险能力等进行分析和评价，为投资决策提供科学依据。可行性研究还能为银行贷款、合作签约、工程设计等提供依据和基础资料，它是落实先论证、后决策要求，实现决策科学化的必要步骤和手段。

第一节　农业项目可行性研究咨询概述

一、可行性研究的概念及主要用途

可行性研究（feasibility study），是通过对项目的主要内容和配套条件，如市场需求、资源供应、建设规模、工艺路线、设备选型、环境影响、投资融资等，从技术、经济、工程等方面进行调查研究和分析比较，并对项目建成以后可能取得的财务、经济效益及社会、环境影响进行预测，从而提出项目是否值得投资和如何进行建设的分析评价意见。[①] 其基本任务是对新建或改扩建项目进行全面深入的分析研究，并进行方案论证和选择，以便科学合理地利用资源，达到预期的目的。我国从 1982 年开始，将可行性研究列为基本建设中的一项重要程序，已逐步形成一套较为完整的理论、程序和方法。

可行性研究的用途主要包括以下三个方面。

1. 用于立项

在各级政府的发展和改革委员会及有关项目管理部门申请立项的，或者申请相关证书的，需要提交项目的可行性研究报告，它是决定项目能否立项的关键性、基础性文件。项目管理部门依据此报告对项目进行评估，进而确定项目能否实施，给出意见。它创造的知识与信息量在整个项目运作中占有相当大的

---

① 全国注册咨询工程师（投资）资格考试参考教材编写委员会．工程咨询概论［M］．北京：中国计划出版社，2012.

比重。

2. 争取支持

当企业开展投融资、银行贷款、申请政策资金扶持、免税以及对外合作等事项时，应编制可行性研究报告。不同事项可行性研究的侧重点也不同。

3. 统一思想认识

凝聚各方资源，促进项目的高效实施。项目的实施需要基层员工、团队骨干、董事会等管理层统一认识，协调一致行动，可行性研究报告能够起到这样的作用。

二、农业项目可行性研究的概述

农业项目可行性研究是可行性研究的一个类别，是国家发展和改革委员会确定的工程咨询中项目咨询（包含项目投资机会研究、投融资策划、项目建议书、项目可行性研究报告、项目申请报告、资金申请报告等）的服务范围，包括农田基础设施改造、土地整理、农业生产基地建设、农产品加工和农业园区建设、区域农业综合性开发建设、农业科研仪器设备采购、农业技术示范推广等的可行性研究。农业可行性研究咨询一般是在项目建议书或预可行性研究阶段后，对该项目在技术上和经济上进行深入的分析和论证，要处理好与项目建议书的关系。当然，在项目较简单的情况下，也有很多客户不经过建议书阶段，直接进行可行性研究咨询。任何一个阶段发现项目不可行，都应终止该项目。

完成农业可行性研究报告一般也要经过搜集资料、实地考察、数据分析、市场预测、工艺技术及生产组织方案评价、投资估算与资金筹措、财务效益分析、经济效益分析、社会效益分析、生态效益分析、不确定性及风险分析等过程。认真检查所获取数据资料的准确性，土壤、水文资料不详的，还要取土壤和水的样本进行化验，以了解氮、磷、钾、微量元素、有机质、重金属等的含量，对土壤和水的生产适宜性有一个基本评价，当然要确保这些资料的准确、客观和全面。在社会效益分析中要注重项目在增加就业岗位、带动农民增收致富，促进农业产业化、新型城镇化，精准扶贫、帮扶低收入者等方面的作用。

三、农业项目可行性研究咨询的工作要点

很多客户对可行性研究的内容不甚清晰，在与客户洽谈项目时，客户一般说不清楚可行性研究的内容，通常是各种事情堆在一起讲，这时，需要咨询工程师保持清醒的头脑。

1. 要凭经验判断出客户的实际需求

也就是要明确编写可行性研究报告的目的，即客户的真实需求。这样对之后的调查研究和数据采集才具指导意义，才能够事半功倍，对整个项目的进一步研究具有统领作用。

2. 要搞清楚可行性研究报告的最终用途

农业项目可行性研究多数情况下是用来申请立项支持，这时就要明确是申报到哪个部门。不同管理部门的侧重点不一样，要求的文本格式也不尽相同。一般农业可行性研究报告要按照管理部门确定的相对固定格式来编写，也就是可行性研究报告的基本框架。

3. 要对项目可行与否有一个基本的经验判断

在与客户交流沟通的过程中，咨询工程师要充分利用自己的专业知识，全面分析项目可利用的资源或约束条件（如农业企业或农户行为、可利用资源、外部条件、政府行为等）。根据自身对行业的了解，帮助客户正确认识项目的风险点，而不是为了得到这个项目而一味给予肯定，这样会误导客户。当然，很多客户都是为了争取支持才做可行性研究，这时也要实事求是地分析项目面临的约束条件，让客户先有个心理准备。

4. 根据目的和要求有所侧重

一个高质量的农业可行性研究报告要做到数据真实可靠、预测方法科学、论证严密、预测结果准确。用于申请立项的可行性研究报告，编写时要满足项目管理部门的立项条件，对不能满足条件的要给予实事求是的说明。用于投融资、银行贷款的项目可行性研究，侧重于现金流及还款周期分析。用于统一内部思想的可行性研究报告，要进行全方位的市场研究、战略分析说理和论证，并进行多方案的备选，择优选取可行方案。总之要各有侧重。

5. 学好基本理论知识

进行农业可行性研究咨询主要看好三本书，即由全国注册咨询工程师（投资）资格考试参考教材编写委员会编写的《工程咨询概论》《项目决策分析与评价》和由住房和城乡建设部、农业部联合编写的《农业建设项目经济评价方法》，有关农业可行性研究报告的很多知识在这三本书中都有较为详细的解读，不再赘述。

本章之后的内容主要结合"北京市××生态奶牛养殖基地建设项目可行性研究报告"编写实践，择要点进行解读，这个可行性研究报告是 2011 年完成的，共分 16 章，包括项目摘要、建设的必要性和可行性分析、市场供求分析及预测、项目承担单位基本情况、建设地址及建设条件、项目总体方案、工艺技术方案、项目建设方案、投资估测及资金筹措、建设期限和实施进度、环境保护措施、项目组织管理、效益分析、招标方案、风险分析、结论和建议以及附图和附表等内容。在此仅对市场供求分析及预测、工艺技术方案、效益分析作简要介绍。[①]

第二节　农业项目可行性研究的市场供求分析及预测

市场供求分析就是对各影响产品的因素进行调查研究，分析和预见产品发展趋势。有定性预测和定量预测，定性预测主要是根据已有的专业数据和专家团队的经验、知识，对产品市场的未来发展趋势作出判断，有专家会议法、德尔菲法等；定量预测是运用调查、统计的数据，用相关的数学模型，分析研究产品的市场规律并作出预测，包括回归分析法、弹性系数法、消费系数法、移动平均法和指数平滑法等。农业项目的专业性、基础性、公共性都很强，多以定性分析预测或定性与定量结合预测为主，除特殊的、大型的、新型的项目外，较少使用定量分析预测法。本案例中，国内外市场情况数据是通过有关年鉴、中国奶业协会网站（http：//www. dac. org. cn）、全国奶业发展规划、专业研究报告得到的，目标市场数据是通过到当地政府有关部门、相关养殖场、村委会、农民专业合作社等调研获得的。

一、奶业市场国内外现状分析

（一）世界奶业市场基本情况

就世界范围而言，乳制品市场需求在很大程度上将取决于全球社会和经济发展的形势。如果发展中国家的城市化进程和收入增加继续维持增长趋势，乳制品市场需求将会继续增加。而就今后 10 年而言，影响全球乳品贸易需求的主要因素是经济增长和贸易准则的变化。其中，全球经济增长产生的影响更大。

还有一点就是，连锁超市在乳品销售中的作用越来越明显。因为乳制品的销售环节要求具有冷链系统和较大的货架空间，如果连锁超市在上述两方面积极配合，会在很大程度上刺激乳品消费，进而拉动市场需求增长。此外，伴随着乳品市场集中化程度的迅速提高，乳品公司的规模越来越大。例如，丹麦的

---

① 此可行性研究报告完成于 2010 年，因而当时数据及时间段都是在此次之前的。

MD 公司控制着全国 85% 的乳品市场；在拉美国家，乳品市场基本上被几家欧洲大公司控制。据 Landell Mills 公司的分析，全球乳品市场预计将产生原料乳供应缺口 224 万吨，全球乳品贸易需求将增加至 600 万吨左右。中国和俄罗斯是乳品需求量增长最大的国家。中国的乳品需求量在 2010 年达到 21.6 万吨，俄罗斯的乳品需求量达到 7.99 万吨。

（二）世界主要国家奶牛业现状

1. 奶类总产量呈上升趋势

2003—2008 年，中国和印度奶类产品产量大幅增加，但中国的增长率明显高于印度，是全球最高的，为 107.5%；其次为巴西，为 27.1%。而欧盟、俄罗斯和日本的产量出现不同幅度的减少，分别减少了 4.4%、9.4% 和 10.9%。

2. 奶牛头数总体增加

2003—2008 年，全球奶牛总数呈现增长态势。加拿大、欧盟、俄罗斯、日本和澳大利亚奶牛数量减少，其中俄罗斯减少的幅度最大，减少了 15.2%。增长最快的为中国和印度，特别是中国，增长率达到了 112.7%，增长了 1 倍多；其次为新西兰，增长率为 12.2%，2008 年达到 420 万头奶牛。

3. 奶牛单产不确定性较强

美国和日本的奶牛单产水平较高，年产量超过了 9 000 千克，印度最低，略高于 1 000 千克。2008 年奶牛单产水平比 2003 年的增长量上升最快的为美国，增加了 0.87 吨，中国增长的幅度较小，仅增加了 0.09 吨。

各国之间的差异与奶牛品种本身（如遗传潜力）、饲料资源、饲养管理水平等因素密切相关。中国奶类产品和奶牛存栏数增长速度都是最快的，但是奶牛单产水平增长幅度有限。对于今后中国奶牛养殖业发展来说，是选择增头数，还是提高单产，还是使两者有机结合起来，无法确定。如果要实现两者的有机结合，还需开展大量的研究工作。

（三）国内乳制品市场分析

中国奶业具有广阔的市场需求。中国是世界上人口最多的国家，也是饮奶水平很低的国家。2005 年我国人均奶类占有量仅为 21.7 千克，不及世界平均水平的 1/4，大约为亚洲平均水平的 1/2，奶类占有量在世界上排在百名之后。世界乳品人均占有量为 108 千克，发达国家人均消费量为 250 千克，发展中国家如泰国为 59 千克、中国为 25.1 千克。但是随着我国人均 GDP 的增长，奶类消费量将持续增加。根据《中国奶业发展战略研究》成果，居民人均奶类消费水平的提高，与人均 GDP 的增长密切相关，其相关系数达到 0.935。这表明中国奶类消费的快速增长与国民经济快速增长的过程是一致的。研究表明，未来 20 年内，我国 GDP 年增长率如果保持在 7% 左右，将进一步拉动奶类的消费，到 2020 年，我国奶类消费年均增长率将保持 6% 左右。另外，居民收入每增长 1%，城镇居民乳制品消费就会增长 0.67%，农村居民乳制品消费也会增长 0.27%。因此，随着国民经济的发展、城乡居民收入水平的提高，牛奶消费量将大幅度增加。

进入 21 世纪以来，我国奶业以市场为导向，强化政策支持，实施优势产业布局，推进发展方式转变，产业规模、产业结构和生产水平得到大幅提升，实现了持续快速发展。

（1）奶牛存栏快速增加，奶类总产量大幅增长。2010 年，全国奶牛存栏达到 1 420 万头，奶类产量 3 748 万吨，比 2005 年增长 30.8%，居世界第三位。

（2）奶牛生产区域化进程加快，产业集中度明显提高。2010 年，内蒙古、黑龙江、河北等 13 个优势省份牛奶产量占全国 88.3%，比 2005 年提高了 8 个百分点，产业集中度进一步提高。

（3）奶牛规模养殖加快推进，发展质量进一步提升。2010 年，全国年存栏 100 头以上奶牛规模化养殖比重达到 28%，比 2005 年提高 17 个百分点，标准化规模养殖快速发展。奶牛年单产水平达到 4 800 千克，比 2005 年提高了 30%。挤奶机械化水平显著提高，2010 年底机械化率达到 87%。

（4）乳品消费同步增长，城乡居民消费水平不断提高。2010 年，城镇居民人均乳品消费量 27.8 千克，比 2000 年增长 56.8%；农村居民人均 4.81 千克，为 2000 年的 3.9 倍；城镇居民家庭人均乳品消费金额比 2000 年增长了 1.8 倍。

但是，我国奶业在快速发展的同时，一些长期积累的矛盾和问题日益凸显：①养殖方式落后，小规模散养户仍是生鲜乳生产的主体，专用饲草饲料缺乏，饲养方式粗放，高产奶牛比例不高，单产水平与国外发达国家相比差距较大，成母牛年平均单产不足 5 吨；②乳品质量安全监管依然薄弱，生鲜乳收购站点数量多，条件参差不齐，开办主体复杂，监管难度大，乳品质量安全保障体系不健全，监管力量不足；③乳制品市场秩序不规范，一些乳制品企业缺乏稳定的奶源基地，淡季压价、旺季争抢奶源的现象时有发生，部分乳制品企业为抢市场打价格战和广告战，炒作概念，不落实复原乳标识制度，误导消费者；④原料奶定价机制不合理，奶农组织化程度低，乳制品企业单方面决定生鲜乳价格，奶农利益难以保证；⑤消费市场培育滞后，科学消费的观念和习惯尚未形成，乳品消费市场培育滞后于奶业发展。这些深层次矛盾和问题，与婴幼儿乳粉事件、国际金融危机等多重因素叠加，交互影响，导致2008年下半年以来，我国乳品消费萎缩，乳粉进口大幅增加、出口下降，乳制品企业经营困难，生鲜乳价格持续下行，奶牛养殖亏损严重，奶业面临前所未有的严峻挑战。奶业正处于从数量扩张向整体优化、全面提高产业素质转变的关键时期，还有很大的发展空间和潜力。

从消费市场看，城镇居民的人均乳品消费量只有世界平均水平的1/3，农村居民的人均乳品消费量只有城镇居民的1/5，随着人口增长特别是城镇人口大量增加、城乡居民收入持续较快增长和消费结构不断改善，乳品消费需求增长空间巨大。从资源条件看，奶牛存栏已突破1 400万头，还有1 000多万头牦牛、2 000多万头水牛和500多万只奶山羊资源可供开发，农区种植业结构调整和饲草产业稳步发展，牧区生态逐步恢复，近7亿吨可用作饲料的农作物秸秆还有40%左右的利用空间，奶业发展相关资源还有较大的开发潜力。从政策环境看，《国务院关于促进奶业持续健康发展的意见》《乳品质量安全监督管理条例》和《奶业整顿和振兴规划纲要》《乳制品工业产业政策》相继出台，国家扶持奶业发展的政策日趋完善，规范奶业发展的管理制度逐步健全。各级政府把发展奶业摆在重要位置，加大政策落实和资金扶持力度。只要采取有效措施，因势利导，就能化危机为机遇，促进奶业持续健康发展。

《全国畜牧业发展第十二个五年规划（2011—2015年）》提出"十二五"期间我国将重点建设东北内蒙古产区、华北产区、西部产区、南方产区和大城市周边产区等五大奶业产区，大力推进奶牛标准化规模养殖，加强奶源基地建设，推动南方奶牛产业发展。加快实施奶牛遗传改良计划，做好良种登记和奶牛生产性能测定等基础性工作，建立苜蓿等优质饲草料基地，提高机械化挤奶率。净化奶牛群体重大疫病，强化生鲜乳质量安全监管。积极推进学生饮用奶计划，促进乳制品消费。

二、奶业的供给形势

充分利用种养业资源和产品可循环利用特点，推行种养结合的产业发展模式，促进种养业副产品的资源化利用，实现畜牧生产与生态环境的协调发展。《奶业整顿和振兴规划纲要》中指出，继续落实相关扶持政策。继续实施《国务院关于促进奶业持续健康发展的意见》（国发〔2007〕31号）提出的各项奶业扶持政策，并进一步加大扶持力度。继续实施奶牛良种补贴和奶牛保险保费补贴政策，支持奶牛良种繁育场建设，研究完善优质后备母牛补贴办法，做好奶牛生产性能测定等基础工作。加强对奶牛养殖农户的信贷支持，开发适应奶业发展需要的金融产品，搞好金融服务。

从上述国家及各级政府相关文件和政策上看，都对奶业发展给予高度重视，并给予相关优惠政策、专项资金和重点项目支持。本项目为奶牛养殖基地建设项目，主要生产优质牛奶，项目建设对于实现当地及周边奶牛高产、稳产，推动奶业产业化，促进畜牧业的健康持续快速发展有着重大的现实意义，符合国家产业政策导向。

北京是中华人民共和国的首都，全国政治中心、文化中心、国际交往中心、科技创新中心。据统计，2010 年北京全市常住人口 2 200 万人，还有近千万的外来和流动人口，居全国之冠。为贯彻落实《国务院办公厅关于统筹推进新一轮"菜篮子"工程建设的意见》（国办发〔2010〕18 号）要求，北京于2010 年 10 月印发了《关于统筹推进本市"菜篮子"系统工程建设保障市场供应和价格基本稳定的意见》（京政发〔2010〕37 号），统筹推进全市新一轮"菜篮子"工程建设。北京的农业资源有限、总量不足，"菜篮子"主要靠外埠输入的客观实际，决定了保障"菜篮子"有效供给中，要发挥本市现代农业的优势，努力提高"菜篮子"主要产品的自给率。通过充分发挥市场机制作用、加大政府投入和调控力度，综合施策、统筹推进本市"菜篮子"系统工程建设向生产稳定发展、产销衔接顺畅、质量安全可靠、市场波动可控、农民增收稳定、市民得到实惠的方向可持续发展。要确保"菜篮子"重点产品的自给率稳定提高。全市有奶牛规模养殖小区 292 个，存栏奶牛 14 万余头，占全市奶牛总量的 95％以上。在这些养殖小区中，从饲养到检疫再到产奶，十几个养殖环节全部实行标准化操作，包括养殖代码、生产记录、用药记录、检疫记录、消毒记录等在内的几十个事项实时记录在案。

奶牛品种的优劣也在一定程度上影响着奶源质量。北京市已初步建成奶牛良种繁育体系，现有良种奶牛场 25 个，存栏奶牛 9 242 头。奶牛生产性能测定显示，北京奶牛年单产水平已由 2008 年的 5.5 吨提高到 6.5 吨，且牛奶本身的质量水平、营养物质含量也较以前有所提高。

全市蔬菜自给率保持在 20％左右，鲜牛奶自给率保持在 60％左右。到"十二五"末，蔬菜、猪肉、禽肉、鸡蛋、鲜牛奶的自给率达到 35％、30％、70％、66％、68％（这些预测是基于当时的状态，实践证明数据有较大波动）。可见，北京鲜奶的供给还有很大的缺口，尤其是高质量的鲜奶供应更为短缺。

根据农业部《全国奶牛优势区域布局规划（2008—2015 年）》，该县属于京津沪优势区，是国家重点扶持发展的区域，主攻方向为：巩固和发展规模化、标准养殖，进一步完善良种繁育、标准化饲养和科学管理体系，培育高产奶牛核心群，提高奶牛育种选育水平，提高饲料利用效率，实施粪污无害化处理和资源化利用。发展目标为：稳定现有奶牛数量，提高奶牛单产水平，到 2015 年平均奶牛单产水平，提高到 7 500 千克以上；基本实现机械化挤奶和规模化养殖；加快奶业产加销一体化进程，率先实现奶业现代化，保障城市市场供给。

本项目建设奶牛繁育基地具有明显的整体优势：①明显的区位优势，紧邻北京市区、天津市区，交通便利，运输方便、快捷，所生产的奶产品不管是鲜奶，还是经过加工的乳产品，都能在短时间内进入市场，使广大居民能获得新鲜的奶制品；②拥有优越的奶业发展条件和基础，自然条件和饲草料资源丰富，养牛（肉牛及奶牛）历史悠久，经验丰富，政策支持奶业发展相对到位；③技术优势，包括中国农业科学院、中国农业大学在内的国家和地方科研院校在该地区已开展了大量的科技研发、示范、推广和培训工作，积累了丰富的技术储备。

本项目在政策、资源、技术等方面具有得天独厚的优势，为本项目的实施奠定了坚实的基础。项目建设的养殖基地位于北京市某镇，年存栏量约 10 000 头，主要产品为新鲜牛奶。该公司是一家长期致力于新鲜牛奶生产的企业，长期为三元等奶业集团提供鲜奶。随着周边地区奶牛养殖业的迅速发展和对高产奶牛需求的增长，以及三元等奶业集团对鲜奶需求量的加大，现有的规模已难以满足市场的巨大需求，亟须扩大生产规模。因此，奶牛养殖基地建设项目，对于实现当地及周边奶牛高产、稳产，推动奶业产业化，促进畜牧业的健康持续快速发展有着重大的现实意义。

三、目标市场的奶业需求及竞争力分析

目标市场的需求分析主要是根据有关历史资料和现实资料，结合实际问卷调查，对获得的资料进行周密分析，对与产品市场状况相关的属性和特点进行分析，作出符合客观实际的判断。本案例查阅了有关的研究报告和规划，进行了市场调研，并进行综合分析。简述如下。

随着人民生活水平的提高，消费观念的转变，国内乳品市场日趋扩大。从乳品消费市场增长来看，城镇居民的奶类消费总量增长速度将有所降低，但对优质奶产品的需求将明显增长，同时随着城镇化的不断推进和农村居民收入的不断增长，农村居民的牛奶需求量会越来越大。

居民收入水平和奶类消费联系紧密，《中国奶业发展战略研究》表明，由于饮奶知识缺乏，相当一部分人有钱喝奶但没有喝奶习惯。一些农村和城镇边缘的高收入人群，由于没有销售网络，想喝奶也喝不上。随着中国宏观经济的持续增长，以及农村工业化、城镇化进程的加快和农民收入水平的不断提高，中国乳品消费总量和人均消费水平将明显提高，人们对牛奶的消费需求将出现快速增长的趋势，必将促进奶业的快速发展。

因为本项目拟建设高端生态奶牛养殖基地，为了解首都高端农业市场需求情况，选取高收入群体相对集中的商业街、酒店、高档住宅区作为调查地点，具体包括金宝街、王府井、朝阳使馆区、曙光花园、湘鄂情酒店附近、金码大厦附近、蟹岛等地。其中，金宝街作为高端商业物业的聚集地，包括五星级酒店、高端会所、甲级写字楼、酒店式服务公寓和高端购物中心等多种业态。金宝街是北京高端群体最集中的地方之一，汇集中国高端商务圈。朝阳使馆区是北京重要的国际交往区。区内涉外单位 1 300 多个，占全市一半以上。外国驻华使馆除俄罗斯、卢森堡外，都在朝阳区，已形成了建国门外、三里屯、亮马河三个使馆区，是高端群体的又一集中地。除此之外，所选取的其他调查地点也是高收入群体出入较多的地方。在上述地点，我们采取街头问卷调查的方法，共发放 320 份问卷，收回有效问卷 281 份。这 281 份问卷反映了对应的 281 个家庭的基本情况和农产品消费情况。在这 281 个家庭中，有 46.93％的家庭夫妻双方都拥有大专以上学历，有 36.84％的家庭夫妻之一拥有大专以上学历。从职业方面来看，8.33％的家庭夫妻之一为所在单位的中层或高层管理人员。从收入方面来看，50.44％的家庭人均月收入为 6 000～10 000 元，28.95％的家庭人均月收入为 10 000～20 000 元，11.84％的家庭人均月收入超过 20 000 元。在家庭财产方面，70.61％的家庭拥有一套房产，其中 11.40％的家庭拥有超过一套的房产；59.65％的家庭拥有一辆汽车，16.23％的家庭拥有超过一辆的汽车。这 228 个家庭具有较高的文化、收入水平和社会地位，组成了首都高端群体的一个样本，其消费农产品的情况基本可以反映首都高端农业市场需求的面貌。因此，我们将对这个样本进行分析，以了解首都高端农业市场需求情况。

为了衡量高端群体的消费总体特征，分一般性农产品和特殊农产品两个方面来进行统计，统计分析的项目包括两者的户均汇总消费量和户均汇总支出，及购买渠道、产地、品牌、标签及消费偏好。一般牛奶的消费量达到 135 千克，产地以国内生产占绝对优势，品牌以本地品牌和外埠品牌为主，对牛奶的进口品牌的偏好明显高，原因在于国内食品安全事件层出不穷，人们对国内品牌的农产品质量安全的信心严重受挫，进而将购买兴趣转向质优物美的进口品牌。本地品牌占 35.73%，外埠品牌占 56.16%，进口品牌占 12.15%。购买渠道的选择以超市购买为主，占 87.38%。北京高端群体消费农产品的需求特征表明，高端群体最主要关注产品品质，即要求农产品符合健康、卫生、营养方面的标准，这符合人们消费农产品的普遍要求。

随着经济的发展，北京市人民收入水平持续稳定增加。根据北京市统计局的统计结果，2009 年北京市城市居民可支配收入为 26 738 元，农民纯收入为 11 986 元，相比于 2001 年 11 578 元和 5 099 元，均增加一倍以上（图 5-1）。与收入水平增加相伴的是农产品消费支出的增加，这可以近似地从北京市食品零售额的增长过程中得到反映。人们消费农产品的总量没有增加，而为消费这些农产品所发生的绝对支出是增加的，但农产品消费支出的相对比重下降。根据调查，居民家庭用于农产品支出的数额增加的原因除了农产品价格上涨外，还与人们对农产品的消费结构发生改变有一定的关系，而消费结构的改变是与人们的消费偏好的转变相联系的，这种消费偏好的转变表现为人们对消费的农产品的品质要求逐渐提高，对高标准、高档次农产品的消费比重上升。这种高端化的改变主要表现在两个方面：一方面是对一般性农产品的消费标准的提升，可以称之为内涵式的高端化；另一方面是对具有保健功能、高品位和高文化内涵的特殊农产品的消费数量的增加，可以称之为外延式的高端化。

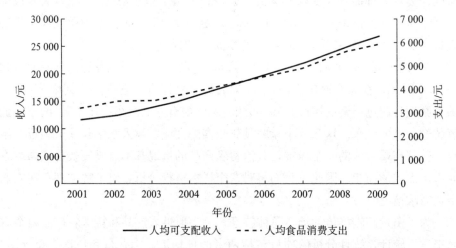

图 5-1　北京市城镇居民人均可支配收入与人均食品消费支出趋势

消费者对高端农产品的认识集中反映在如下几个方面：①绿色、有机、健康、安全、无农药化肥污染；②融合现代高科技；③价格昂贵。此外还有部分消费者认为高端农产品还应该是新奇独特、展现个性、环保、包装精致、天然的农产品。

正常年份本项目年产鲜奶 37 800 吨，每年出售后备奶牛 874 头，淘汰奶牛 1 008 头，出售公犊牛 2 042 头。公司与三元等奶业公司签订了生鲜奶合同，生产的原料奶全部销售给三元等奶业公司，销售渠道畅通。良种后备牛，主要用于项目区内奶牛的更新换代，部分销售给周边地区的其他奶农。公犊牛作为育肥牛饲养，在短期内可见效益。

奶产品企业众多，销售前景良好。三元等乳业集团等均有鲜奶收购站，加上当地政府制定了鼓励奶业发展的优惠政策，项目区自然条件良好、无环境污染，企业只要加强标准化生产，合理使用兽药和饲料添加剂，完全可以提供天然、绿色、优质的奶源，促进农业经济发展和农民增收。

项目区的饲料资源丰富，有玉米和秸秆以及奶牛饲养的重要蛋白质来源——苜蓿等饲料资源。并且，北京有多家大型饲料加工企业，可以提供低价优质的精料。此外，项目实施区劳动力成本相对较低，距离北京城区较近，运输成本较低。

项目奶牛品种选择中国荷斯坦奶牛，项目核心群良种奶牛 305 天产奶量达9 000 千克，品质优势明显。

项目技术依托单位——中国农业大学动物科技学院，是一个综合性的畜牧研究单位，奶牛养殖技术力量非常雄厚，是国家奶牛产业技术体系首席科学家单位，先后承担了"国家奶业专项"等多项课题研究，为项目建设提供了有力的技术支撑。

本项目生产的产品有牛奶、公犊牛、母犊牛、良种母牛，项目产品竞争优势明显，主要表现在奶牛品种优势、饲养管理优势、挤奶设备优势、牛奶品质优势、建设地点环境优势、成本优势等。此奶牛养殖基地建设项目，有利于规模化生产、标准化养殖、集约化经营，有利于增加奶产量及奶产品科技含量、增强产品的市场竞争力，是促进我国奶业发展的需要。对于贯彻落实《国务院关于促进奶业持续健康发展的意见》，促进当地畜牧业结构调整及增长方式的转变都起着积极的作用。

第三节 农业项目可行性研究的生产工艺技术方案

生产工艺技术包括与项目相关的生产操作流程、工艺技术参数、制造原理、生产工具设备型号、原材料供给与能量平衡和相关配套用工等全套技术，是判断项目是否经济合理的必要条件。项目的生产工艺技术方案应该具有先进性、安全性、可操作性、合规性、环保及人性化等特点。

本项目建设的总体思路是把发展循环经济作为整个项目的主线，采用"种植（农户）、养殖、沼气、肥料"相依互补的生态农业良性循环模式，通过奶牛有机养殖、粪便资源合理利用、饲料作物有机种植的循环模式，实现优质牛奶生产和生态环境保护两大目标，取得良好的经济效益、生态效益和社会效益。项目选址建在地势平坦干燥、背风向阳，排水良好的生活区的下风方向，场地水源充足、未被污染，水质达到无公害食品畜禽饮用水标准；土质抗压性和透水性强，四周环境幽静，人口稀少，交通、电力供应便利。

一、建设规模和主要产品

本项目拟分 3 年引进 3 600 头优质高产母牛（每年引进 1 200 头），规划到 2015 年建成 1 个良种奶牛场，正常年存栏成母牛 5 040 头，以良种奶牛场为龙头带动当地的奶牛业发展。项目总占地面积为 530 670 米^2（约合 796 亩），主要建设内容包括各类牛舍、挤奶厅、饲料加工间、精料库、干草棚、青贮窖、淋浴消毒间、锅炉房、兽医室、隔离牛舍；生活管理设施包括门卫室、办公用房、职工宿舍、食堂等；配套场区工程内容包括围墙、道路、绿化、给排水及供电等。预计年生产原料奶 37 800 吨。年提供青年牛 1 882 头，其中，1 008 头用于替代被淘汰的母牛，874 头对外出售。项目建成后年出售公犊牛 2 042 头。

二、工艺技术方案

本项目引进优质荷斯坦奶牛 3 600 头，组建良种繁育群，通过扩繁，使基础母牛达到 5 040 头。通过优秀种公牛冻精，采用人工授精技术，进行有计划的选种选配，从而改良奶牛的产乳量、乳品品质等。要求引进的荷斯坦奶牛品种生产能力高、体质健康、有详细档案记录，购买初产的年轻奶牛作为种牛。

良种奶牛场每日产生的粪便全部输送至资源化利用场生产沼气。良种奶牛场每年生产的公犊牛饲养 7 日龄后作为育肥牛出售给周边肉牛养殖户。泌乳牛每日挤奶 2～3 次，牛奶挤出后，直接输入直冷式奶罐，自动预冷，1～2 小时内冷却到 4℃以下保存。每日有专用保温奶罐车把奶运出，温度 5℃以下，保持牛奶处于冷链状态下运输。

拟引进的 3 600 头高产奶牛，稳定生产后，开展规范的生产性能测定（DHI），选育高产核心群，科学选种选配，实现牛群生产性能的不断提高。具体方案如下。

1. 建立 DHI 生产性能测定体系

随着牛群养殖规模的扩大，通过生产性能测定促进整个牛群遗传素质提高、指导牛场改善饲养管理将是必须开展的工作。DHI 的实施应在中国奶业协会的指导下，按照中国奶业协会牵头制定的《中国荷斯坦牛生产性能测定技术规范》（NY/T 1450—2007）执行。

2. 组建高产核心群

牛群结构包括牛群的年龄结构和牛群遗传结构两个方面，前者指一个牛场全部牛中成母牛和后备牛的比例，以及成母牛中年龄、胎次的比例；后者指牛场中主动育种群和生产群的比例。为了保证奶牛群逐年周转更新、遗传素质迅速提高，高产牛群的结构组成通常为：主动育种群占 30％～50％，生产群占 50％～70％，年更新率 20％～25％。

3. 科学选配

在选配计划中坚持以优配优，以优改劣的配种原则。对主动育种群的母牛，选择最优秀的后测公牛精液进行配种，以期泌乳性能持续提高。此外，应特别注意体型结构的改良，逐个评定其优缺点，制订个体选配计划。

4. 种母牛选择

从新牛犊出生到泌乳乃至最终淘汰，选择贯穿全过程，是滚动式进行的。为了能使牛群在生产周转中达到"改良提高"的目的，每个月或阶段都应进行一次排队选择和淘汰。根据生产性能测定的结果，应用动物模型 BLUP 法（最优线性无偏估计法）估计所有头胎奶牛的育种值，选择其中前 50％～60％作为预选核心群，对进入预选核心群的牛再进行体型外貌线性评定，淘汰不合格个体，约保留 30％～50％的头胎母牛列为主动育种群；同时再对以往育种群牛进行评定，淘汰年老体弱或生产性能较低的牛只，将其并入生产群或淘汰群，确保核心群牛占成母牛总数 30％～50％的动态平衡。

5. 人工授精技术

本项目引进良种奶牛的冻精，采用冻精人工授精技术进行良种繁育，保证良种奶牛群的质量。

三、饲养工艺技术方案

（一）饲养方式

1. 采用散栏式饲养技术

该技术是将自由牛床饲养和挤奶厅集中挤奶相结合的奶牛现代饲养技术。

散栏式饲养以动物的舒适、健康和产品安全为宗旨，更加符合奶牛的自然和生理需要，使牛根据生理需要全天候地自由采食、自由饮水、自由运动。

2. 饲料喂养技术

采用全混合日粮（TMR）技术，全天候饲喂，机械搅拌，机械喂料，自由采食全混合日粮，自由卧栏休息，运动场上自由活动。

3. 挤奶方式

采用机械挤奶方式，建设配套的挤奶厅，集中挤奶。

4. 贮奶方式

奶从牛乳房吸入挤奶器经封闭的挤奶管道，直接进入直冷式奶罐贮存，使鲜奶保持在 4～10℃。

5. 配种方式

采用冷冻精液人工授精配种方式。

6. 清粪方式

采用粪尿分离、人工清粪方式。粪便清出舍外集中堆放于粪便处理场进行发酵处理，尿液及清洗污水经舍内粪尿沟、沉淀池流入舍外主干排污水井，用污水泵抽排至污水池，发酵后用于农田灌溉。

（二）饲养管理

为了便于饲养管理，根据牛的年龄和饲养管理特点，将牛群划分为犊牛群、育成牛群、青年牛群、成年牛群。

1. 成母牛

分群饲养管理，设计泌乳牛舍 5 栋，每栋可饲养 840 头成乳牛，采用散养方式，产前 60 天转至干乳牛舍（现有）。

2. 犊牛

生后 15 天在产房单栏饲养，至 3 月龄在犊牛岛饲养，4～6 月龄犊牛采用群栏饲养，犊牛舍利用现有牛舍。

3. 育成牛

7 月龄至配种前的育成牛，按月龄和体重分群饲养管理，采用小群散养，利用现有牛舍作为育成牛舍。

4. 青年牛

配种后至产前的青年牛，根据妊娠月龄分群管理，利用现有牛舍作为青年牛舍。

5. 临产牛群

即将分娩的牛群，在分娩前一周转入产房，利用现有牛舍作为分娩牛舍。

（三）饲料供给

根据不同类别牛群，不同生长阶段科学配给各种饲料。

1. 青干草

年需要青干草 11 504.9 吨，由当地购买，存放在场区的干草棚。在饲料调制间将其粉碎后，存放在饲料库，饲喂时与精饲料搅拌混合均匀，用饲料车运入舍内饲喂。

2. 青贮饲料

以全株玉米青贮为主，全年需青贮饲料 51 838 吨，新建青贮窖容积64 680 米^3。

3. 精饲料

年需精饲料 20 128.4 吨，全部由本项目饲料加工车间购进原料加工成配合饲料，运至场区饲料存贮间，搅拌均匀后运入舍内饲喂。饲料库内要求最少有三天的贮存量。

（四）供水

饮水水质要符合《无公害食品　畜禽饮用水水质》（NY 5027—2008）或《生活饮用水卫生标准》（GB 5749—2006），为确保水质良好，应经常对饮水进行监测。

用水量标准如下。

（1）成母牛 60 升/（头·日）。

（2）干乳牛 30 升/（头·日）。

（3）育成牛 25 升/（头·日）。

（4）青年牛 30 升/（头·日）。

（5）犊牛 10 升/（头·日）。

（6）挤奶厅用水 25 升/（头·日）。

根据不同牛群及时间段，科学确定用水量。项目每天生产、生活等用水总量 523.78 米^3。在牛舍内设饮水器，舍外运动场设自动饮水系统。

（五）防疫

为了保证人畜安全，减少疾病发生，要严格执行兽医防疫准则，采取如下安全及防疫措施。

1. 应具有严格的卫生管理制度

工作人员应定期进行体检，取得健康合格证方可上岗。工作人员进入生产区应消毒并穿戴洁净工作服；牛场应尽量做到"谢绝参观"，特定情况下，参观人员在消毒后穿戴防护服方可进入。

2. 免疫防疫

牛场应根据《中华人民共和国动物防疫法》及其配套法规的要求，结合当地实际情况，有选择地进行疫病的预防接种工作，并注意选择适宜免疫程序和免疫方法。

3. 疫病监测

牛场应依照《中华人民共和国动物防疫法》及配套法规的要求，结合当地实际情况，制定疫病监测方案。牛场常规监测的疾病至少应包括牛结核病、布鲁氏菌病、牛鼻气管炎、口蹄疫。除上述疫病外，还应根据当地实际情况，进行其他必要的疫病监测。

4. 疫病控制和扑灭

牛场发生疫病或疑似发生疫病时，应依据《中华人民共和国动物防疫法》采取以下措施。

（1）驻场兽医应及时进行诊断，并尽快向当地畜牧兽医行政管理部门报告疫情。

（2）确诊发生高致病性病情时，牛场配合当地畜牧兽医管理部门，对牛群实施严格的隔离、扑杀措施。

（3）发生牛结核病等疫病时，应对牛群实施隔离和净化措施。

（4）全场进行彻底的清洗消毒，病死牛的尸体按《病害动物和病害动物产品生物安全处理规程》（GB 16548—2006）进行无害化处理，消毒按《畜禽产品消毒规范》（GB/T 16569—1996）进行。

5. 记录

牛都应有相关的资料记录，其内容包括：牛的来源，饲料消耗情况，发病率、死亡率及发病死亡原因，无害化处理情况，实验室检查及其结果，用药及免疫接种情况。所有记录应在清群后保存两年以上。

四、设备选型方案

1. 设备选型原则

该项目主要设备包括饲养设备、饲料加工和挤奶成套设备和其他配套设备。饲养设备和饲料加工设备在国内采购，挤奶厅设备部分选用国外设备，辅助设备以国内选型为主。

要求所选设备技术先进、性能可靠、经久耐用、运行成本低、价格合理。牛栏、手推车等非标准设备可现场加工制作。兽医室、人工授精室、处置室等根据专业需要选配仪器设备。水、暖、电、气、通信等公用工程所需设备按现行标准规范选配。

2. 设备内容

设备主要包括主体工程设备、辅助工程设备。主体工程设备包括泌乳牛舍、干乳牛舍、分娩牛舍、青年牛舍、挤奶厅、隔离牛舍等；辅助工程包括饲喂设备、淋浴消毒设备、锅炉、兽医化验设备、变电设备、供水消防设备等。

五、总图及公用工程

(一) 分区布局

场区总占地面积为 530 670 米² (约合 796 亩)，分为奶牛养殖场、资源利用场两部分，其中奶牛养殖场位于北侧，资源利用场位于西南侧。

奶牛养殖场包括生活管理区、辅助生产区、生产区、隔离区，各功能区之间用围墙或绿化隔离带明确分开。管理生活区布置在场区北侧主入口，主要包括办公用房、化验室、食堂等设施，在管理生活区南侧建大门，并有道路与场外公路相连。东面、南面用围墙与生产区和饲料加工区隔开。

辅助生产区布置于场区的西侧，主要建设青贮窖、干草棚和饲料加工间和精料库等辅助设施。北面入口与生活管理区相通，西面入口与场区外道路相通，便于青贮加工季节运输青贮饲料；加工区东侧与生产区相通，便于牵引式饲料搅拌车进入。

生产区是场区的主体，布置于场区的东侧，其西侧分别与饲料加工区、资源化利用场相邻，南侧与隔离区相邻，相互间由绿化带隔开。生产区内建设泌乳牛舍、干乳牛舍、分娩牛舍和犊牛及育成牛舍、运动场、挤奶厅、处置间等设施。在泌乳牛舍与挤奶厅之间设赶牛道，便于牛只在牛舍与挤奶厅之间来往。为减少奶牛每天三次挤奶所走的路程，挤奶厅与泌乳牛舍垂直排列。

隔离区布置在生产区的南部，建设 1 栋隔离牛舍和兽医室，隔离区与生产区之间用绿化带隔离，两区相距约 60 米。

（二）奶牛养殖场工程

新建成乳牛舍 5 栋，干乳牛舍、分娩牛舍各 1 栋，单栋外形尺寸为 309 米×30 米，结构形式为敞开式轻钢结构。屋面结构采用轻型钢屋架、轻钢檩条，上铺彩色压型钢板。屋顶为双坡式屋顶，屋脊高度 5.52 米，檐口高 3 米，主体结构采用钢管立柱支撑、（角钢及圆钢焊接）轻钢屋架、（方管）水平系杆、纵向（角钢）垂直支撑体系。牛舍两侧采用 240 毫米砖墙，正面及背面砌筑 1.2 米高砖墙，其余部分安装卷帘窗。

新建各种结构的断奶犊牛舍、育成牛舍、青年牛舍、挤奶厅、隔离牛舍、中转牛舍、饲料加工间、精料库、干草棚、青储窖等各种设施若干。有的采用轻钢结构，有的采用砖混结构等。

（三）公用工程

1. 给水

生产生活水源由奶牛场自打井提供，用水性质为养殖用水、生活用水和清洗用水。水质符合饮用水标准。生产、生活与消防水管道合用，管道布置采用环状、枝状相结合的管网系统。

2. 排水

排水分生产污水、生活污水和雨水三种，三种排水分开进行。生产污水统一收集至集水池进行厌氧处理。场内的生活污水经化粪池处理后排放至生物氧化塘。雨水排放采取有组织漫流的形式，主要道路两侧设排水明沟。

3. 消防

场区的消防系统与给水系统合用。根据消防要求及建筑情况设立室外、室内消防栓，室内消防栓按间距 40 米计。室外地下消防栓按间距不大于 120 米设立。未设室内消防栓的房屋，配置干粉灭火器。

4. 供暖通风

本项目地区属冬季采暖地区，建筑设施中有一部分需要进行采暖设计。热源引自新建沼气锅炉房，锅炉房内安装 1 吨沼气锅炉 1 台，沼气日用量为 1 835 米³。保证工人操作区的粉尘浓度应不大于 10 毫克/米³，排放大气的粉尘浓度应小于 150 毫克/米³。

5. 供电

用电量经计算总负荷为 939 千伏安，本项目拟安装 2 台 500 千伏安变压器。高压电源引自附近高压供电线路，长度为 1 000 米，采用埋地敷设，高压架空电缆采用铜芯交联聚乙烯绝缘电缆。根据上述总用电负荷计算，估算本项目年用电量约为251.9万千瓦时。配电室供电采用树干式与放射式相结合供电的方式。对主要供电负荷，采用单独回路供电。场区低压供电线路采用架空形式。

（四）室外工程

主要包括室外道路、围墙、室外管线工程（室外给水管线、室外排水管线、室外采暖管线）、室外低压电缆敷设、绿化、大门。

第四节 农业项目可行性研究的效益分析

效益分析一般是指对某一投资活动产生贡献的大小程度进行分析，它一般包括经济效益分析、社会效益分析和生态效益分析，是判断投资项目能否实施的决定性因素。根据农业项目的不同类别、投资规模、影响程度，效益分析的方法、内容、深度均有所不同。

一、农业项目经济效益分析

经济效益分析，很多资料中称为"经济评价"，本书认为称"经济效益分析"较为妥当，它包括项目财务分析（有的称"财务评价"）和项目国民经济评价（有的称"经济分析"）。财务分析是从项目的角度出发，计算项目范围内的财务效益和费用，分析项目投资的盈利能力和清偿能力，评价项目在财务上的可行性；国民经济评价是在合理配置社会资源的前提下，从国家经济整体利益的角度出发，计算项目对国民经济的贡献，评价项目在宏观经济上的合理性。[①] 根据项目的不同性质类型（如经营性与非经营性，政府投资项目与企业投资项目，既有法人项目与新设法人项目，新建或改扩建项目等），分析评价的内容方法也不同。具体分析评价方法在很多资料中均有介绍，在此不做赘述。

（一）本项目财务分析的主要参数选取与说明

项目计算期为12年，其中建设期为1年，经营期11年。产品销售价格按

---

① 中华人民共和国住房和城乡建设部，中华人民共和国农业部．农业建设项目经济评价方法[M]．北京：中国计划出版社，2010.

正常销售价、产品投入物价格就高不就低。本项目的收入主要体现为生鲜乳、育成牛、淘汰牛、公牛犊等的销售。根据有关规定，本项目免征销售税金及附加，按 25％税率计征所得税。直接生产成本包括外购饲料、燃料动力、人员工资、冻精购买、兽药防疫等费用。按平均年限法计算固定资产折旧，房屋及构筑物按 15 年计，设备折旧按 10 年计。按 5 年作摊销。按折旧费的 2％计维修费。按利润的 10％计取盈余公积金。基准贴现率按 8％计。

（二）项目财务盈利能力分析

经计算，本项目财务内部收益率（所得税后）为 16.17％，财务净现值为 9 527.47 万元（基准收益率为 8％），投资回收期 6.59 年。

（三）偿还能力分析

项目申请贷款 5 000 万元，年利率 7.05％，企业还款来源为未分配利润和 100％的折旧摊销费，根据借款还本付息计算，经营期的第 4 年，可以按银行要求偿还贷款。

（四）不确定性分析

1. 敏感性分析

影响财务效益的敏感性因素包括建设投资增加、经营成本增加和销售增加三个因素。对该项目税后全部投资进行了敏感性分析，考虑项目实施过程中的一些不确定因素的变化，分别对销售收入、经营成本、固定资产投资进行单因素法分析。

各因素的变化都不同程度地影响内部收益率及投资回收期。从敏感性分析来看，其中销售收入最为敏感，其次为经营成本。当销售收入增加 10％时，财务内部收益率由 16.17％变为 21.56％，投资回收期由 6.59 年变为 4.20 年；当销售收入减少 10％时，财务内部收益率由 16.17％变为 10.57％，投资回收期由 6.59 年变为 9.14 年。

项目敏感性分析表明，在项目生产能力达到设计规模的条件下，增加销售收入是提高经济效益的决定因素。此外，降低经营成本也是提高经济效益不可忽视的重要因素。项目不确定性分析表明，该项目具有很强的抗风险能力。

2. 盈亏平衡分析

盈亏平衡点＝年固定总成本/（年营业收入－年可变成本－年营业税金及附加）×100％。

计算结果表明，项目建成后，当生产能力达到设计能力的 59.78% 时，可以保本。

财务分析的有关表格在此从略。

（五）项目国民经济评价

本项目较简单，不涉及进出口业务，国民经济评价可简化，仅作定性分析。项目区奶牛业发展相对比较零散，从整体上看缺乏龙头企业带动，科学饲养技术水平尚待提高，相关的产品加工还处于发展阶段。该项目集奶牛繁育、饲养、销售于一体，将对项目区奶牛产业的发展起到示范带头作用，改变农户养殖奶牛的落后观念，使其掌握一定的技术并逐步实现规模化、标准化、规范化养殖，将促进项目区域奶牛养殖业有一个较大的质和量的飞跃。

项目的建设，还有利于促进种植业与畜牧业的有机结合，实现"二元种植结构"向"三元种植结构"的转变，实现农业与畜牧业相互依存、相互促进的良性循环，形成当地农业的可持续发展。壮大农业主导产业，促进农业产业结构调整，优化项目区的产业结构，起到提质增效的作用。符合项目区域产业发展的方向。

二、农业项目社会效益分析

社会效益分析是对投资项目实施后对社会影响效果的评价。包括能够促进社会发展进步的多方面内容，例如，促进科技进步，为社会输送高质量人才，开发或创造新技术、新方法，提高科学管理水平等；提高国防能力，保障国家安全，改善人民物质、文化、生活及健康水平等；通过提供优质服务快速高质量地满足某种社会需求，以及对提高全民素质所做的贡献等。

社会效益往往要经过一段时间，或若干年后才能表现出来，一般难以计量，常借助于其他形式来考量。根据投资项目的目标差异，一般要将经济效益与社会效益有机结合起来统筹考虑，政府投资项目更注重社会效益，当然经济效益分析也要做必要的参考。农业投资项目的社会效益主要包括：①提高了农业基础设施水平及农业综合生产能力，为保障国家粮食安全做出贡献；②提供了优质的农副产品，满足了人民群众食物安全的需求；③促进了农民就业、增收，尤其是在吸收残疾人员或社会待业人员就业，以及扶贫、减贫方面的贡献，在促进社会和谐稳定方面的贡献等；④促进了农业科技成果转化，推广了先进的农业科学技术，并起到了示范作用，提高了农业科技贡献率；⑤提高了政府的财政收入。

该项目的社会效益分析如下。

通过项目的示范、引导作用，逐步改变项目区域周边地区的畜牧业生产方式，变粗放式饲养为集约化、现代化饲养，同时项目依托科技支撑单位的先进技术实力，开展优质高产奶牛的选育和高效饲养技术的集成，提高奶牛生产性能，产奶牛年单产达到 7 500 千克，提高了牛奶品质，提高奶牛饲养的经济效益。

该项目还将为周边地区的农户提供优良高产奶牛、先进的饲养技术，不断提高养殖户的牛群素质和饲养管理水平，促进项目区及周边地区养牛业的发展，提高养牛的生产水平和科技含量，从而辐射带动农户增收。

该项目的实施，可以直接促进约 300 人就业。伴随相关行业的扩大生产，预计将会在几年内新增 1 000 多个就业岗位，有效缓解企业下岗工人对城市的压力，有利于社会的稳定。

项目配套建设的沼气工程，可以解决项目区周边 6 个行政村的 3 091 户农户生活用气，改变农村燃料结构，减少温室气体排放，缓解农村能源供应压力，提高农村能源利用效率。

对于一般农业项目，不需作专门的社会效益分析报告，只要有相关的篇章就可以了。对于重大投资项目还要作专门的社会稳定风险评估报告。

三、农业项目生态效益分析

农业项目生态效益分析是指投资项目对生物系统、环境条件可能产生的影响效果进行分析、预测和评估。促进农业资源得到合理的开发、利用和保护，促进农业健康、持续、稳定发展。很多分析内容与项目环境影响评价密切相关。生态效益分析在投资项目管理中越来越重要，但农业投资项目可行性研究一般很少作定量的生态经济损益分析，从土壤、大气、水及循环经济等方面作定性分析就可以了。因为项目审批、核准、备案等环节有环境影响评价的相关要求，可由专业机构对环境的影响进行全面、详细的评价。

该项目配套建设的沼气工程等资源化利用项目属于可再生能源利用项目，是国家急需发展并积极鼓励和扶持的产业，符合国家可再生能源发展政策，不仅在促进农村经济发展和满足广大农村地区人民生活的能源需求起到了重要的作用，同时解决了奶牛养殖基地环境污染，净化了周边环境。

（一）资源循环利用，保护生态环境

该项目运用生态学原理把经济活动重构、组织成"资源—产品—再生资

源"的反馈式流程和循环利用模式,实现从"排除废物"到"净化废物"再到"利用废物"的过程,达到"最佳生产,最适消费,最少废弃",最大限度地提高资源、能源利用率,在建设奶牛养殖场的同时配套建设资源化利用场,实现经济活动的生态化,达到消除环境污染、提高经济发展质量的目的。

(二)促进秸秆"过腹还田",减少化肥使用

该项目的建设,将使种植业的主产品和副产品均得到合理的利用,减少其对环境潜在污染的可能性。提高农作物秸秆的利用程度,使秸秆"过腹还田",减少秸秆对环境的污染。同时通过沼气配套工程的建设,生产大量的有机肥料,在降低种植业生产成本、提高种植业产品质量和效益的同时,减少化肥的使用和对环境的污染。

(三)有效消除畜禽粪便污染,保护生态环境

项目所在镇两个村的养殖基地奶牛存栏量约 13 000 头,日产粪便 390 吨,如果露天存放,不仅污染地表水,其有毒、有害成分还易渗入地下水中,最终影响奶牛场饮用水,不仅严重污染周围的环境,也威胁着奶牛基地的持续健康发展。粪污如果得不到及时处理,散发的臭气会污染大气,传播疾病,可引发"畜产公害",这种污染的恶性循环会给奶牛基地的发展造成严重的危害。同时粪便中含有大量病原体,不经发酵直接施田有潜在危害。通过沼气工程建设,充分利用奶牛养殖基地排放的粪便和污水生产沼气,可有效消除畜禽粪便污染,保护生态环境。

(四)节能减排分析

该项目资源化利用奶牛粪便等废弃物,是推动"节能减排"的战略措施,是保护生态环境的强力之举,有利于推进建立资源节约型和环境友好型社会,维护人、自然、经济的和谐发展。

1. 开发了新型洁净能源

该项目将配套相关设施对养殖场排泄粪便及废水集中治污处理,生产新型洁净能源,采用沼气生产技术,将牛粪、秸秆废料及生产和生活废水用厌氧发酵技术回收大量生物质能源——沼气。据初步测算,年存栏 10 000 头的奶牛场所产生的粪便、饲料废弃物及废水通过厌氧发酵技术生产沼气足以满足 1 000~3 000 人的生活用燃气以及场区内锅炉用燃料。项目建成后,产生的沼气,完全可以满足奶牛场燃气需求及区域内村民生活用燃气的需求。

2. 减少奶牛场污染物排放

该项目对牛粪、饲料废弃物和废水通过厌氧发酵技术生产沼气，沼气工程产生的沼渣、沼液可用于农业、林果业的施肥和灭菌杀虫，同时也从根本上消除了粪便及饲料废弃物对环境造成的污染。在发展的同时还为国家节约了能源，为粪便及饲料废弃物等开辟了一条变废为宝生产新型洁净能源的新途径。

3. 增加优质有机肥料供应

人们对无污染生态环境的渴望和对绿色食品的需求，必将促使传统农业向生态农业转型，生物有机肥正是为这种转变创造了必要条件。生物有机肥能有效地完善土壤养分、增加土壤有机质和肥力，减少农药施用、使产品免受污染、优化土壤生态环境、改善农产品品质。推行"种植业—秸秆—饲料—畜牧业—粪便—沼气—有机肥—种植业"的循环经济种养殖模式，不仅可以促进奶牛养殖场的生存发展，也促进了生态良性循环，促进了农业经济全面、可持续发展。

（五）环境保护措施

项目产生的主要污染物为施工期和运营期产生的噪声；运营期奶牛场产生的臭味、粪污水、病死牛、生活垃圾，锅炉产生的烟气、炉渣，饲料加工车间产生的粉尘等。

1. 噪声控制

项目施工过程中噪声主要是挖掘机、搅拌机等施工机械、重型运输车辆造成的。施工地点远离居住区，对周围声环境质量不会产生影响，主要是对施工人员产生不良影响。

生产过程中噪声主要是饲料加工车间粉碎机、混合机、溜管和提升机、锅炉的引风机和鼓风机等设备运转时振动造成的。施工单位应按国家关于建筑施工场界噪声的要求进行施工，并尽量分散噪声源，采用低噪声机械，同时也可以在工地周围设立临时的声障装置，把影响降到最低，达到《建筑施工场界环境噪声排放标准》（GB 12523—2011）的要求。

生产过程中项目新增的主要噪声源为饲料加工设备、锅炉鼓风机和引风机。该项目的整体设计和建设符合国际标准。具有生产性噪声的生产车间尽量远离其他非噪声作业车间、办公管理区和生活区。锅炉房应选用高效、节能和低噪声风机。

2. 奶牛场粪污处理

根据奶牛养殖基地的实际情况以及国家相关政策法规，该项目采用厌氧发酵工艺对奶牛场粪污进行处理和资源化利用。厌氧工程产生的沼气可以直接作为燃料，也可以作为再生能源发电，厌氧工程产生的沼液可作为液态有机肥，沼渣可作为固体有机肥。利用厌氧生物技术处理畜禽养殖污染能够达到资源化和污染"零排放"的目标。

3. 病死牛处理

在整个生长过程中，由于各种原因会有死亡发生，死牛是细菌、病毒的重要携带者，若处理不当，病原体会通过水、空气、直接接触等途径感染牛群和人员。依据政府相关法规送至规定地点用再燃式多用途焚化炉进行焚烧处理，其原理是通过第一燃烧室对病死牛尸体进行焚烧，第二燃烧室对恶臭物质的分子结构进行高温破坏，不完全烟气充分燃烧，排放物主要为水蒸气、二氧化碳和少量无害的无机物，达到彻底无害的目的。

以上工作采用《中华人民共和国环境保护法》《中华人民共和国大气污染防治法》《畜禽养殖业污染物排放标准》（GB 18596—2001）、《畜禽养殖业污染防治技术规范》（HJ/T 81—2001）、《工业企业设计卫生标准》（GBZ 1—2002）、《污水综合排放标准》（GB 8978—1996）、《环境空气质量标准》（GB 3095—1996）、《农田灌溉水质标准》（GB 5084—2005）、《中华人民共和国固体废弃物污染环境防治法》《中华人民共和国水污染防治法》《锅炉大气污染物排放标准》（GB 13271—2001）规定的要求和标准。

（六）环境影响评价

项目运营产生废弃物是不可避免的，同时资源化利用是可行和必要的，发展生态农业和资源循环型农业是今后农业发展的必然趋势。该项目采用综合治理模式，遵循了减量化生产、无害化处理、低廉化治理、资源化利用原则，可做到污染物达标排放，满足了污水、粪便的治理目标，符合我国的环保科学技术产业化发展及社会、环境与经济发展的要求，也符合国家发展集约化畜牧业和环保产业的政策精神。所产生的污染物的不利影响在采取适当的环保措施后能够得到有效的控制。因此，从环保角度分析，该项目的建设具有可行性。

（七）工程防疫措施

项目实施过程中必须贯彻"防重于治"的方针，建立严格的卫生防疫制度。具体采取如下措施。

（1）养殖场周围设高度2米以上的围墙与外界隔离，围墙外设防疫林带及排水沟。

（2）办公管理区、养殖区、饲草料区和粪污处理区严格分开，各区之间设围墙或隔离林带相隔。

（3）养殖区内设病牛隔离舍与死牛处理设施。

（4）场区门口设车辆消毒池，人员入口处设药液消毒池、洗手盆和紫外线消毒更衣室。

（5）场区内道路分为净道和污道，相对分开，避免交叉。

（6）舍内敷设冲洗用水龙头，每次清舍时要用高压水冲洗，然后进行消毒。

（八）安全生产措施

奶牛场的布局考虑人的工作和生活场所的环境保护，使其尽量不受饲料粉尘、粪便气味和其他废弃物的污染。项目生产、管理人员配备工作服。噪声大的车间的工人戴耳塞或耳罩，有粉尘的车间工人戴口罩。设置相应的医疗保健设施。所有生产、动力、传动设备均设置安全防护罩和操作台，严防人、机、料交错作业。

项目的可行性研究工作是由浅到深、由粗到细、前后连接、反复优化的一个研究过程。如果所有方案都经过反复优选，项目仍是不可行的，应在研究文件中说明理由。但应说明，研究结果即使是不可行的，这项研究仍然是有价值的，因为这避免了资金的滥用、浪费及今后更多的损失。

在实际工作中，很多情况下是先开展一些专题研究，比如产品市场研究、原料及投入物料的研究、建厂地区和厂址研究、规模经济研究、工艺选择研究、设备选择研究、节能研究、环境影响和社会影响评价等，来研究和解决一些关键性或特定的问题，是可行性研究的前提和辅助。

可行性研究报告中有很多要分析的参数，如成本预测、收入预测、静态投资回收期、动态投资回收期、投资风险预测等，要根据实际情况或市场发展情况进行全方位的分析，然后才可以作出科学的分析。否则，可行性分析可能在很大程度上对投资决策产生误导。有很多专业书籍论述这些内容，本书不再赘述。

第六章　农业发展规划咨询

农业规划咨询是现代农业咨询中主要的咨询业务，在各级农业科研教学单位的咨询业务中，大多数的咨询业务是规划咨询。农业规划咨询一般可分为两类，一类是以农业产业发展为主体的，可称为农业发展规划咨询，或农业产业规划、现代农业示范区规划咨询；一类是以一定地域的农业综合发展为主体的，突出科技成果转化示范、农业观光旅游等农业多功能的，称为农业（科技）园区规划咨询。本章和下一章将介绍农业规划咨询的主要内容。随着乡村振兴战略的提出，以农业产业发展为主的区域综合性乡村振兴规划，也越来越受到关注，因而农业发展规划也涉及农村体制机制建设、生态文明建设、乡村文化建设、乡村人才培育等，内容越来越宽泛，要求农业咨询工程师有较高的综合素质。

第一节　农业发展规划咨询概述

一、农业发展规划的主要特点

农业作为国民经济的基础产业部门，主要包括种植业、林业、畜牧业、渔业等生产经营活动，也可延伸到提供生产资料和农产品加工、储运、销售等部门。从事农业生产经营活动的市场主体主要包括农户、农场、农民专业合作组织、农业相关企业和农业服务组织等。农业发展规划是以农业为特定领域对象而编制的规划，是对未来一段时间农业发展的长远谋划、总体部署和具体安排。农业发展关乎国人的"饭碗"，因而制定科学的发展规划显得尤为重要。农业发展规划既有专项规划的指导性、针对性、操作性特征，还由于农业本身属性，而有以下特点。[①]

（一）基础性与公共性

这是由农业在国民经济中的基础性地位决定的，国家要保障粮食安全，14

---

① 中国工程咨询协会．发展规划咨询理论方法和实践［M］．北京：中国计划出版社，2014.

亿人对粮食的需求是刚性的，各级农业发展规划都要服从于国家粮食安全这个总体需求。为促进农业稳步发展，其他行业的专项规划也要充分考虑到农业发展的公共性基础性地位，给予充分保障。

（二）专业性与复杂性

一方面，农业这个既古老又现代的产业部门发展到现在，社会分工越发精细，农业发展规划具有极强的专业性，一个高水平的农业发展规划具有一定的深度；另一方面，现代农业的发展是一个极其复杂的系统工程，需要运用多学科、交叉学科领域的知识，现代生物技术、信息技术、航天技术以及新材料技术等高新技术在农业中都能得到充分的运用，也正是这些高新技术的运用才使农业这个古老的产业不断焕发出勃勃生机。一个高水平的农业发展规划具有复杂性的特点。

（三）农业发展规划与村镇规划关系紧密

农业发展规划咨询离不开村庄建设规划，离不开小城镇建设规划，离不开农村的全面发展，农民要富、农村要美也离不开农业的高效发展，离不开农民素质的提升。当然，还与土地规划、农田基本建设规划、水利建设规划、水资源利用规划、生态文明建设规划、农业科技规划、农业服务体系规划、乡风文明规划、乡村治理体系规划等密切相关。因而，农业发展规划咨询要对这些规划进行充分的了解并予以融合。当然，广义上讲，这些规划也可以说是农业发展规划的重要内容。

二、农业发展规划咨询的主要内容

农业发展规划咨询是一个涉及面非常广的、非常复杂的、理论与实践性都很强的工作，需要根据实际情况，组织专业性的咨询团队才能完成好。其内容主要包括以下八个方面。

（一）规划区域农业的本体研究

农业本体是农业科学领域内概念与概念间的相互联系的形式化表达。① 在现代咨询活动中引入农业本体的概念，目的是对规划区域农业的本质属性进行透彻的分析研究，体现农业发展规划咨询的深度和高度，是咨询最基本、最重

---

① 钱平，郑业鲁．农业本体论研究与应用［M］．北京：中国农业科学技术出版社，2006.

要的工作。主要包括三方面的内容，即自然资源、社会资源和人力资源的本体分析。

1. 自然资源的本体分析

主要包括对规划地域的区位、地形地势、土壤类型及养分含量、气候条件、耕地及水资源状况评价、植被状况、种植养殖结构和水平、村镇分布状况、主要产业与布局、农产品物流配送与加工状况、环境状况评价等的深入研究，并得出有价值的结论与建议。

2. 社会资源的本体分析

主要包括对规划区域的历史沿革、社会文化、人物典故、生活习俗、科技资源、社会组织、经济发展水平、社会发展状况以及市场需求形势、产业规模与效益等的深入研究，并提出相关的策略。

3. 人力资本的本体分析

主要包括对规划区域内人口（尤其是农民）的受教育程度、培训状况、实践经验、迁移情况、人口结构、农业生产技能、科技素养等的深入研究，并得出相关结论。

（二）确立农业发展的理念

在此也可以称为规划理念，是关于规划区域农业发展的本质、目的、内涵和要求的总看法和根本观点。规划理念是规划的"灵魂"，规划理念主要体现在指导思想、基本原则和规划思路中，决定着其他的规划内容，包括发展道路、模式、战略等。[①] 指导思想是农业发展方向的"顶层设计"和根本指针，对农业的建设和发展起着统领作用，其他规划内容都必须与指导思想有关，都应体现指导思想的意识。而基本原则是对指导思想的细化、深化和明确化。

（三）确定发展目标

就是农业发展所期望达到的成果、目的，一般可分为总体目标和具体指标，既有定性也有定量描述。包括农业总产值、农民人均收入、种植面积及产量、机械化率、资源利用效率、产业化水平、组织化程度等。

（四）空间布局

就是对规划区域内的粮食、蔬菜、水果、畜禽养殖、水产、农产品加工、

---

① 中国工程咨询协会．发展规划咨询理论方法和实践［M］．北京：中国计划出版社，2014．

休闲观光等各业进行空间排布和组合。对农业进行空间布局主要考虑区域内的土壤、气候、劳动力、流通、销售、原材料、成本、规模经济、产业集聚、安全生产、政府政策导向等综合因素。

（五）各专项产业发展规划

根据发展目标和空间布局，对粮食、蔬菜、水果、畜禽、水产、加工流通等专项产业进行具体而详细的规划。如果把农业发展规划当成总体规划，那么这些规划就是专项规划，要对总体规划起到支撑作用。不同地域的农业发展规划所涉及的专项规划有所不同。

（六）重点工程项目

根据发展目标及各专项规划的要求，部署重点工程项目，既是实现任务目标的必然要求，也是规划实施者的工作抓手。比如安排部署粮食产业提升工程、"菜篮子"工程、设施农业建设工程、生态农业及环境保护工程、农业基础设施建设工程、休闲农业提升工程等。工程项目的安排要具体量化，具有可操作性。

（七）投入产出效益分析

主要是将每个重点工程项目的投资和效益进行累加，得出全部规划的总投入和总产出。对资金来源进行划分，分清哪些是政府投资，哪些是企业或农民合作组织投资，哪些是贷款，哪些是农民自筹等。对社会效益和环境效益（评估）也应作出相应的分析预测，包括促进农民就业、增收，农业的点、面源污染控制及农业资源利用水平，节水与耕地和农田的保护与利用等。

（八）风险分析与保障措施

农业发展面临很多风险，比如技术风险、气候风险、产权风险、市场风险、政策风险等，规划中应提出规避风险的对策。为保证规划实施必须提出相应的保障措施，如组织管理、资金筹措、人才引进与培养等，有的规划还会向相关部门提出有针对性的发展建议。

三、农业发展规划咨询的基本要求

对农业发展规划咨询的基本要求可以概括为以下四点。

（一）要明确政府、社会和市场对农业发展的要求

农业发展规划咨询服务的客户主要是农业管理部门，从国家层面上说主要是农业农村部，地方上主要是农业农村委员会、农业农村厅、农业农村局等部门。而政府的意志往往是社会、市场需求的集中体现，当然，不同的地区情况不同，有的地方侧重确保"米袋子"，有的地方侧重"菜篮子"，有的地方重点关注生态安全及节水，等等。这也是确立目标和任务的重要内容。

（二）要明确引导和扶持手段

农业发展规划的实施主体主要是各级人民政府及其农业主管部门（企业委托的规划也要在地方政府农业发展规划范围内），做的是实实在在的民生大事。因而，规划中必须要有具体的实施措施和手段，使工作有抓手，推进有步骤，结果有预期，效果有反馈。

（三）要明确资金投入方向

农业规划中资金的投入是多主体的，要以重点工程项目建设为指向。政府资金的投入主要以农业基础设施建设、农业生态环境改善为主，以及一些方向性的引导性资金。企业投入资金主要以营利为目的，农户投入的资金主要以个体的及时回报为指向。政府资金的投入绩效要给以明确的说明。

（四）要明确规划目标实现的期望

完成规划既定的目标既是咨询工程师的关切，也是规划实施主体的关切。一个优秀的规划，具有强的可操作性，能使实施者充满信心，坚定意志，鼓舞士气，真正成为思想和行动的引领，成为工作中实实在在的抓手。否则就只能"在墙上挂挂"。

四、国家现代农业示范区与现代农业产业园

（一）建设国家现代农业示范区是保证国家粮食安全的重要举措

2009 年 11 月，农业部印发《关于创建国家现代农业示范区的意见》。立足区域资源优势和产业特色，高起点、高标准地建设一批规模化、机械化、标准化和产业化程度较高的新型现代农业样板区，通过典型引路、以点带面，形成引领区域现代农业发展的强大力量，提高优势农产品综合生产能力，保障国

家粮食等主要农产品有效供给。按照农业部、财政部《关于选择部分国家现代农业示范区开展农业改革与建设试点的通知》（农财发〔2012〕198号）要求，农业部、财政部会同国家开发银行、中国农业发展银行、中国储备粮管理总公司联合组织开展了农业改革与建设试点示范区申报工作，经示范区所在政府申请、省级有关部门审核推荐、专家评审、五部门联合会商及公示，选择发展基础好、试点意愿强、改革思路清、创新举措实、区域代表性强的国家现代农业示范区为农业改革与建设试点。积极探索破解经营规模小、投入分散、融资难、保险发展滞后等制约现代农业发展的瓶颈，努力推动农业改革与建设试点取得实效，为中国特色农业现代化建设积累经验、储备政策。

农业部现代农业示范区建设工作领导小组审定通过了《2016年国家现代农业示范区建设与管理工作要点》。围绕加快推进农业供给侧结构性改革，以创新、协调、绿色、开放、共享的新发展理念为引领，以"稳粮增收转方式、提质增效可持续"为主线，以构建农业产业体系、生产体系、经营体系等三大体系为重点，着力搭平台、聚合力、强创新、树典型，重管理、促提升，加快示范区建设步伐，推动更多的示范区率先进入基本实现农业现代化阶段，示范引领中国特色农业现代化建设。2016年，农业部决定实施国家现代农业示范区十大主题示范行动。包括粮食绿色高产高效创建主题示范，畜牧业绿色发展示范县创建主题示范、水产健康养殖主题示范、主要农作物生产全程机械化主题示范、"互联网＋"现代农业主题示范、农业经营体系升级主题示范、新型职业农民培育主题示范、农村一二三产业融合发展主题示范、农产品质量安全提升主题示范、财政支农资金统筹使用主题示范。每个主题打造一批发展先进、创新活跃、富有活力的典型样板，探索可复制可推广的经验和模式。

（二）国家现代农业示范区的基本条件与监管

创建的国家现代农业示范区，要符合6个基本条件：一是规划编制科学，二是主导产业清晰，三是建设规模合理，四是基础设施良好，五是科技水平先进，六是运行机制顺畅。依据农业农村部优势农产品区域布局规划、新一轮"菜篮子"工程规划和特色农产品区域布局规划，重点在优势农产品区域、大中城市郊区和特色农产品区域择优创建国家现代农业示范区。国家现代农业示范区的认定，实行"创建单位申请，当地政府同意，省级农业主管部门初审，农业农村部批准"的方式，即：由示范区创建单位提出申请，由所在县或市人民政府审核同意后报送至省级农业主管部门；省级农业主管部门初审通过后，推荐至农业农村部；农业农村部现代农业示范区建设管理办公室组织评审，经农业农村部常务会议审定并公示后授予"国家现代农业示范区"称号。国家现代农业示范区采取"目标考核、动态管理、能进能退"的考核管理机制，对考核不合格的示范区撤销"国家现代农业示范区"称号。

根据《国家现代农业示范区建设水平监测评价办法（试行）》（农办计〔2013〕79号）要求，对国家现代农业示范区建设水平进行监测评价。评价内容包括物质装备水平、科技推广水平、经营管理水平、支持水平、产出水平和可持续发展水平等6个方面24项，具体有一套评价指标体系。先由示范区所在地方政府组织采集数据、编制自评价报告，再由省级农业行政主管部门归口审核，示范区建设水平自评价报告应包括发展建设现状、发展差距、发展思路及对策打算等内容。最后再由各省农业行政主管部门将审核通过的示范区自评价报告、评价数据以正式文件报送农业农村部发展计划司，并同步填报示范区建设水平监测评价信息系统。

（三）建设现代农业产业园是推进现代农业建设的有力举措

根据中共中央、国务院《关于深入推进农业供给侧结构性改革加快培育农业农村发展新动能的若干意见》（中发〔2017〕1号）以及《2017年政府工作报告》部署与要求，为突出现代农业产业园产业融合、农户带动、技术集成、就业增收等功能作用，引领农业供给侧结构性改革，加快推进农业现代化，农业农村部、财政部开展国家现代农业产业园创建工作。国家现代农业产业园是在规模化种养基础上，通过"生产＋加工＋科技"，聚集现代生产要素，创新体制机制，形成了明确的地理界限和一定的区域范围，建设水平比较领先的现代农业发展平台，是新时期推进农业供给侧结构性改革、加快农业现代化的重大举措。

创建国家现代农业产业园的重点任务如下。

1. 做大做强主导产业，建设优势特色产业引领区

建成一批规模化原料生产大基地，培育一批农产品加工大集群和大品牌。

2. 促进生产要素集聚，建设现代技术与装备集成区

聚集市场、资本、信息、人才等现代生产要素，推进农科教、产学研大联合大协作，配套组装和推广应用现有先进技术和装备，探索科技成果应用有效机制。

3. 推进产加销、贸工农一体化发展，建设一二三产业融合发展区

构建种养有机结合，生产、加工、收储、物流、销售于一体的农业全产业链，推动农业产业链、供应链、价值链重构和演化升级。

4. 推进适度规模经营，建设新型经营主体创业创新孵化区

鼓励引导家庭农场、农民合作社、农业产业化龙头企业等新型经营主体，重点通过股份合作等形式入园创业创新，将产业园打造成为新型经营主体"双创"的孵化区。

5. 提升农业质量效益和竞争力，建设现代农业示范核心区

加快农业经营体系、生产体系、产业体系转型升级，将产业园打造成为示范引领农业转型升级、提质增效、绿色发展的核心区。

（四）国家现代农业产业园的基本条件

创建国家现代农业产业园应达到以下条件。

1. 发展功能定位准确

产业园建设思路清晰，发展方向明确，突出规模种养、加工转化、品牌营销和技术创新的发展内涵，突出技术集成、产业融合、创业平台、核心辐射等主体功能，突出对区域农业结构调整、绿色发展、农村改革的引领作用。

2. 规划布局科学合理

产业园建设与当地产业优势、发展潜力、经济区位、环境容量和资源承载力相匹配。有明确的地理界限和一定的区域范围，全面统筹布局生产、加工、物流、研发、示范、服务等功能板块。

3. 建设水平区域领先

产业园各项指标区域领先，现代要素高度集聚，技术集成应用水平较高，一二三产业深度融合，规模经营显著。主导产业集中度较高，占产业园总值的50%以上。

4. 绿色发展成效突出

种养结合紧密，农业生产清洁，农业环境突出问题得到有效治理。农业水价综合改革顺利推进，全面推行"一控两减三基本"。绿色、低碳、循环发展长效机制基本建立。

5. 带动农民作用显著

入园企业积极创新联农带农激励机制，通过构建股份合作等模式，建立与基地农户、农民合作社"保底＋分红"等利益联结关系，园区农民可支配收入持续稳定增长，原则上应高于当地平均水平30%以上。

6. 政策支持措施有力

地方政府支持力度大，统筹整合财政专项、基本建设投资等资金优先用于产业园建设。水、电、路、通信、网络等基础设施完备。

7. 组织管理健全完善

产业园建设主体清晰，管理方式创新，有适应发展要求的管理机构和开发运营机制，形成政府引导、市场主导的建设格局。

农业农村部、财政部建立"能进能退、动态管理"的国家现代农业产业园创建考核管理机制，对考核不合格的，不再给予奖补资金，并按规定撤销创建资格；对绩效考核成绩突出的加大奖补力度。根据产业园相关因素，中央财政通过以奖代补方式对认定创建的国家现代农业产业园给予适当支持。为体现激励约束、强化地方责任，奖补资金分期安排。国家现代农业产业园只要创建通过，国家先行补助资金 10 亿元，用于园区建设。

第二节　农业发展规划咨询的相关理论

编制农业发展规划必须依据国家以及当地政府的各项方针政策，这些方针政策自然就成了当地农业发展的指导性文件。同时，农业发展规划应揭示农业与其关联产业间的关系以及农业产业内部的结构，反映农业与其关联产业间在生产技术上的直接和间接的投入-产出关系，在总体上表现为农业内部各部门在资源分配和产出上的比例关系，在这些方面都应遵循相关的专业基础理论。

一、农业区位理论

区位是指空间内的位置或为特定的目的标定的地区。区位理论最早出现在经济学中，后被引入地理学，现已成为现代地理学三大研究方向之一。早在1826 年，德国著名农业经济学家约翰·冯·杜能（Johann von Thünen）就从地理学的角度，从单一运输出发研究了当时德国社会环境中以城市为中心的区域农业生产配置问题，成为区域经济理论的创始者。他认为，农业土地利用类型和农业土地经营集约化程度，不仅取决于土地的自然属性，而且依赖其经济状况，其中特别取决于它到农产品消费地（市场）的距离。杜能为了阐明农产品生产地到消费地的距离对土地利用类型产生的影响，提出了著名的"孤立国"模式，证明市场（城市）周围土地的利用类型以及农业集约化程度都随距离带发生变化，围绕消费中心形成一系列的同心圆，称作"杜能圈"。杜能农业区位理论的提出对后来农业生产区位选择问题产生了深刻的影响。[1] 在城市

---

① 谢杰. 大城市农业区域农业生产及空间结构演化发展趋势 [J]. 地域研究与开发, 1999 (1)：28-30.

的郊区，往往适宜生产易腐烂的、不宜长途运输的或经济价值高的农产品，土地经营的集约化程度最高，地价也最高。随着与城市距离的不断增加，种植适宜运输的农产品，土地经营也逐步粗放，地价也较低，反映出农业产业布局的客观要求。[①] 由此，杜能农业区位理论可以用来指导城镇郊区农业生产的总体规划，以确定各种经营方式的相对分布[②]。

农业区位论的基本宗旨就是寻求人类从事农业生产活动所表现出的空间规律，也称为"空间法则"，主要表现为：寻求最低运输费用和最低生产成本，最低的购买价格，最大市场区位和最大利润。利用区位优势，调整农产品供给和贸易结构，推进农业发展。从市场特点来讲，农贸市场在城市经济生活中的地位，在中小城市比大城市更突出，这些点状市场的长期存在为农业区位论的运用创造了条件。比如在决定农产品种类和产量时，城市近郊的农民种植蔬菜等新鲜易腐产品，稍远一些则种植果林，更远的才会种植小麦、水稻等粮食作物。[③]

我国国土面积广阔，各地的土地状况千差万别，不同的作物、不同的品种、不同的种植管理方法都因地而异，因此，某一产业在某一区域就形成了相对于其他产业和地区的产业优势。为建设好现代农业，就必须分析出各区域的优势产业，只有这样才能更好地规划农业产业。

二、区域分工与比较优势理论

从本质上看，经济发展是不同区域间具有禀赋差异的资源相互流动和优化组合的结果。而且区域分工理论一直被认为是地区经济的发动机，对区域确定其发展方向和合理的产业结构布局具有直接的指导意义。区域分工理论主要包括古典经济学派亚当·斯密（Adam Smith）的绝对优势理论、现代经济学赫克歇尔·俄林（Heckscher Ohlin）的资源禀赋说以及劳尔·普雷维什（Raul Prebisch）的国际贸易条件理论等。

亚当·斯密（Adam Smith）的绝对优势理论认为，一个地区应该优先发展那些劳动生产率仍具有相对优势的产业，这些产业就是该地区的主导产业，它们代表了该地区经济发展的方向，成为主要的经济力量。以此为基础，西方

① 孙万松，孙启萌. 园区经济与城市核心竞争力 [M]. 北京：中国经济出版社，2003.
② 卢凤君，傅泽田，吕永龙，等. 地域系统规划设计的理论及应用 [M]. 北京：北京理工大学出版社，1991.
③ 钟叶晖. 浅谈杜能农业区位论对中国农业的现实意义 [J]. 商情，2016（20）：39.

一些经济学家进一步提出了静态比较优势理论和动态比较优势理论，强调地区的比较优势不是一成不变的，有的产业虽然现在比较幼小，在市场竞争中没有优势，但是对区域经济的发展具有重要的意义，代表产业发展的方向。瑞典经济学家伊·菲·赫克歇尔（Eli F Heckscher）和赫克歇尔·俄林（Heckscher Ohlin）则从生产要素的角度进行分析，认为各个地区在生产不同产品时所具有的比较优势是由于各地区生产要素的丰裕程度的不同而造成的，一个地区应优先发展能充分利用本地区相对丰富的生产要素或资源的产业，并同其他地区进行产品贸易和交换。

大卫·李嘉图（David Ricardo）在 1817 年出版的《政治经济学及赋税原理》一书中，提出更为完善的"比较利益说"，认为地域分工的必要性在于各地区的自然差异、原有经济基础及各地社会文化的差异，更重要的原因是生产专业化、集中化、集聚化、联合化产生的社会经济效益。[①] 由于农业园区是在一定范围内多种有效资源合理配置的表现，区域分工理论可为其规划提供科学依据。

三、高新技术改造传统农业理论

传统农业是在自然经济条件下，利用人力、畜力、手工工具等，主要凭借直接经验从事生产活动，采用历史上沿袭下来的耕作方法和技术，以自给自足为主要目标的农业生产方式。具有能耗低、污染少等优点。传统农业生产规模较小，抵御自然灾害能力差，社会化程度较低，是一种低水平的经济均衡状态。西奥多·W. 舒尔茨（1964）提出了改造传统农业的理论，指出要想转变传统农业，就必须向农业提供现代投入品，对农民进行人力资本投资。在《改造传统农业》一书中，舒尔茨将农业经济学和人力资本理论融于一体，寻找一些廉价的新生产要素的投入，这些新的生产要素将带来经济的不断增长。这也就是改造传统农业的出路。[②]

我国学者蒋和平（1997）提出了用高新技术改造传统农业的理论。认为现代农业是广泛应用现代科学技术、现代工业提供的生产资料和现代科学管理方法的社会化农业，是一种开放式、交换性的高水平的农业生产力系统。应用高新技术改造传统农业的主要内容就是构造和建立新的农业生产力系统，实质上是由一个低级的农业生产力系统发展成为一个高级的农业生产力系统的过程。

① 崔功豪，魏清泉，陈宗兴. 区域分析与规划［M］. 北京：高等教育出版社，2003.
② 西奥多·W. 舒尔茨. 改造传统农业［M］. 梁小民，译. 2 版. 北京：商务印书馆，1999.

主要内容可以概括为以下几点：①逐渐地更新传统的生产要素和技术，引进更多新的生产要素和高新技术来取代传统的生产要素和技术；②提高农民的素质，从以简单的体力劳动为主体的劳动者向以复杂劳动即脑力劳动为主体的劳动者转变；③农业产业应逐步由劳动密集型向资金密集型、技术-知识密集型转变；④生产手段不断更新，以前所未有的手段以及资源的合理配置和管理，高效率地利用农业资源，保护生态环境，以最小的投入获取最大的效益。

运用高新技术改造传统农业，就是使高新技术向传统农业领域迅速地渗透和扩散，渗透到传统农业生产力的各个要素中去，从而实现农业生产资料不断变革、农业劳动对象不断扩大、农业劳动者素质不断提高。用社会化的生产方式取代"小而全"的自给半自给的传统农业生产方式。

高新技术改造传统农业的实质是创新和构建新的农业生产系统。也就是由一个低级农业生产力系统发展成为一个高级农业生产力系统的过程，是一个动态的、历史的发展过程。① 随着实践的发展，农业不仅具有生产功能，还具有生态功能和生活功能，体现出农业的多功能性；农业的形态也呈现出多样化，生态农业、休闲农业、创意农业等业态都被赋予很多新的内涵，都市型现代农业体现出一二三产业融合的状态。高新技术改造传统农业的领域变得愈加宽泛，昭示着农业发展理论的不断完善和创新。②③

四、产业关联理论

产业关联理论是由苏联人华西里·里昂惕夫（Wassily Leontief）的投入产出法演变而来的，它是以一般均衡理论为基础，运用投入-产出表来揭示产业间的关联关系，从而为产业经济分析，也为农业内部的经济分析提供定量化的分析工具。利用投入-产出表不仅可以揭示一个国家或一个地区农业和农业关联产业各部门间客观存在的技术经济联系及其特征，从而为其确定主导产业、促进结构升级提供依据；还可以分析一个大的经济区域内各地区间的经济联系以及一个具体的农业产业化组织内部各部门（或利益主体）间的资源配置、生产规模等方面的比例关系，从而为宏观的经济决策和微观的经济管理服务。④

---

① 蒋和平. 高新技术改造传统农业论 [M]. 北京：中国农业出版社，1997.
② 蒋和平，张忠根. 高新技术是改造传统农业的有效途径 [J]. 农业技术经济，1993 (3)：8-11.
③ 蒋和平. 高新技术改造传统农业的基础理论和指导思想 [J]. 农业技术经济，1996 (6)：5-8.
④ 丰志培，刘志迎. 产业关联理论的历史演变及评述 [J]. 温州大学学报，2005 (2)：51-56.

该理论侧重于研究产业之间的中间投入和中间产出的关系,能很好地反映各产业的中间投入和中间需求。其分析方法立足于经济的微观结构及中短期变化趋势和影响因素,是分析产业结构变化方向、规划产业发展的重要手段。农业与其关联产业间关系的实质是投入-产出关系,农业产业发展与加工制造、流通、金融等产业发展存在密切的关系,产业关联理论是农业产业规划的基础性理论。

五、产业组织理论

产业组织理论(Industrial Organization),主要研究产业内企业间的垄断与竞争及规模经济和效率,也包括对企业内部组织制度以及企业与政府之间关系的研究。随着产业组织理论研究的不断深化和系统化,形成了不同的理论流派。有些学者认为市场结构、厂商行为和经济绩效之间存在因果关系,即市场结构决定市场行为,市场行为决定市场运行绩效。强调通过公共政策来调整和改善市场结构,拆分大规模垄断企业,维护竞争的市场结构。

有些学者认为市场结构即使是垄断或高度寡占,只要市场绩效良好,就没有必要对市场结构采取监管措施。主张政府应该放松管制,管制重点在于协调大企业的价格水平和市场分配。有些学者认为市场运行过程本来就是自然淘汰的过程,垄断企业是经历了市场激烈竞争而生存下来的最有效率的企业,反对企业分割和禁止兼并等政策主张,否定反垄断和政府管制政策。有些学者则认为市场结构和市场绩效都是企业博弈的结果,这取决于企业之间博弈的类型。主张针对大企业的垄断行为进行政府管制。[1]

产业组织理论认为农业产业内企业间的关系是指农业内部的有关利益各方(包括农户、工商企业、服务组织等)实现经济联系的准微观的组织形式。农业产业的合理组织应能保持产业内的企业有足够的改善经营、提高技术水平、降低成本的竞争压力,又能充分利用规模经济,使该产业的产品单位成本处于最低水平。产业组织理论为分析农业产业的市场结构、市场行为和市场绩效提供了理论基础,并为农业产业的合理组织指出了方向和途径。[2]

六、产业结构高级化理论

产业结构高级化又称为产业结构升级,是指产业结构系统从较低级形式向

---

① 中国工程咨询协会. 发展规划咨询理论方法和实践 [M]. 北京:中国计划出版社,2014.
② 刘静,陈雌. 基于制度创新理论的湖南农业产业化发展 [J]. 经济地理,2009(2):271-274.

较高级形式的转化过程。产业结构高级化是随着经济发展和产业结构不断优化而产生的，宋泓明在《中国产业结构高级化分析》中进行了详细的阐述，该理论的基本思想是一个国家的产业结构必须不断实行从低级向高级适时转换，才能真正实现赶超并保持领先地位。[①]

配第-克拉克定律第一次揭示了产业结构演变和经济发展的基本方向，即工业比农业的附加值高，服务业比工业的附加值高；而劳动力由于不同产业之间收入的相对差异，便由第一产业逐渐向第二产业和第三产业顺次转移。20世纪，美国经济学家罗斯托提出了主导产业理论，他根据技术标准把经济成长阶段划分为六个阶段，即传统社会阶段、为起飞准备阶段、起飞阶段、向成熟推进阶段、高额群众消费阶段、追求生活质量阶段，每个阶段都存在起主导作用的产业部门，经济阶段的演进就是以主导产业交替为特征的。关于产业结构演变规律，较有代表性的理论还有人均收入影响论、工业化阶段理论、工业化经验法则及雁行形态理论等。

作为第一产业的农业，本身的结构也在不断调整。种植业、养殖业、渔业、畜牧业等，不同时期、不同地区的农业结构有较大的区别。随着生活水平的提高，农业提供的产品不仅停留在质量安全上，更加注重农产品的营养化和功能化。农业产业的结构也在不断演变之中。结构调整一方面要满足社会需求，另一方面要合理利用资源，使经济效益、社会效益、生态效益最大化。通过不断地调整农业产业结构，促进农业发展方式的转变，优化区域经济布局；科学地确定区域农业发展的重点，形成优势突出和特色鲜明的产业带、产业园区和现代农业示范区，引导加工、流通、储运设施建设向优势区域聚集；切实加快优势特色产业发展，形成各具特色、整体协调的农业产业布局，逐步提高产业竞争能力和农业整体效益。

第三节　农业发展规划咨询的工作思路

从规划体系上说，农业发展规划属于专项规划，应该支撑和服务于总体发展规划。充分考虑国际国内及区域经济发展态势，对当地产业发展的定位、产业体系、产业结构、产业链、空间布局、经济社会环境影响、实施方案等作出一年以上的科学计划。[②]

---

① 宋泓明.中国产业结构高级化分析［M］.北京：中国社会科学出版社，2004.
② 范拓源，尤建新.战略性新兴产业发展规划与管理［M］.北京：化学工业出版社，2011.

一、合理布局农业产业

产业布局是指产业在一国或一地区范围内的空间分布和组合。产业布局作为经济发展的重要方面，受到生态承载力的约束，生态承载力的大小决定了一个地区的产业类型以及产业布局的形式。基于生态承载力的产业空间布局，是以充分发挥各种资源、环境要素的整合能力和协同效应为基础，追求适合区域发展的产业空间组织的最佳形式。

由于各地区资源禀赋、环境状况、人口分布、产业政策等不同，导致不同的区域会形成不同的产业结构，即使在同一地区，由于处于不同的发展阶段，产业结构也不尽相同，因此各产业部门在空间上表现出不同的分布形态而形成不同类型的产业布局。按照上一节所述的区位理论，在一定的区域范围内考虑自然条件、交通运输、土地价格、劳动力费用、市场等区位因素来确定产业最优布局。产业布局除受上述因素的影响，在一定程度上还受到产业结构和规模限制和影响。由于农业技术进步不断地改变着产业结构，特别是一种农业新品种、新技术的出现，往往伴随着一系列新业态的诞生，必然对产业布局的状况产生影响，而且如果产业结构调整失误，也会导致产业布局的失调。因而，产业布局往往受双重或多重因素的影响。不同的地区、不同的影响因素所施加的影响是不同的，有的表现为主导作用，有的表现为次要作用。在不同的经济发展阶段，上述影响因素对产业布局的影响也是不一样的，有的从次要因素成为主要因素，有的则从主要因素降为次要因素。[①]

总之，要根据市场对资源的基础性配置作用，积极引导农民根据市场需求调整农业产业结构，通过资源的优化组合和合理配置，形成各具特色的产业布局。按照当地农业产业布局，将当地资源条件、产业特点与市场需求结合起来，选择最具本地优势的产业加以重点发展，形成优势产业，实现区域化布局、专业化分工、规模化生产和社会化服务。形成相对稳定的农业产业化生产基地，使区域优势转化为市场优势，并通过优势产业的确立、培育和发展，促进农村区域经济结构的调整和优化。产业布局要通盘考虑，既要立足于当地的实际，又要注意与周边地区的区别联系，同时还要坚持以可持续发展为目标，重视经济与生态协调发展，把结构调整和优化产业布局有机地结合起来，避免

---

① 邬娜，傅泽强，谢园园，等．基于生态承载力的产业布局优化研究进展述评［J］．生态经济，2015，5（31）：21-25.

新一轮的结构调整造成新的产业雷同现象。[①]

二、确立农业主导产业

主导产业是在国民经济中具有较快的增长速度，对其他产业发展具有较大带动作用，并且在很大程度上决定着产业结构特征及其演变趋势的产业或部门。主导产业能够较多地吸收先进技术，保持高于全社会的增长速度，并对其他产业的发展具有较强的带动作用的产业部门。具有高创新率、高速增长的能力，具有很强的带动其他产业部门发展的能力，即具有很强的"扩散效应"。主导产业部门的发展能诱发新的经济活动或催生新的经济部门，主导产业的发展对向其提供投入品的产业部门具有带动作用，对地区的影响包括地区经济结构、基础设施、城镇建设以及人员素质等方面。通过这几个方面带动各个产业部门的发展，引起社会经济结构的变化，为经济的进一步增长创造条件。主导产业发展到一定时期，往往构成一个国家或地区产业体系的主体，具有广阔的市场前景，技术密度高、产业关联度强、发展规模大、经济效益好，对整个国民经济起支撑作用的产业，即支柱产业。在资源配置、技术装备、社会需求等方面处于相对稳定状态，经过市场竞争和重组形成的支柱产业在区域范围内占据垄断地位，在当地具有一定知名度，抗风险能力较强，具有明显的规模经济特征。[②] 农业产业中主导产业根据地域特点和市场需求共同确定，比如发展粮食作物、蔬菜、林果业等。

由于市场经济的自发调节功能对区域产业结构的作用有限，唯有立足于各地的比较优势，通过战略性的结构调整，发展不同类型的农业区和专业化生产区，形成具有区域特色的农业主导产品和支柱产业生产带，才能消除农业产业布局上的低效率，满足市场对优质和多样化农产品日益增长的需要，活跃各地区的农产品销售市场，促进农业资源合理布局，提高农业整体素质、效益和活力，进而实现农民增收，为国民经济的持续发展提供更为广阔的市场空间和新的增长动力。

三、分析论证产业发展重点项目

产业要做大做强，需要有重大、重点项目作支撑，因此，在确定了各个农

---

① 叶绿保，王海勤，张文开，等．漳州市特色农业开发与特色产业的规划及对策 [J]．中国农业资源与区划，2005（12）：33-36．

② 熊正贤．"主导产业、支柱产业"在农业产业化中的误用研究 [J]．安徽农业科学，2010，38（26）：14676-14679．

业产业发展路径以后，必须根据产业的特点、当地的资源禀赋以及政策等特点，分析、论证、选择支撑产业发展的具体项目，并由这些项目组成项目群，来引导支撑产业的发展。重点项目必须满足的条件包括：市场潜力大，适合当地各种条件，经济、社会、生态效益俱佳，项目在人才、技术、资源和环境方面均能可持续发展。

实践中多是选择符合国家政策、当地政策发展趋势的项目，以期能获得各种政策的支持，既可以降低经营风险，又能保证农业项目快速落地实施。比如选择符合国家农业发展规划或当地区县农业发展规划的项目，选择落实中央农村工作会议、中央1号文件精神，符合乡村振兴战略要求的项目，每年的政策侧重点也有所差异。

根据2020年中央1号文件的部署要求，农业农村部印发了《关于落实党中央、国务院2020年农业农村重点工作部署的实施意见》，也叫农业农村部1号文件。部署全年开展实施的重点项目及任务，包括农业产业化联合体项目、农业产业强镇项目、农村一二三产业融合发展先导区项目、农产品初加工项目、现代农业产业园项目、数字农业建设试点项目、农村产业融合发展示范园项目、绿色循环优质高效特色农业项目、现代种业提升工程项目、生猪标准化规模养殖项目、水产健康养殖示范创建项目、高标准农田建设项目、中国特色农产品优势区项目、国家农业绿色发展先行区项目、"一村一品"示范村镇项目、信息进村入户项目、农机购置补贴项目、农产品仓储保鲜冷链物流设施建设项目、农产品加工技术集成基地和精深加工示范基地项目、区域性农产品加工园项目、全国休闲农业重点县项目、休闲农业和乡村旅游精品工程项目、国家农村创业创新项目、新型经营主体培育工程项目、果菜茶有机肥替代化肥试点项目、粮改饲试点项目、现代农业科技示范展示基地项目、耕地轮作休耕试点项目等。还有国家其他部委以及地方政府的各类项目，做规划咨询时要注意与这些项目政策对接好。

四、现代农业的组织创新

现代农业产业组织是农业劳动再生产过程与自然生命再生产过程高效结合的纽带。以家庭联产承包责任制为主、统分结合的经营方式在一定的历史条件下，解放了农业生产力，促进了我国农业的快速发展。而分散的家庭经营难以有效应对农业生产经营中的自然风险与市场风险，成为制约我国农业现代化的瓶颈。探索现代农业产业组织创新，以充分发挥农民、企业的积极性，两者都受益，促进小农与现代农业有机衔接是加速我国农业现代化重要的破局之旅，也是农业产业规划非常重要的咨询内容。

经过多年的探索和实践，各地在推动农业产业发展中有很多成熟的生产要素组织模式创新，其形式和名称多种多样，包括农民专业合作社、家庭农场、"公司＋农户""公司＋农民合作社＋家庭农场""公司＋家庭农场""互联网＋现代农业"等，这些经营组织内联农户、外联国内外市场，在种植、养殖、加工、冷链、物流、电子商务、农业观光、生产服务等各个环节引领农业发展，实现分工协作、利益共享，促进了适度规模经营，对农业产业发展、农民增收致富、农村繁荣稳定起到了重要的作用。

不同组织模式在绩效、适应环境等方面有较大的差异。

1."公司＋农户"

是农业产业组织创新的重要形式，以工商企业等公司与农户签订合约，或者以双方认可的方式，确立双方相应的责权利，把生产、加工和销售统一起来，结成利益共同体。农户按合同规定定时、定量向企业交售优质产品，企业为农户提供低偿或无偿服务，通过加工、销售从农户那里收购的农产品而赚取利润。

2."公司＋基地＋农户"

是由企业和农户共同建立生产基地，企业负责种苗、技术、销售，农户负责生产管理，产品由企业以保护价收购。以契约、服务等不同形式将农户联系起来，以企业发展带动和促进农户共同发展。基地的土地多是农户所有，企业租赁（或农户入股）使用，聘用农户进行生产管理。农户有租金收入和务工收入，有的还有股金收入。这种模式下公司的自主经营性强，便于监督管理，公司与农户的关系更加巩固。

3."合作社＋农户"

是由农民在自愿、平等、互利互惠原则基础上兴办的农民专业合作组织，主要为合作社成员提供从事某种农产品的生产、加工、销售和贮存等生产过程中的服务，以及统一提供农药、种子、化肥，为社员提供技术培训，统一进行畜禽疾病防控和病虫害防治；有的合作社还要求统一包装、统一品牌等，合作社对外代表农户，与相关企业进行谈判并签订产销合同，解决了单个农户在谈判过程中的弱势问题，提高了农户的谈判地位。合作社也要监督和督促社员履行合同规定的各项生产任务。

4."公司＋合作社＋农户"

很多合作社同时还由其主要成员组建公司，采用公司化运作，或与其他外来公司联合经营，进而形成"公司＋合作社＋农户"的产业组织形式。

5. "公司＋中介组织＋农户"

是指农户通过一个中间组织（一般为专业协会）对接国内外市场，农户生产的农产品主要由这个中介组织负责销售，这个中介组织在负责指导农户的生产、加工、包装等过程的同时，还负责与公司对接各项需求，起到桥梁纽带作用，三方按照两两之间的相互约定形成利益联结机制，成为一个新的以市场为导向的、以追求利益的最大化为目标、把分散的农户与大市场连接起来的产业化组织形式，提高了农户进入市场的组织化程度，从根本上促进了农业增长方式由粗放式向集约型转变。[①]

6. "互联网＋农业"

是以互通互联的网络为依托，在农业中广泛运用互联网、大数据、云计算和物联网等先进技术，对传统产业进行转型升级，促进生产智能化、布局科学化、经营产业化、服务信息化、农产品品牌化，保障农业可持续发展，加快实现农业现代化。[②] 农业生产依托互联网的发展进行创新，从而促进农业技术、农业产品以及农业产业等发展。利用互联网的思维与市场需求精准对接，从而创造更大价值。农业生产效率会更高效，农业产品质量会更安全，农业产业结构会更优化。常见的几种业态包括：农资电子商务交易平台、农产品电商平台、食材配送平台，线上线下融合发展的各种网店、农贸市场等。总之，加快推进农村信息化基础设施建设工作，加大对农业大数据的采集、加工、分析应用等，深度挖掘农需信息，提升"互联网＋农业"产业的深度与宽度。依靠组织化形态以及标榜的精神来引导和深入，才能改变广大农民群众固有的观念。促进"互联网＋农业"组织扩大、完善、发展，成为贯穿和促进我国农业发展的重要纽带。[③]

随着农村改革不断深入，创新农业产业化组织形式，大力培育以龙头企业为核心、以家庭农场为基础、以合作社为纽带，带农作用突出、综合竞争力强、稳定可持续发展的农业产业化联合体，成为引领农村一二三产业融合和现代农业发展的重要力量，为新时代农业农村发展注入新动能。每一种组织形式都有利有弊，规划咨询中的组织创新要从运行绩效、可持续发展等方面综合考量，最终就是要促进现代农业链接小农户，使千家万户分享现代农业发展的成

① 李玉忠.农业产业化中"公司＋中介组织＋农户"经营模式探析 [J].北京农业，2006 (12)：1-2.

② 侯秀芳，王栋."互联网＋现代农业"的创新发展体系与发展维度探析 [J].世界农业，2018 (9)：81-87.

③ 李贝贝.发展"互联网＋农业"促进农业新升级 [J].农业经济，2019 (10)：14-15.

果。政府对组织创新过程的干预以不介入微观经济、不参与组织的经营决策、不打破交易市场化机制为限。政府要通过财政政策、金融政策等手段，及时校正组织创新过程中的市场机制缺陷。①

五、节约资源和循环农业

规划必须坚持资源开发与节约并重、节约优先的要求，按照减量化、再利用、资源化的原则，依靠科技创新，逐步建立符合当地发展的农业资源循环利用体系和循环经济技术模式，通过对农业废弃物综合开发利用，把秸秆、垃圾、粪便转化为燃料、饲料、肥料、基料和材料，培育新兴产业。防治农业面源污染的同时，展现秀美村庄，进而提高资源利用效率和废弃物的再生利用水平，促进农业可持续发展。循环农业就是建立绿色、低碳发展，促进农业可持续发展的好模式，是建设农业生态文明的重要体现。

世界农业的发展经历了刀耕火种的原始农业、长达几千年的自给自足的传统有机农业、传统农业、工业化农业（石油农业）、现代农业。如今，世界农业发展的目标集中在低耗、持续发展这个主题上，日益重视农业可持续发展。循环农业是以循环经济理论为指导，并综合运用生态学、生态经济学、系统工程学原理指导农业产业发展，将农业经济活动与生态系统的各种资源要素视为一个密不可分的整体加以统筹协调的新型农业发展模式，其宗旨是实现农业的可持续发展，是现代农业发展的高级形态。产业生态学理论已对发展循环农业进行了简要的阐述。循环农业作为一种新型农业发展模式，相较于常规农业发展模式，显示出强大的生命力。循环农业强调农业发展的生态整合效应，通过建立"资源—产品—再利用—再生产"的循环机制，实现经济发展与生态平衡的协调。其最终目的是达到农业可持续发展的境界。通过实施一定边界内的有效干预，实现经济发展与生态平衡的协调，促进农业经济系统更和谐地纳入生态系统的物质循环过程，实现系统中的能量、物质、信息和资源的有效转换，从而建立社会整体的循环经济模式，实现经济、社会与生态效益的有机统一。循环农业通过生产环节的生态化链接、产业的循环式组合，实现物质能量循环利用；通过农业生态技术集成放大，提高农业生态经济容量。

不同产业之间如何进行有效的连接与转换以实现资源的高效利用，是循环

---

① 黎元生.农业产业组织创新：政府职能定位与行为边界［J］.当代经济研究，2006（2）：55-57.

农业发展的关键机制。农业内部粮食生产与不同经济作物生产之间基于生态链的物质与能量转换关系所建立的农业经营方式，包括两种基本类型：①单一型生态链连接与转换，如"粮-果""粮-蔬""粮-茶""粮-烟"等模式；②复合型生态链连接与转换，如"粮-果-茶""粮-茶-果""粮-蔬-果""粮-茶-蔬""粮-果-茶-蔬"等。而动物、植物、微生物之间还存在各种循环转换关系，如"猪＋垫料＋肥""猪＋菌＋猪""鱼-桑-鸡""兔-蚯蚓-鸡（猪）""畜禽粪便-沼气工程-燃料-农户""畜禽粪便-沼气工程-沼渣和沼液-果（菜）""畜禽粪便-有机肥-果（菜）"等。

在生产过程中强调清洁生产和提高生态效率。对生产过程，要求节约原材料和能源，淘汰有毒原材料，削减所有废物；对产品，要求减少从原材料提炼到产品最终处置的全生命周期的不利影响；对服务，要求将环境因素纳入设计和所提供的服务中。所谓提高生态效率，就是强调降低产品自摇篮至坟墓所有生产、运输、销售、服务、废弃等过程中，所使用的原材料、能源和生产中产生的废弃物对环境造成的影响，并以此提高产品的市场竞争能力，摒弃了传统的污染物末端治理的方式与做法，将经济效益与环境效益连接在一起。[①]

循环农业的发展必须依靠科学技术进步，强调农业发展的生态整合效应，把各种农业持久性要素系统地组合为一个完整的综合生产体系。强调技术密集与劳力密集相结合，实行综合开发与不断增加农业投入相结合，平面开发与立体开发相结合，形成各种物质投入和土、水、光、气、热能资源的科学配置，高效利用的集约化生产系统，实现资源全方位的集约开发，达到有效投入、高效产出、持续增长的目的。能够协调生物与环境、人类与环境以及生物之间的关系，建立起持续的资源循环系统，达到整个农村资源、环境与农业生产的良性循环。这是农业产业规划咨询的重要思路。

第四节　案例简析

《北京市××区都市型现代农业规划（2011—2015年）》是北京市农林科学院为该区所做的"十二五"农业发展规划，该规划历时一年完成，得到甲方的充分认可。并获得了2011年度北京市工程咨询协会二等奖和中国工

---

① 孟庆堂，鞠美庭，李智．生态效率：可持续发展的环境管理理论探索［J］．中国环境管理，2004（4）：23-25.

程咨询协会三等奖。现以该咨询项目为例，对农业发展规划编制工作进行案例简析。

一、研判资源禀赋及发展形势

对现状的分析和对形势的预判是完成农业发展规划的基础性工作。包括规划区域的地理区位及自然资源状况、社会经济状况、历史沿革、农业发展状况等内容，是编制规划过程中要掌握的基本内容。形势分析一般采用 SWOT 分析或 PEST 分析，或二者结合的分析方法。

(一)规划区域基本情况

该区位于北京市东南部，东西宽 36.5 千米，南北长 48 千米，面积 912.34 千米^2。平均海拔高程 20 米。分布 13 条河流，总长 245.3 千米。气候属暖温带大陆性半湿润季风气候，年日照 2 295.4 小时，年平均气温 13.6℃，降水 575.8 毫米。2010 年地区生产总值 326.6 亿元，比上年增长 17.1%。一二三产业产值分别为 14.7 亿元、151.9 亿元和 160 亿元，一二三产业构成比例为 4.5：46.5：49。税收总额 103.4 亿元。城镇居民人均可支配收入达到 24 426.6 元，农民人均纯收入达到 12 612 元，分别比上年增长 8.8% 和 11%。交通极为便捷。拥有耕地 53 万亩，其中基本农田 41 万亩，耕地面积占全区总面积的 38.7%。

2010 年，全区第一产业增加值增长 4.3%，实现农林牧渔业总产值 39.8 亿元，比上年增长 3.5%。其中种植业、林业、牧业、渔业和农林牧渔业服务业产值分别为 23.2 亿元、1.2 亿元、12.3 亿元、2.3 亿元和 0.8 亿元。全区观光园 46 个，比上年增长 43.8%。休闲观光农业总收入达到 0.89 亿元，年接待量达 64 万人次。全区有常年菜田面积 15 万亩，各种蔬菜年上市量 68.57 万吨，收入 8.86 亿元，蔬菜总产值占农业总产值近 50%。全年粮食总产量 20.84 万吨。全区造林近 3 万亩，栽植各类绿化苗木近 500 万株。林木绿化率和森林覆盖率分别达到 26% 和 28%，城市绿化覆盖率达到 39.1%。花卉总面积 5 400 亩，苗木总面积 19 500 亩。

(二)对规划区域"十一五"期间都市型现代农业发展主要成就进行总结评述

规划工作中要系统总结前一阶段农业发展的主要经验和成就，以摸清实力并指导未来规划期间的工作。通过文案调研和座谈，了解到该地区农业发展的主要成就表现在七个方面：①农业基础进一步夯实，农业农村经济实力明显增

加；②主导产业进一步清晰，农业结构优化和产业融合速度明显加快；③农业
生态服务价值进一步显现，农业多种功能开发力度明显加大；④农产品监管进
一步加强，农产品质量安全保障能力明显提升；⑤农业产业化进一步推进，农
业组织化水平明显提高；⑥管理机制和服务模式进一步创新，农业管理和服务
效率明显改善；⑦农村综合改革进一步推进，农民增收和农村稳定的保障能力
明显提高。

该区农业在某一特定时期内存在一定的优势与劣势，面临机会与威胁，但
这些优势与劣势、机会与威胁不是一成不变的，它们之间在一定条件下可以相
互转换。因此从产业发展优劣势、机遇和挑战等方面对该区都市型现代农业发
展的形势进行 SWOT - PEST 分析，有助于研判该区农业发展"能够做的"和
"可能做的"，进而选择合意的农业发展战略组合。

（三）规划区都市型现代农业发展形势 SWOT - PEST 分析

在前期战略研究中，采用头脑风暴法对该区农业发展的国内外条件进行了
专题讨论，并结合相关资料进行了 SWOT - PEST 矩阵分析。利用此框架，不
仅把问题的"诊断"和"开处方"紧密结合起来，而且全面、系统地分析了规
划区都市型现代农业发展问题，提出了"十二五"时期都市型现代农业的发展
思路（图 6 - 1）。

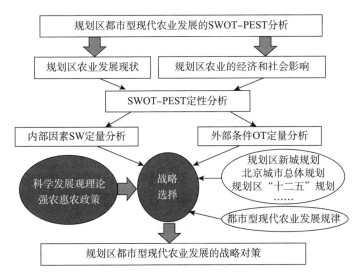

图 6 - 1　"十二五"时期规划区域都市型现代农业发展分析框架

按照 SWOT 分析框架，简要分析规划区农业发展的优势，具体表现在：

经济区位和自然条件优势明显，农产品加工业及休闲农业崛起，具有深厚的历史底蕴和丰富的农业农村文化资源，规模经营条件和现代科技力量较优越，地方经济扶持农业发展的实力不断增强。规划区农业发展的劣势表现在：土地资源、水资源等自然资源短缺，经营管理制度和理念创新滞后，农业产业化水平有待提高，农业知名品牌少，区域农业特色不突出，都市型现代农业发展的财政投入不足，平原地区特点及其他因素制约了籽种产业发展。面临的发展机遇表现在：北京率先实现城乡一体化发展新格局，"三个北京"（绿色北京、人文北京、科技北京）及世界城市的建设，国际新城建设和"京津冀城市圈"建设，国家启动新一轮"菜篮子"工程建设，北运河综合治理。面临的主要挑战表现在：农业经济发展空间缩小，资源与环境约束增强，京郊农业旅游市场竞争激烈，外部经济存在不确定性。

（四）基于 SWOT - PEST 分析的农业发展战略组合

在以上 SWOT - PEST 因素分析的基础上，构造出基于 SWOT - PEST 的农业发展战略分析模型（图 6 - 2）。通过该模型分析可知，规划区都市型现代农业可以有增长型、多元化经营、扭转型、防御型这四类发展战略组合（图 6 - 3）。

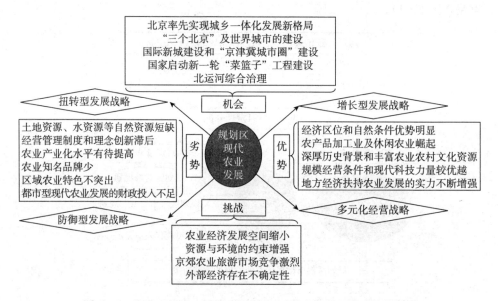

图 6 - 2　基于 SWOT - PEST 的规划区现代农业发展战略分析模型

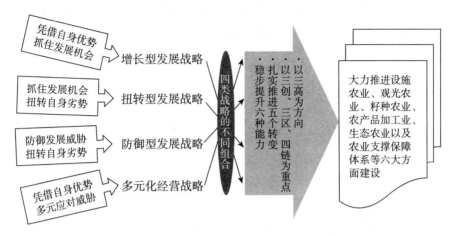

图 6 - 3　规划区都市型现代农业四类发展战略的组合

1. 增长型发展战略

抓住北京市和规划区以及"京津冀城市圈"等建设、新一轮"菜篮子"工程建设、北运河综合治理等机遇，充分利用区位好、基础好、资源多、历史久、科技强和农业新兴产业崛起等优势，实现都市型现代农业各类业态的跨越式发展。

2. 多元化经营战略

充分利用区位好、基础好、资源多、历史久、科技强和农业新兴产业崛起等优势，抵御农业发展空间缩小、资源环境约束增强、周边市场竞争激烈、外部经济存在不确定性等风险，实现规划区都市型现代农业某些门类的多元化经营。

3. 扭转型发展战略

抓住诸多机遇，扭转农业自然资源短缺、经营管理制度和理念创新滞后、农业产业化水平不高、农业知名品牌不多、区域农业特色不突出、财政支农投入不足等劣势，实现规划区都市型现代农业某些门类的扭转型发展战略。

4. 防御型发展战略

面对农业自然资源短缺、经营管理制度和理念创新滞后、农业产业化水平不高、农业知名品牌不多、区域农业特色不突出、财政支农投入不足等劣势，以及农业发展空间缩小、资源环境约束增强、周边市场竞争激烈、外部经济存在不确定性等风险，规划区都市型现代农业某些门类要采取扬长避短、风险控制等积极防御战略。

总之，规划区都市型现代农业的发展必须紧紧抓住难得的发展机遇，科学应对复杂的矛盾和挑战，形成符合和谐宜居城市建设要求、具有区域特色的都市型现代农业新格局。

二、明确发展思路

通过 SWOT - PEST 分析，以及四类发展战略组合的研讨，提出规划区都市型现代农业发展定位与思路。

(一) 发展定位

1. 产业定位

(1) 立足首都优势，大力推进籽种农业、设施农业、观光休闲农业、加工农业、低碳生态农业，以及农业支撑保障体系六大方面建设，使其成为发展资本、知识、技术集约的都市型现代农业，并辐射带动周边农业农村可持续发展的着力点。

(2) 利用区位优势，凸显观光休闲、生态宜居的都市型现代农业，成为首都旅游观光带的重要节点。

(3) 发挥地方农业农村特色，带动农民增收和农村繁荣，成为新农村建设产业支撑点。

2. 功能定位

(1) 在农产品供给方面，都市型现代农业既要保证高端农产品供给，又要提供农产品应急安全保障。

(2) 在科技宣传方面，要着力发挥窗口功能，将最新农业科技通过产品、展览会、媒体等各种渠道向国内外广泛传播。

(3) 在文化传承方面，要努力创新农业产业与地域文化之间的结合方式，开创休闲农业发展的新局面。

(4) 在生态效益方面，要逐步增强生态服务功能，为宜居城市环境提供重要支撑，构建生态型农业景观，为休闲农业发展提供良好基础。

(5) 在社会效益方面，要积极拓展农民就业渠道，努力创建农民增收机制，为新农村建设提供产业支撑，为农村各项事业稳步推进构建和谐环境。

(二) 指导思想

以服务国际新城和新农村建设为目标，以都市型现代农业科学发展为主题，以加快转变农业发展方式为主线，以创新、创意、创业为动力，以农业科技园区、都市型现代农业示范区、都市型现代农业社区为抓手，通过产业链优化、价值链延伸、生态链恢复、利益链重构，促进一二三产业融合、农民经营和市民经营农业相结合，注重农业多功能开发、集约内涵式发展、农业区域合作发展，完善支撑保障体系，切实提升食品应急保障能力、产业辐射带动能力、首都农业市场影响能力、农业综合服务能力、都市型现代农业支撑能力和可持续发展能力，满足城市发展的多元化需求和农民持续增收要求，把规划区农业建设成高端、高效、高辐射的都市型现代农业样板。

（三）指导原则

（1）坚持城乡统筹与服务"两新"（国际新城和新农村建设）相结合。

（2）坚持高端高效与创新辐射相结合。

（3）坚持服务引领与产业融合相结合。

（4）坚持以人为本与低碳生态相结合。

（四）发展关键点

以"三高"为方向，以"三创、三区、四链"建设为重点，扎实推进"五个转变"，稳步提升"六种能力"，大力推进都市型现代农业发展。

1. "三高"——高端、高效、高辐射

（1）高端。以发展精品农业、籽种农业、低碳农业、科技农业、休闲农业、设施农业、创意农业、生态农业八种农业形态为主导方向。从四个方面体现高端：①品质高端；②绿色高端；③文化高端；④市场高端。

（2）高效。从三个方面体现高效：①生产高效；②管理高效；③生态高效。

（3）高辐射。做好科技推广、市场拓展和产业地区延伸三方面工作，充分发挥规划区都市型现代农业的窗口示范功能。

2. "三创"——创新、创意、创业

（1）创新。促进农业技术创新。

（2）创意。发展创意农业。

（3）创业。支持农民创业和农业企业创业。

3. "三区"——农业科技园区、都市型现代农业示范区、都市型现代农业社区

（1）农业科技园区。农业科技和体制创新的先行区。

（2）都市型现代农业示范区。农村经济发展的辐射区。

（3）都市型现代农业社区。新型农村社区建设的重要形式。

4. "四链"——产业链、价值链、生态链、利益链

(1) 产业链优化。

(2) 价值链延伸。

(3) 生态链恢复。

(4) 利益链重构。

5. "五个转变"

(1) 农业由一产向一二三产业融合转变。

(2) 粗放分散式发展向集约内涵式发展转变。

(3) 单纯注重生产向生态、生产并重转变。

(4) 农民经营农业向农民与市民经营农业相结合转变。

(5) 由注重本地农业发展向农业区域合作发展转变。

6. "六种能力"

(1) 提升应急保障能力。

(2) 提升农业可持续发展的能力。

(3) 提升产业辐射带动能力。

(4) 提升首都市场控制能力。

(5) 提升农业综合服务能力。

(6) 提升都市型现代农业支撑能力。

三、确立发展目标

发展目标的确定，既不能过高，也不能过低。要对既往发展水平、增长潜力有科学的预测。

(一) 总体目标

到"十二五"末，都市型现代农业结构更加合理，优势产业更加突出，产业链条更加完善，市场保障能力更强，农民增收更加迅速，城乡环境更加优美。基本建成人与自然和谐、产业经营高效、产品定位高端、辐射带动有力的都市型现代农业产业体系，实现高效设施农业、高端籽种农业、品牌农产品加工业、休闲观光农业、低碳生态农业以及科技农业、创意农业的健康发展。实现农业总产值 45 亿元，年均增长 2.5%；农民人均纯收入达到 17 480 元，年均增长 9%；农业产业规模不断扩大，农业综合效益稳步提升。建成具有优良生态、优美景观、优势产业、优质产品的"京东都市型现代农业第一区"和首都"都市型现代农业率先实现区"。

（二）具体目标

（1）农产品供应保障能力和质量安全水平稳步提升。

（2）农业基础设施与景观质量水平国内领先。

（3）农业产业基本实现高端高效。

（4）农业科技创新应用水平与社会化服务能力显著增强。

（5）农业生态服务价值与保障功能不断提升。

（6）农业产业化水平提升。

（7）农民人均纯收入稳步增加（表6-1）。

表6-1　都市型现代农业"十二五"时期发展目标

类别	指标	单位	2010 年	2015 年	2015 年比 2010 年增长
农产品供应保障能力	蔬菜总产量	万吨	73.55	80.00	9%
	猪肉总产量	万吨	4.13	4.75	15%
	蛋奶总产量	万吨	7.05	8.11	15%
	粮食总产量	万吨	20.84	22.00	6%
	农产品抽检合格率	%	100	100	0
	"三品"认证比例	%	75	98	23 个百分点
农业主要产业发展水平	种业销售额	亿元	0.59	3.00	400%
	设施农业产值	亿元	6.14	14.00	128%
	农产品加工业产值	亿元	15.20	30.40	100%
	农业服务业收入	亿元	0.72	0.93	30%
	单位农用地面积 GDP	万元	0.72	0.79	10%
	休闲农业总收入	亿元	0.89	4.20	372%
	休闲农业接待游客	万人次	64	100	56%
农业生态服务与保障功能	有机肥资源利用率	%	25.0	27.5	2.5 个百分点
	害虫生物控制比例	%	10	15	5 个百分点
	农作物秸秆综合利用率	%	92	98	6 个百分点
	规模养殖场粪污处理率	%	72.5	100.0	27.5 个百分点
农业科技创新与社会服务	科技贡献率	%	65	75	10 个百分点
	良种覆盖率	%	100	100	0
	农业社会化服务覆盖率	%	80	100	20 个百分点

（续）

类别	指标	单位	2010 年	2015 年	2015 年比 2010 年增长
农业产业化水平	农民专业合作组织	家	184	259	41%
	上市农业企业	个	0	2	2
农业基础设施	景观农田	万亩	20	30	50%
	农田周年覆盖率	%	100	100	0
	农业综合机械化水平	%	64	74	10 个百分点
	设施生产综合机械化率	%	47	54	7 个百分点
	灌溉水利用系数		0.68	0.73	7%

四、空间布局与任务确定

在《北京城市总体规划（2004—2020 年)》《××新城规划（2005—2020 年)》等规划所确定的全区发展定位基础上，根据区域都市型现代农业发展目标、指导思想与原则、发展定位，结合区域资源禀赋与产业发展实际，以城区和农业科技园区为依托，以运河水系、连接城区和农业科技园区的重要交通线路为发展主轴，以农业经济走廊线、村镇现代农业集聚园区为组团进行总体布局，形成"一圈、一心、两轴、六带、多片区"的都市型现代农业布局。

（一）"一圈"：主城和新城核心区及周边复合圈层

"一圈"是指分布于主城和新城核心区的内圈和外圈，以农业服务业、城市创意农业（阳台农业、街景绿化、农产品创意制作等）、观光休闲农业、旅游服务和交通集散为主导产业的内外复合圈层。

（二）"一心"：高端高效高辐射的农业科技园区

"一心"是指现代农业科技园区，发挥其科技核心作用，着力发展籽种、加工、物流等产业，加快企业孵化，积聚科技要素，推动科技研发及示范。

（三）"两轴"：两条都市型现代农业发展主轴

"两轴"是指以运河水系、连接城区和农业科技园区的重要交通线路构成的两条发展主轴。

（四）"六带"：六条带状主导产业集聚区域

"六带"是指从事籽种农业、设施农业、农产品加工业、休闲农业、生态农业等的集聚带状区域。包括：①运河创意休闲农业复合带；②京津通道创意休闲农业复合带；③东南设施农业复合带；④西南设施农业复合带；⑤中轴高效设施农业带；⑥畜禽水产健康养殖复合带。

（五）"多片区"：从事主导产业的各类小区

"多片区"是指从事设施农业、籽种农业、农产品加工业、休闲农业、生态农业等各类小区。其中，籽种生产片区7个，花卉生产片区2个，优质粮经作物生产片区2个，休闲农业区2个，农产品加工点11个。

（六）都市型现代农业建设的重点任务

从国内外经验看，发展都市型现代农业，必须实现区域农业一体化，与周边地区农业在市场、生产上合理分工，优势互补，相互促进，共同发展；必须开发农业多种功能，包括农业经济功能、社会功能、生态功能及示范、辐射带动功能，发展成为一种与城市经济、文化、生活、消费紧密结合的农业形态；必须构建科技密集的产业体系，以农产品加工业、休闲农业、设施农业、畜禽养殖业为支柱产业，实现自然资源和社会资源优化配置；必须培养知识型新农民，通过各种形式培养掌握现代科技的高素质农民；必须实现人与自然和谐，将田、林、路、水、灌、草、花、畜、作物融为一体，建设村容整洁、环境优美的新社区。因而，"十二五"期间都市型现代农业建设的重点任务是，大力推进籽种农业、设施农业、休闲农业、农产品加工业、低碳生态农业以及农业支撑保障体系等六大方面建设。孵化提升，持续壮大辐射带动能力强的籽种农业；整合优化，稳步提升服务首都的设施农业；创新创意，孕育开发蕴含运河特色的观光休闲农业；提质增效，做强做大有竞争优势的农产品加工业；转变方式，科学发展服务城乡的低碳生态农业；多元参与，持续完善区域农业支撑保障体系。

要借力北京建立中国种业科技创新中心和全球种业交易交流服务中心的科技、政策优势，以种植、畜禽、水产、林果花卉四大种业为载体，以杂交小麦、种猪、观赏鱼、盆栽花卉等13个种业优势品种为重点，实施种质资源创新引进与保护利用专项、优良新品种选育专项、种业园区和新品种展示基地建设专项等8个专项，促进优质蔬菜、玉米、小麦籽种生产基地等的建设。

要稳步提升服务首都的设施农业，在相应区域大力发展设施蔬菜、有机蔬菜、优势瓜菜、特色果菜、设施花卉。建设工厂化育苗、蔬菜标准园、蔬菜出口加工基地、食用菌产业基地。确保首都市场稳定和应急供应保障能力；依托设施农业生产，建设农业体验园区；加快建设都市型现代农业走廊。

要在全区各地，充分挖掘运河元素和区位优势，推进观光休闲农业的创新和创意。打造北运河、潮白河两条观光农业产业带；保护基本农田和生态林地，突出大尺度田园景观；完善观赏鱼大观园、百菇园等农业主题公园建设，以运河人家度假村、沙古堆樱桃民俗村及运河湿地森林公园为节点，逐步实现乡村休闲旅游的品质化、特色化、多样化和规模化等。

要在相关区域优化粮食品种和品质，推进优质专用粮食标准化、规模化生产；适当压缩粮食种植面积，提高单产，保持总产稳定；选择条件较好的乡镇，开展千亩连片粮食高产创建示范活动等措施。提高粮食加工转化能力，做强做大有竞争优势的农产品加工业。

要继续完善区域农业支撑保障体系，在规划中，围绕建设资源节约、环境友好的都市型现代农业的目标，大力推进低碳农业、循环农业、农业清洁生产等。在小城镇、开发区周边和中心村地区的城镇化和工业化进程中，突出农业的生态功能，发展成为生态屏障和生态后花园。

根据重点任务，凝练出15个重点工程项目，包括优质蔬菜规模化发展工程、食用菌产业提升工程、水产健康养殖示范工程、畜禽健康养殖示范工程、设施农业整合优化工程、籽种产业孵化提升工程、观光休闲农业创新创意工程、创意农业开发工程、农产品加工提质增效工程、林果花卉产业发展工程、粮食产业发展工程、农产品质量安全保障工程、生态农业与环境保护示范工程、农业支撑保障体系建设工程、农业基础建设工程、农业支撑保障体系建设工程。编写重点工程项目一定要把建设地点、建设内容、建设目标、投入水平、组织方式等写清楚。

五、组织实施与效益评估

（一）规划总体进度安排

根据市场需求和都市型现代农业行业发展规律，统筹考虑规划区的建设能力、资金筹措能力、技术创新与培训能力、农民观念更新和技术吸纳能力，以及北京市都市型现代农业建设的整体进度等，从空间布局与重点产业发展两个角度，确定建设进度。

籽种产业孵化提升工程的建设进度在2011—2015年，大体均衡；设施农业整合优化工程的建设重点是 2011—2013 年，三年占总任务量的 60%；观光休闲农业创新创意工程和创意农业开发工程的一部分与其他工程同步，另一部分的建设重点是 2011—2013 年，三年占总任务量的 65%；农产品加工提质增效工程的建设重点是 2011—2013 年，三年占总任务量的 70%；优质蔬菜规模化发展工程的建设重点是 2011—2013 年，三年占总任务量的 75%；食用菌产业提升工程的建设重点是 2010—2012 年，三年占总任务量的 85%；林果花卉产业发展工程的建设重点是 2011—2013 年，三年占总任务量的 65%；粮食产业发展工程的建设进度在 2011—2015 年，大体均衡；水产健康养殖示范工程、畜禽健康养殖示范工程的建设重点是 2011—2013 年，三年占总任务量的 70%；生态农业与环境保护示范工程和农业基础建设工程的建设重点是 2011—2013 年，三年占总任务量的 75%。

农业技术推广服务体系、动植物疫病防控体系、农产品质量安全服务体系、农村土地承包经营权流转服务体系等四大公共服务体系建设重点是 2011—2013 年，三年占总任务量的 70%；农资服务体系、农机服务体系、农业用水服务体系等社会化服务体系建设重点是 2011—2013 年，三年占总任务量的 75%；农业信息化服务体系、农村金融服务体系、农产品流通服务体系建设等新兴服务业态的培育工作在 2011—2015 年，大体均衡。

（二）总投资估算

"十二五"时期，规划区的 15 个重点工程及其他涉农投资项目的总投资，包括工程费、工程建设其他费、设备费和基本预备费等，参照当地实际建筑投资定额。国内外仪器设备价格，依据国家发展和改革委员会和建设部联合颁布的《建设项目经济评价方法与参数》（第三版）、《中国投资项目社会评价指南》中的新建和改扩建项目评价方法进行投资估算。

规划项目共需建设资金 57.75 亿元。其中，专项设施建设费用为 26 亿元，辅助设施建设费用为 3.5 亿元，农业公共基础设施建设费用为 8 亿元，产前设备安装和产后维护费用为 8.425 亿元，新品种与新技术引进、示范、推广有关费用为 1.50 亿元，体系建设费用为 3.50 亿元，预备费 3.46 亿元，等等。总投资还可按建设类型、产业类型作详细估算。

资金来源主要通过五个渠道：①各级政府的支农资金；②农业企业、农业合作经济组织、农户自筹；③银行及非银行金融机构贷款；④农产品加工企业上市融资；⑤其他社会资本。

（三）效益评估

1. 经济效益评估

根据籽种产业、设施农业、休闲观光农业、农产品加工业等不同产业的年均收益率进行估算，年均创造经济收益为 41.915 亿元，5 年合计为 209.575 亿元。实现农业总产值 45 亿元，年均增长 2.5%；农民人均纯收入达到 17 480 元，年均增长 9%。

2. 社会效益评估

社会效益主要体现在：为社会提供大量的各类优质、安全农产品，为城镇居民提供更多的乡村旅游活动，创造了大量的就业岗位，促进城乡统筹、协调发展等。可据此进行估算。

3. 环境效益评估

通过贯彻发展绿色循环经济的思路，发展都市型现代农业，有效地减少农业的点、面源污染，进一步提高农业资源的高效利用水平。通过冬季裸露农田和沙荒地的利用，发展生态旅游等，将有助于保护土壤、大气、河流等。据此估算。

六、保障措施与风险评估

（一）组织建设

加强组织领导，成立规划实施领导小组与执行小组，建立种植业、畜牧业、渔业、水利、林业等部门的联席会议制度，共同推动都市型现代农业协调发展。制定合适的农业投资政策、产业扶持政策和劳动就业政策，推动现代农业科技园区、都市型现代农业示范区、都市型现代农业社区建设；调动村级各类组织参与都市型现代农业建设的积极性，调整农业产业结构，发挥区域优势，加大区域内外联系，实现产业协作和协调发展。

（二）支撑体系建设

针对规划区都市型现代农业建设的需要，切实加强农业技术推广、动植物疫病防控、农产品质量安全、农地流转等公共服务体系建设；大力发展现代农资、现代农机、农业用水社会化服务体系；着力培育农业信息、农村金融、农产品流通等新兴服务业态。形成以区、乡镇、村三级公共服务机构为主体，对接市级公共服务体系，合作经济组织、龙头企业、其他社会力量等多元主体参与、公益性服务和经营性服务相结合、专项服务和综合服务相协调的都市型现代农业服务体系。构建城乡经济社会发展一体化综合服务平台，有效增加城乡服务供给，推动农村产业结构升级，促进农民持续增收。

（三）风险分析及规避对策

发展都市型现代农业面临很多风险，如技术风险、气候风险、产权风险、市场风险、政策风险等。规避风险的对策包括：切实加强公共服务体系建设，大力发展社会化服务体系，着力培育农业信息、农村金融、农产品流通等新兴服务业态，发展订单农业。深化农村要素配置体制改革，加快城乡一体化发展步伐。继续完善强农惠农政策措施，巩固"三农"工作重中之重的地位。

七、附图

农业发展规划必须配套相应的图件，一般应该有：规划区域位置图、规划区域交通图、规划区域土壤类型及水系分布图、空间布局图、重点产业分布图、主要工程项目分布图等。一般以平面示意图为主，没有特殊需求，不提供效果图。

八、主要创新点

规划工作基本完成之后，一般要总结创新点。该规划项目的创新点主要体现在以下几个方面。

（1）构造出基于 SWOT‐PEST 的都市型现代农业发展战略分析模型，并提出增长型、多元化经营、扭转型、防御型四类发展战略的组合模式。

（2）在发展思路方面，提出了以"三高"为方向，以"三创、三区、四链"建设为重点，扎实推进"五个转变"，稳步提升"六种能力"的思路。

（3）在布局方面，运用相关理论，并结合当地实际，形成"一圈、一心、两轴、六带、多片区"的都市型现代农业布局。

（4）重点突出，可操作性强。对重点产业进行了着重规划，并策划形成重点建设工程，分工明确，使规划的可操作性更强。

（5）在发展定位与目标上，提出成为"着力点""重要节点"和"支撑点"；确定了"京东都市型现代农业第一区"和首都"都市型现代农业率先实现区"的目标。

（6）规划把转变农业发展方式、推进农业科学发展作为最鲜明的主题。将科学发展贯穿到都市型现代农业发展的全过程，把促进一二三产业融合、农民经营和市民经营农业相结合，注重农业多功能开发、集约内涵式发展、农业区域合作发展，放在首要的位置。紧紧抓住转变发展方式这一条主线，提高现代农业科技创新能力，强调"一心"的科技创新引领作用；强调要把现代农业科技、推广体制改革和机制创新放在突出位置，使其成为促进都市型现代农业发展方式转变和经济质量提高的内在动力。

第七章　农业园区规划咨询

农业园区是一个特定的区域概念，这个区域可大可小，还没有一个明确的范围界定，但这个区域的边界应该是清晰的，否则无法进行具体的规划。在这个区域内，现代农业园以技术密集为主要特点，以科技开发、示范、辐射和推广为主要内容，以促进区域农业结构调整和产业升级为目标，是区域经济的重要增长极，是加快农业科技创新创业和成果转移转化的重要平台，是推动农业产业升级和结构调整的重要支撑，是探索农业科技体制机制改革创新的重要载体，对区域经济发展有很强的辐射带动作用。

第一节　农业园区规划咨询概述

一、农业园区的产生

国外的农业园区主要有两种模式：一种是示范农场，主要推广先进的新品种和领先的栽培技术，同时还进行农事活动的展示和示范，或可以称作试验示范基地，发展较好的有以色列等国家；另一种是假日农场，主要进行农业观光、休闲，满足城市居民的采摘、餐饮、游乐等需求，使都市居民不仅能享受绿色的农产品，还可以享受清新的空气和农事活动带来的乐趣，在保证原有农场生产的基础上，利用农业经营活动、农村生活、田园景观及农村民俗文化等资源，以休闲、观光、会展、创意为主要形式，把农业和旅游业结合在一起，以延伸农业经营范围，形成一二三产业相互融合的高端产业，着力开发现代农业的多功能性，把农业的生产、生活、生态、文化、体验集成一体化经营，发展较好的国家有德国、法国、美国、日本及荷兰等。

我国的农业园区，主要以农业科技园为主，是我国农业生产力水平、农业科技推广体系与现行农业体制等一系列综合因素影响下的产物。通过查阅国内外文献了解到，农业科技园是我国自己创造的概念，是高新技术改造传统农业的产物，这些先进技术包括先进的农业设施、生物技术、信息技术等，是将农业产业化与区域经济的整体发展结合，带动区域农业结构调整，增加农民收入，促进区域的整体进步。根据多数专家的意见，我国农业科技园建设从 20

世纪 80 年代末开始，至今可以划分为四个阶段。

第一阶段（1989—1996 年），以山东禹城科技农业园筹建为标志。从 20 世纪 60 年代开始，大批科研人员到山东禹城研究中低产田的改造，为黄淮海平原的改造贡献智慧。他们在这里不仅进行科学实验，还进行科技示范，建立井灌井排、旱涝碱综合治理示范区。经过一段时间的实践，专家们提出了建立禹城农业科技园的初步设想，山东禹城农业科技园区的建设正式开展起来。以此为基点，不断形成区域的辐射面，为现代农业的发展探索出了新路子。1994 年，北京建立了以展示以色列设施农业和节水技术为主要功能的示范园，即中以示范农场。1995 年，经北京市政府和上海市政府批准，在北京顺义建立了三高农业科技试验区，在上海浦东建立浦东现代农业示范区，这两个现代农业示范园区是我国 20 世纪 90 年代较早建立的农业科技园区。

第二阶段，从 1997 年开始，以国家工厂化高效农业示范工程项目建设为标志。科学技术部为提高农业科技的贡献率，加速农村经济发展，用现代设施和技术改造传统农业，促使农业产业发展带动区域经济的整体进步，加速现代高效农业发展进程。提出了工厂化高效农业示范工程项目，选择北京、上海、沈阳、杭州和广州 5 个城市，实施国家工厂化农业示范区，建立 2 500 亩技术示范核心区，1 万亩应用示范区和 10 万亩延伸辐射区，各地广纳财源，多方筹集资金，建设了一批工厂化农业工程。这一阶段，很多民营企业、乡镇企业开始经营农业，采用灵活的融资方式，创建了一批现代农业科技园区。

第三阶段，从 2000 年起，以国家农业科技园区建设为标志。为加快实现农业现代化，促进农民致富增收。2000 年，科学技术部成立了国家农业科技园区部际（科学技术部、农业部、水利部、国家林业局、中国科学院、中国农业银行）协调指导小组，并制定了《农业科技园区指南》和《农业科技园区管理办法（试行）》。山东寿光、宁波慈溪等"国家农业科技园区（试点）"相继建立。规范化和制度化是这一阶段的重要特征。[①]

第四阶段，从 2010 年起，以国家现代农业科技城建设为标志。为推进创新型国家建设，加快城乡统筹发展，促进农业发展方式转变，围绕农业科技自主创新和打造农业高端产业，科学技术部与北京市联合共建国家农业科技城。通过高端研发与现代服务引领现代农业走"高端、高效、高辐射"之路，将国家农业科技城建设成为全国农业科技创新中心和现代农业产业链创业服务中

---

① 蒋和平，张春敏．国家农业科技园区的发展现状与趋势［J］．深圳特区科技，2005（9）：50-54.

心。通过科技和服务的结合，从产业链创业的层面统筹"三农"发展，拉近城乡距离，实现产业、村镇、区域整体功能的突破与升级；通过资本、技术、信息等现代农业服务要素的集聚，形成"高端研发、品牌服务和营销管理在内，生产加工在外"（两端在内，中间在外）的服务模式。建设内容以打造"五个中心"（农业科技网络服务中心、农业科技金融服务中心、农业科技创新产业促进中心、良种创制与种业交易中心、农业科技国际合作交流中心）为国家层面的支撑平台，以构建"多园"为实施载体，逐渐形成"中心"与"多园"互动、科技城与外埠园区网联的发展态势。开发现代农业的生产、生活、生态和示范等功能，促进一二三产业融合，引领传统农业走融合发展之路。不断拓宽园区建设的范围，打破形式上单一的工厂化、大棚栽培模式，把围绕农业科技在不同生产主体间发挥作用的各种形式，以及围绕主导产业、优势区域促进农民增收的各种类型都纳入园区建设范围。

二、农业园区的主要类型

根据农业园区发展的实践特点，可以分成休闲观光园、农业生态产业园、现代农业科技园和科技示范区、田园综合体和特色小镇四种类型，当然各种类型都有交叉，只是就其主要特征进行分类，这样便于研究和把握事物的本质。

（一）休闲观光园

农业休闲观光园伴随休闲农业和乡村旅游的发展而迅猛发展，尤其是2000年以来，我国的休闲农业快速发展，引起社会各界的广泛关注。休闲农业是把农业副业生产和旅游及文化产业相结合，深度开发农业的多种功能，达到既能"养胃"又能"养肺"，既能"养眼"又能"养心"的综合效果，是一二三产业高度融合的产物，是人类对农业消费的高级形态，是现代农业发展的一个重要模式。

中国休闲农业起源于古老的农耕文明和博大的人文精神，乡村、田园、大自然是中华民族文化的灵感之根、智慧之源。东晋陶渊明的"采菊东篱下，悠然见南山""久在樊笼里，复得返自然"，以及唐代孟浩然的"开轩面场圃，把酒话桑麻。待到重阳日，还来就菊花"等，无不体现古人对田园生活、对纯朴真挚社会的向往，以及诗人物我两忘的真境界。农业、农村除了满足人类基本的物质需求之外，还为人类心灵的启迪与归宿创造出超然的理想世界。使得身在都市、身处尘烦的人类得以超脱，使得疲惫的心灵得以放松，变得从容、豁达和简单。人在自然中孕育、生发、膨胀，到头来还要从自然中寻求解困的良方，探寻打开人类智慧之门的金钥匙。这就是农业带给人类的又一瑰宝。

现代休闲农业发端于 19 世纪 30 年代的欧洲，20 世纪 70 年代以后发展迅速，荷兰、德国、英国、法国等都发展得较好。我国现代休闲农业起步于 20 世纪 90 年代，早期是以一村一品、一乡一品和农家乐等形式出现，到 2000 年以后快速发展，2010 年以后发展越来越规范。建立了行政管理体系和社会服务体系，农业部乡镇企业局成立了休闲农业处，省级也建立了相应的行政管理部门；农业部与国家旅游局联合成立了中国旅游协会休闲农业和乡村旅游分会，加强行业自律，规范行业管理，服务休闲农业产业的发展。开展教育培训，提高休闲农业从业人员素质。制定了农业观光休闲农庄建设标准、休闲农业企业内部管理规范等标准。制定了全国休闲农业发展规划。

2015 年后，我国休闲农业的发展得到了国家的高度重视。为树立发展典型，探索发展模式，总结发展经验，2015 年，农业部和国家旅游局继续开展了全国休闲农业与乡村旅游示范县、示范点创建活动，认定北京市大兴区等 68 个县（市、区）为全国休闲农业与乡村旅游示范县、北京市中农春雨休闲农场等 153 个点为全国休闲农业与乡村旅游示范点。国务院办公厅印发《关于推进农村一二三产业融合发展的指导意见》（国办发〔2015〕93 号），提出要拓展农业多种功能，推进农业与旅游、教育、文化、健康养老等产业深度融合。积极发展多种形式的农家乐，建设一批具有历史、地域、民族特点的特色旅游村镇和乡村旅游示范村，有序发展新型乡村旅游休闲产品。合理开发农业文化遗产，大力推进农耕文化教育进校园，统筹利用现有资源建设农业教育和社会实践基地，引导公众特别是中小学生参与农业科普和农事体验。推动科技、人文等元素融入农业，发展农田艺术景观、阳台农艺等创意农业。农业部等 11 部门印发《关于积极开发农业多种功能大力促进休闲农业发展的通知》（农加发〔2015〕5 号），提出在经济发展进入新常态下发展休闲农业，推进农村一二三产业融合发展，以农耕文化为魂，以美丽田园为韵，以生态农业为基，以创新创造为径，以古朴村落为形，将休闲农业发展与现代农业、美丽乡村、生态文明、文化创意产业建设、农民创业创新融为一体，推动农村一二三产业的融合发展。地方各级党委政府也越来越重视休闲农业的发展，不仅把发展休闲农业作为促进农民就业增收、解决"三农"问题的有效途径，而且作为为城乡居民创造文明健康的休闲环境、构建和谐社会的重要举措，作为一项公共性、公益性的事业，出台政策，加大扶持，引导其快速发展。从农民自发发展，向各级政府规划引导转变；从简单的"吃农家饭、住农家院、摘农家果"，向回归自然、认识农业、怡情生活等方向转变；从最初的景区周边和个别城市郊区，向更多的适宜发展区域转变；由一家一户一园的分散状态，向园区和集群发展转变；从以农户经营为主，向农民合作组织经营、社会资本共同投资经营发展转变。现阶段，我国休闲观光农业总体上处于发展的初级阶段，仍然存在主题不突出、经营标准不够高、服务质量还需提升等问题，未来的发展空间还很大。

（二）农业生态产业园

20 世纪 90 年代以来，生态产业园区开始逐渐成为世界产业园区发展的主题，生态产业园区是一个包括自然、产业和社会的地域综合体，是依据循环经济理论和产业经济学原理设计而成的一种新型产业组织形态。美国 RPP 国际咨询公司首席科学家 Lowe（勒卫）和 Warren（沃伦）（1997）认为生态产业园区最本质的特征在于企业间的相互作用以及企业与自然环境间的作用，进而形成相互紧密关联的企业生态群落。生态产业园区，包括农业型、工业型、混合型以及资源回收型等多种类型。农业生态产业园就是为了克服农业发展所面临的环境污染、资源短缺等问题，在生产中所采取的环境友好型生产技术和生产方式，包括节能、节地、节肥、节水、节药、资源化、再回收、再利用等，以及农业内部种植、养殖、加工及关联密切的产业形成的资源互为利用的闭合循环区域。故而广义的农业生态产业园的内涵也就包含了循环农业园、低碳农业园、生态农业园等。从市场角度看，农业生态产业园对环境的关注将会带来更高的商业效率。

农业生态产业园起源于我国悠久的生态农业发展史，中国很早就创造了"猪-桑-塘""稻-鱼-鸭"等成功的生态农业模式，这为我国的生态农业产业发展提供了良好的基础。生态农业就是在经济与环境协调发展原则指导下，总结吸收各种农业生产方式的经验，应用系统工程方式建立和发展起来的农业生产体系。形成生态和经济的良性循环，实现农业的可持续发展。总体看，我国生态农业还处在低效益、低规模、低循环的传统生态农业层面上，还没有从农业小循环走向农、工、商结合的产业大循环。

2015 年 9 月，中共中央、国务院印发了《生态文明体制改革总体方案》，要求立足我国社会主义初级阶段的基本国情和新阶段性特征，以建设美丽中国为目标，以正确处理人与自然关系为核心，以解决生态环境领域突出问题为导向，保障国家生态安全，改善环境质量，提高资源利用效率，推动形成人与自然和谐发展的现代化建设新格局。树立尊重自然、顺应自然、保护自然的理念，树立发展和保护相统一的理念，必须是绿色发展、循环发展、低碳发展，平衡好发展和保护的关系，树立绿水青山就是金山银山的理念，树立自然价值和自然资本的理念，树立山水林田湖草是一个生命共同体的理念，维护生态平衡。大力推进农业现代化，走产出高效、产品安全、资源节约、环境友好的农业现代化道路。到 2020 年，推进生态文明领域国家治理体系和治理能力现代化，努力走向社会主义生态文明新时代。

农业生态产业园的研究范围相当广泛，包括园区内企业群落间相互关联分析、技术创新方面的研究、传统农业科技园区的改造、农业生态产业园建设与农产品质量安全整合机制研究、农业生态产业园布局研究、全球视野的生态产业发展研究等。很多领域里还有相当多的空白。

（三）现代农业科技园和科技示范区

现代农业科技园是以知识密集、技术密集、智力密集为主要特点，以试验、示范、研发农业高新技术，开拓农业新产业为目标，促进科研、教育与生产相结合，推动现代科学技术与经济社会紧密结合的农业综合性基地。是农业生产力和科学技术水平发展到一定阶段的产物，是农业产业化经营机制的重要创新，是农业高新技术转化为现实生产力的平台，是发展现代农业、实现农业标准化、绿色化和信息化的有效载体。对于转变农业增长方式、实现农业现代化具有重要的引领、支撑、带动作用，是从科技的视角促进了生产、生活、生态、文化体制机制变革与创新。

兴办科技园区、发展高新技术产业是促进科技成果转化、转变经济发展方式的重要路径，但在国际上以工业园区为主。科技园有许多类似的提法和称呼，如"高新技术园区""高新技术开发区""科学公园""技术公园""科学工业园""科学技术园""科学城""技术城""高技术产业带"以及"硅谷""硅山""硅岛"等。不同地区的叫法也不一样，科技园在北美称为"大学科技园区"，在其他英语国家叫"科学园"，在日本叫"科学城"。世界上第一个大学科技园区是美国斯坦福大学于 1951 年在美国西部一条长约 48 千米、宽约 14千米的峡长山谷中建立的斯坦福工业园区，并取得极大成功，形成举世闻名的"硅谷"。在硅谷效应示范作用下，世界各地纷纷建立科技工业园区，其中很多是以大学为依托的大学科技园区。美国除了"硅谷"之外，还有著名的 128 号公路高技术产业地带、北卡罗来纳三角研究园等；日本有筑波科学城、九洲硅岛；英国有剑桥科学园、苏格兰硅谷等；以色列有"硅溪"；我国北京有中关村科技园区，台湾有新竹科技工业园。成功的科技园区一般都具备良好的区位优势、灵活的创新模式、充足的人力和技术资源以及宽松的创业氛围。

为加快体制机制创新，加大科技成果转化应用力度，推动建设产出高效、产品安全、资源节约、环境友好的现代农业，科学技术部决定建设一批国家现代农业科技示范区。2015 年 8 月，科学技术部发布了第一批 8 个国家现代农业科技示范区（国科发农〔2015〕256 号），包括北京现代农业科技城、河北环首都现代农业科技示范带、安徽皖江现代农业科技示范区、山东黄河三角洲现代农业科技示范区、河南中原现代农业科技示范区、湖北江汉平原现代农业科技示范区、湖南环洞庭湖现代农业科技示范区、新疆现代农业科技城。要求地方科技主管部门高度重视、精心组织、周密部署、科学规划、加强引导、积极推进，将现代农业科技示范区打造成为创新驱动城乡一体化发展的示范区、一二三产业融合全链条增值现代农业的先行区、大众创业万众创新的聚集区。总体看，国家现代农业科技示范区是国家农业科技园区和国家现代农业示范区相结合的产物，与这两者之间既有区别又有联系，比国家农业科技园区更加注重技术推广与示范的面积，更加注重农业先进技术与大面积生产的结合；比国家现代农业示范区更加注重农业科技的应用，更加注重现代科技创新及制度创新。

2018 年 1 月 29 日，国务院办公厅印发《关于推进农业高新技术产业示范区建设发展的指导意见》（以下简称《意见》），对促进农业科技园区提质升级、推进农业高新技术产业示范区建设发展进行部署。《意见》提出，农业高新技术产业示范区建设发展的主要目标是：到 2025 年，布局建设一批国家农业高新技术产业示范区，打造具有国际影响力的现代农业创新高地、人才高地、产业高地。探索农业创新驱动发展路径，显著提高示范区土地产出率、劳动生产率和绿色发展水平。坚持一区一主题，依靠科技创新，着力解决制约我国农业发展的突出问题，形成可复制、可推广的模式，提升农业可持续发展水平，推动农业全面升级、农村全面进步、农民全面发展。

2018 年 1 月，为进一步加强国家农业科技园区建设与规范化管理，深入推进农业供给侧结构性改革，加快培育农业农村发展新动能，推进农业农村现代化，根据实施创新驱动发展战略、乡村振兴战略、区域协调发展战略等要求，制定了《国家农业科技园区管理办法》（2020 年进行修订）。园区建设与管理要坚持"政府主导、市场运作、企业主体、农民受益"的原则，集聚创新资源，培育农业农村发展新动能，着力拓展农村创新创业、成果展示示范、成果转化推广和高素质农民培训四大功能，强化创新链、支撑产业链、激活人才链、提升价值链、分享利益链，把园区建设成为现代农业创新驱动发展的高地。科学技术部联合农业农村部、水利部、国家林业和草原局、中国科学院、中国农业银行成立园区协调指导小组，科学技术部为组长单位，农业农村部为副组长单位，其他部门为成员单位。园区协调指导小组负责对园区工作进行宏观指导，组织制定并发布园区发展规划、管理办法。园区协调指导小组管理办公室（简称园区管理办公室）设在科学技术部农村科技司，负责园区统筹协调和日常管理。园区管理办公室委托中国农村技术开发中心开展相关工作。

为深入贯彻党的十九大关于"实施乡村振兴战略"部署，认真落实《"十三五"国家科技创新规划》和《"十三五"农业农村科技创新专项规划》要求，进一步加快国家农业科技园区创新发展，制订了《国家农业科技园区发展规划（2018—2025 年）》。必须更加依靠科技进步实现创新驱动、内生发展。实施创新驱动发展战略为园区发展提供了新动源，推进供给侧结构性改革对园区发展提出了新要求，实施乡村振兴战略为园区发展带来新机遇。

（四）田园综合体和特色小镇

十八大以来，中国进入新时代，以习近平同志为核心的党中央高度重视农业农村工作，农业园区的发展也进入了一个新时代，它不仅仅是农业本身的发展问题，而且成为农业农村的区域发展问题。农业园区可以是一个田园综合体或特色小镇，也可以是田园综合体或特色小镇的重要组成部分，建设农业园区也是推动乡村振兴的重要抓手。这些不同的称谓是为了便于从不同角度、不同位点、不同目标出发，形成不同的政策着眼点。

1. 田园综合体

2017 年中央 1 号文件首次提出田园综合体，"支持有条件的乡村建设以农民合作社为主要载体、让农民充分参与和受益，集循环农业、创意农业、农事体验于一体的田园综合体，通过农业综合开发、农村综合改革转移支付等渠道开展试点示范"。田园综合体是在城乡一体化格局下，顺应农村供给侧结构性改革、新型产业发展，结合农村产权制度改革，实现中国乡村现代化、新型城镇化、社会经济全面发展的一种可持续模式。在乡村社会进行大范围的、综合的规划、开发、运营。创新城乡发展，形成产业变革，带动社会发展，重塑中国乡村的田园美景。以发展农业产业园区的方法提升农业产业，尤其是发展现代农业，达到产业兴旺，营造新型乡村、小镇，形成社区群落。田园综合体可以形成特色农业产业园、休闲农业园、农产品加工园区、创意农业园等新兴业态。

发展田园综合体有几个要点：①牢牢把握农民这个主体不放松，以农民合作社为主要载体，让农民能够充分参与和受益；②发展循环农业，建设生态文明新村；③发展创意农业，打造美丽乡村，以审美体验为主题，运用创意产业的思维逻辑和发展理念，有效地将科技和人文等多要素融入农业生产，把传统农业发展为融生产、生活、生态为一体的现代农业，使人们能在养生、审美、体验品味的美好过程中得到快乐；④开发农事劳动，发展体验农业，城市居民则通过身临其境地体验农业、农村资源，满足其愉悦身心的需求。由此形成产城一体的公共配套网络，服务于农业、休闲产业的金融、医疗、教育、商业等。

田园综合体有了农业和旅游才会有社区。农田集中流转带来农民的安置和集中，逐渐形成中心村或是小城镇，提升当地的社区质量和环境，改善了当地农民的生活质量。旅游产业做好了，才有美丽的田园风情，才会有人愿意买（租）房住下来，原本偏僻的土地才有价值，房子才卖（租）得出价钱。田园综合体项目只有在经济上取得良好收益，这个模式才能够持续下去，良性发展。

2. 特色小镇

2015 年 12 月底，习近平总书记对浙江省"特色小镇"建设作出重要批示，"抓特色小镇、小城镇建设大有可为，对经济转型升级、新型城镇化建设，都大有重要意义。浙江着眼供给侧培育小镇经济的思路，对做好新常态下的经济工作也有启发"。特色小镇建设成为经济转型、体制机制创新发展的新亮点。集聚发展要素，形成特色产业和新兴产业的创新创业平台。产业是特色小镇的根和魂，因而，产业定位必须明确。围绕特定产业形成优质高效的生活服务配套区域，包括医疗、子女教育、社区文体设施、交际空间等长期生活的设施。

农业、农村既可以是特色小镇的主体，也可以是特色小镇的配套。如越城黄酒小镇、龙泉青瓷小镇、湖州丝绸小镇、茅台酿酒小镇、三都赛马小镇、福山互联网农业小镇、青田石雕小镇、定海远洋渔业小镇、西湖龙坞茶小镇、磐安江南药镇、庆元香菇小镇、仙居杨梅小镇、桐乡桑蚕小镇、泾阳茯茶小镇、双阳梅花鹿小镇、陇南橄榄小镇、怀柔板栗小镇、通霄飞牛小镇、金山麻竹小镇、宝应莲藕小镇、花都珠宝小镇、乐清蝴蝶文创小镇等。浙江磐安县盛产以"白术、元胡、玄参、白芍、玉竹"为代表的磐五味，被誉为"天然的中药材资源宝库"，自古以来便是中药材之乡。中国药材城"磐安浙八味市场"是长三角地区唯一的大型药材特产批发地。磐安以此为基础，打造融"秀丽山水、人文景观、生态休闲、旅游度假、康体养生"于一体的江南药镇。定位为"药材天地、医疗高地、养生福地、旅游胜地"，通过培育中医药健康产业、旅游服务业和养生养老产业三大新兴产业，融产业、旅游、社区、人文功能于一体，建设成为以中草药文化为主、集高端中药产业和旅游度假养生于一体、区域联动发展的特色小镇；塑造一个尊重和传承中医药文化、人与自然和谐共生、可持续发展的精致特色小镇。2015 年 6 月，"磐安江南药镇"列为浙江省第一批 37 个省级特色小镇。小镇的建设和发展带动了旅游、商贸物流、教育、科技、健康等产业的发展，达到生产、生活、生态"三生融合"，产、城、人、文"四位一体"。黑龙江穆棱市下城子特色小镇，是东北亚大通道上的"小金三角"，是对俄贸易的"黄金通道"，是全国闻名的"大豆之乡"和"名晒烟基地"。挖掘农业生态、文化、旅游等多方面功能，打造了以穆棱河流域现代农业示范园区、南站村现代旅游景区和孤榆树村红色教育基地为主的产业融合综合体，不断激发乡村振兴内生动力，形成了农村一二三产业融合发展的新格局。

总之，把农业园区进行分类，是为了研究方便，在实践中往往是几种园区类型相互交叉、同步混合发展的，需要在实践中准确把握园区发展建设的实质。当然，按照不同的分类思路，还有不同的划分方法，比如：按行政级别划分，可分为国家级农业园区、省级农业园区和地市级农业园区等；按发展目标划分，可分为开发区型、科技开发型、生产展示型等；按照地域生态类型划分，可分为城郊型农业园区、平原型农业园区、丘陵及山地型农业园区等；按园区示范内容划分，可分为设施园艺型、节水农业型、生态农业型、高科技农业型、出口创汇型；等等。

在各类园区发展中，也存在各种各样的问题。比如：前期缺乏科学、务实的规划思想和指导原则，功能定位不够准确，发展目标含糊不清，重政绩轻实效；农业产业化水平不高，可持续发展理念不突出，受政府的干预过多，运作效率低，未建立现代化的管理制度和运行机制；缺乏科学的综合评价指标体系；经济效益不高，成为当地负担；建设资金不足，政策扶持未落到实处；项目资金使用分散，难以形成规范化管理和有序发展的区域格局，导致园区建设进展缓慢；等等。需要在发展中不断创新和完善，如何实现现代农业园区的可持续发展，是经营管理者迫切需要解决的问题。

三、农业园区规划咨询的基本要求

要牢固树立"创新、协调、绿色、开放、共享"的新发展理念，紧紧围绕发展现代农业、增加农民收入、推进乡村振兴三大任务，以促进农民就业增收、建设美丽宜居乡村为目标，以促进科技成果转化、促进产业升级、实施产业扶贫为着力点，创新创造发展路径，统筹规划，整合资源，因地制宜、特色发展，保护环境、持续发展。推动农业供给侧结构性改革，促进农村一二三产业融合发展。

（一）定位准确，目标清晰

定位是对产品在未来消费者心目中所确定的一个准确的、合理的位置。通过创造差异，引导消费者的思维，动摇其原本固有的想法，打开其想象的翅膀，实质是对消费者"攻心"。让消费者的内心世界在简单的、聚焦的消费过程中找到归宿；进而去创造园区自身独有的、令消费者忠诚的品牌，在消费者心里占据有利的位置。把农业园区整体作为产品，以市场需求为导向对其进行设计、创造，对未来消费者的心智进行研究，使园区成为有别于其他园区的商品，形成自身独有的竞争能力，并且能够使消费者客观明显地感觉和认知到这种差异，从而留下特殊的、深刻的、有冲击力的、难以取代的印象，也可称之为战略定位。

农业园区作为一个整体，应有一个主题，主题定位就是园区建设发展的灵魂、核心，贯穿于园区规划的每一个环节，也是园区规划中的难点。园区有不同的功能区，每个功能区又有其小主题，小主题也需定位，并且要围绕着大主题做文章。那么不同园区有不同的主题，不同的主题下又有各自不同的小主题，这样依次演化，就会形成各具特色、缤纷斑斓的特色园区。有的定位是生产示范，有的是企业孵化，有的是科普培训，有的是推广示范，有的是特色景观，有的是文化传承，有的是度假养生，有的是生态低碳，还有的是多种综合功能，等等。园区一般可分为核心区、示范区、辐射区，还可分为试验区、示范、生活配套区等。

为强化农业园区的印象、彰显个性、突出休闲观光园区主题，有的还要融入个性化的情感，在建设与经营过程中，不断融入自己的创意，将园区建设成具有艺术风格和个性追求的艺术品。有的直接命名为观赏型、品尝型、购物型、娱乐型、疗养型等的观光农业园，在这些主题园区中，能够观赏到奇花异草、采摘各种特色果蔬茶，赏玩各种家畜虫鸟（羊、牛、螃蟹、鳄鱼、鸵鸟、鹦鹉、孔雀等），体验平时难有的各种意境，使消费者始终充满新奇的体验和感受。

明确园区规划定位后，要围绕其定位进一步确定园区建设的目标，目标可分为总体目标和各分项指标。在园区的不同发展阶段要有不同的目标。园区目标设定有其价值取向，切不可贪大求洋、搞形象工程。要着眼于园区的可持续发展和良性循环。要综合考虑园区的经济发展目标、生态效益指标和社会效益指标，根据不同园区的定位，各指标之间要有所侧重。国家级农业科技园区要带动省级园区发展，能够基本覆盖我国主要农业功能类型区和优势农产品产业带；园区成果转移转化能力、高新技术产业集聚度、大众创业万众创新成效、精准脱贫带动能力均是定位要考虑的主要视角。构建以国家农业科技园区为引领，以省级农业科技园区为基础的层次分明、功能互补、特色鲜明、创新发展的农业科技园区体系。

（二）必须有明确的盈利点和商业模式设计

能够盈利是农业园区可持续发展的必要条件，尤其是对于休闲观光园、现代农业科技园，也就是说园区必须要赚钱。盈利点就是要明确从哪些方面赚钱，商业模式就是要设计如何赚钱，即赚钱的途径和方式。成功的商业模式短时间内是难以模仿的，涉及园区产品价值定位与传递、目标市场、营销模式、收入模式、成本结构、市场竞争等诸多方面。技术进步会促进商业模式的创新，尤其是信息和网络技术的快速发展，催生了线上线下交易平台等众多商业模式。当然纯公益性的园区除外，如有的园区是为了科学试验示范，这样的园区是以科研项目经费作保障的，不以营利为目的。农业园区如何赚到钱？总体上应从以下几个方面思考。

1. 要走特色发展、差异化发展之路

无论哪类农业园区都要有自己的特色，特色就体现在园区所提供产品或服务的与众不同。休闲观光园的特色主要体现在主题创意、美学体验等方面，生态产业园区主要体现在资源利用效率、循环利用效率和对环境友好等方面，现代农业科技园区主要体现在农业科技成果转化效率、园区企业入驻率，而现代农业科技示范区的特色主要体现在科技成果转化的规模。要因地制宜，培育具有较强竞争力的特色产业集群。按照"一园一主业"的差异化战略，打造具有品牌优势的农业产业集群，提高农业产业竞争力。形成区域优势主导产业，创新现代农业发展的特色模式。总之，有了特色的产品，其附加值就高，能够增加单位土地面积的产值，就能赚到钱。

2. 要走适度规模化发展之路

任何产业都要有适度的规模，即规模经济，农业尤其如此。千百年来小农经济对人类文明做出了重要的贡献，但农业园区作为区域经济发展的增长极，必须适应市场经济的发展规律，要有适度的规模。有了一定的规模，才能推动生产标准化，才能保证产品质量的持续稳定，才能创造自身的品牌，进而放大产品价值，带动就业，实现农民增收致富。要通过技术渗透、要素集聚、产业

联动、体制创新等多种途径，促使产业边界愈加模糊和一二三产业融合发展，大力提高农业组织化水平等，都是实现农业园区适度规模化发展的重要路径。

3. 要走品牌营销发展之路

就是要通过宣传、教育、广告等多种手段，增强目标市场对园区产品的接受度，进而形成自己特有的品牌，并持续强化对品牌的信赖感和忠诚度。通过品牌建设强化园区产品形象，增加园区发展竞争能力，促进销售，增加利润，放大价值。作为市场主体的园区可采取一系列的营销组合策略，包括产品（product）、定价（price）、渠道（place）、促销（promotion）、权力（power）和公共关系（public relations）、探查（probe，即市场调研）、分割（partition，即市场细分、优先（priorition，即选出目标市场）、定位（position）、员工（people）等，以及电子商务、连锁经营、直销、事件营销、文化营销、媒体营销、饥饿营销等，不断扩大园区产品品牌的知名度和美誉度。农业园区品牌化战略本身是一个系统工程，政府应以合理的方式，运用自身的有形、无形资源，包括公信力，支持和推动农业园区产品品牌化营销策略，比如采取原产地保护、品牌认证、质量标准制定等措施，以此实现本地区的经济、社会目标。

4. 要走内涵式发展之路，提高全要素生产率

内涵式发展是以事物的本质属性为着力点，是事物"质"的发展，是以事物的内部因素作为动力和资源的发展模式。更注重内在品质和潜力挖掘，不追求一般意义上的规模扩大和数量增加，而是聚焦园区定位，把应该做的事做好，有所为、有所不为。表现为质量提高、技术进步，园区的优质产品率、投入产出率、管理效率、资源利用率、土地产出率等指标的增长。抓内涵发展，抓任务落实，通过调整内设机构和组织创新，内部挖潜，从自身寻找动力。内涵式发展强调结构优化、质量提高、实力增强，主要通过内部的深入改革，激发活力，增强实力，提高竞争力，在量变引发质变的过程中，实现实质性的跨越式发展。内涵式发展的核心是坚持园区自身特色的一流水平，形成优势和特色，提高产品和服务的质量。农业园区要通过不断引入先进的科学技术、内部的深入改革、专业化的生产和创新等，增强发展实力和竞争力，实现质的进步，而不仅仅是生产规模的扩张。尤其要重视现代农业技术的集约化运用，整合全球农业信息、技术、人才、资金和管理资源，推进社会分工合作和管理创新。探索园区内部模式重构、要素优化，充分激发各类人才积极性、创造性，建设高素质的管理团队。

外延式发展强调数量增长、规模扩大、空间拓展，表现出外形扩张。与内涵式发展相反。要率先确立园区在区域发展中的定位目标，建成一批一流的产品和服务。按产品需求发展规律，促进产品、加工、服务交叉融合，培植新的产品和服务。走内涵式发展道路，要提升文化品位。园区的文化品位由地域历史传统、人文精神、共同的价值观等塑造，体现了园区的文化底蕴。一流的园区应该有一流的文化品位。要继承弘扬自身的优秀文化传统，及时总结凝练农业发展理念和增长经验，努力吸收时代精神，增强文化自信，提升产品价值追求层次，使园区文化在春风化雨、润物无声中发挥核心竞争力作用。

（三）着重产品创新，开发农业多种功能

在园区建设和发展过程中，要不断推出新产品，推进农业多功能创新。首先，充分发挥农业的生产功能。不仅要生产出更多传统农产品，还要紧紧围绕区域农业主导产业和特色产业，发挥地域优势，突出主创产品的规模和特色，尽快形成产业链，体现集聚效应，增强发展潜力，进而产生较好的效益。其次，要发展农业的休闲服务功能。把农业园区建设与旅游业深度融合，把农业园区建设成服务型产业，促进一二三产业融合发展。园区中可种植各种观赏蔬菜、芳香蔬菜，设计各种艺术造型和创意主题，注重挖掘人文历史、民俗风情、农业文化等要素资源，体现创意农业的创新特点，并提供农业生产体验服务等。最后，要充分开发农业园区的养生、养老、养病功能。养生食为先，尤其是休闲观光园、农业生态产业园要更加注重深度开发农业的养生、养老功能。将养生与生产结合，通过农作、农事和农活等方式，整合植入相关的文化资源，并与加工业、旅游业、文化产业等多行业有机融合，开发农业的多种功能，有效提升农产品的附加值，达到养生与农业共同发展的目的。

依托农村绿水青山、田园风光、乡土文化等资源，有规划地开发休闲农庄、乡村酒店、特色民宿、自驾车房车营地、户外运动等乡村休闲度假产品，大力发展休闲度假、旅游观光、养生养老、创意农业、农耕体验、乡村手工艺等，促进休闲农业的多样化、个性化发展。积极扶持农民发展休闲农业合作社，鼓励发展以休闲农业为核心的一二三产业融合发展聚集村；加强乡村生态环境和文化遗产保护，发展具有历史记忆、地域特点、民族风情的特色小镇，建设美丽村庄和宜游宜养的森林景区。鼓励各地探索农业主题公园、农业嘉年华、教育农园、摄影基地、特色小镇、渔人码头、运动垂钓示范基地等，提高产业融合的综合效益。

（四）要有先进的经营理念、高效的管理机制

理念是行动的先导，是对消费者、竞争者以及职工价值观与经营行为的确

认，是咨询工程师规划工作的导向。在此基础上形成规划设想、科技优势、发展方向、共同信念和目标价值取向。理性的观念或想法，属于战略思维、哲学思维，具有前瞻性、整体性、统领性。理念一经确立，会较长时间地影响人的行为行动，形成"思维定式"或"思维惯性"，可以引领实践、解决实际问题。规划设计理念是咨询工程师在具体咨询业务操作中的灵魂，应该贯穿于咨询工作的全过程。经营理念是园区管理者追求绩效的根据，是系统的原则、根本的管理思想，决定园区经营方向和使命，与愿景目标一样是园区发展的基石。任何一个组织都需要一套经营理念。事实证明，一套明确的、始终如一的、精确的经营理念，可以发挥极大的效能。各类农业园区都应有相应的发展理念，而对于以企业为主体运营的农业园区显得更为重要。

要用"创新、协调、绿色、开放、共享"新发展理念指导园区建设发展。集聚创新资源，培育农业农村发展新动能，着力拓展园区创新创业、成果展示示范、成果转化推广和高素质农民培训的功能。强化创新链，支撑产业链，激活人才链，提升价值链，分享利益链，努力推动园区成为农业创新驱动发展先行区、农业供给侧结构性改革试验区和农业高新技术产业集聚区，打造中国特色农业自主创新的示范区。深入实施创新驱动发展战略，以科技创新为核心，大力强化农业高新技术应用，培育农业高新技术企业，发展农业高新技术产业，建设一批农业高新技术产业集聚的园区，统筹推进科技、管理、品牌、商业模式等领域全面创新。

1. 要有融合发展、共享发展、绿色发展的理念

整合园区内外土地资源、基础设施、历史文化资源、科技资源、人力资源等各类资源，促进园区生产、生活、生态协调发展。促进园区与当地农村、乡镇统筹规划、协同发展，走中国特色"园城一体化""园镇一体化""园村一体化"的城乡统筹一体化发展模式，实现乡村振兴。推进农业资源高效利用，提高农业全要素生产率，发展循环生态农业，打造水体洁净、空气清新、土壤安全的绿色园区。依托园区绿水青山、田园风光、乡土文化等资源，促进农业与旅游休闲、教育文化、健康养生等产业深度融合，发展观光农业、体验农业、创意农业。打造"一园一品""一园一景""一园一韵"，建设宜业宜居宜游的美丽乡村和特色小镇，带动乡村振兴。创新完善园区核心区、示范区、辐射区之间的技术扩散和联动机制，增强园区科技成果转移转化和辐射带动能力，提高农业生产的土地产出率、资源利用率和劳动生产率。发展农业高新技术产业，提高农业产业竞争力，推动农业全面升级。积极探索农民分享二三产业利益的机制，大幅度增加农民收入，促进农民全面发展。

2. 要有市场化经营的理念

大力培育市场竞争主体。园区建设要实行政企分开，政府着重抓好园区规划和基础设施建设，充分发挥园区载体优势，生产性投入以农业企业、合作经济组织等为主体，逐步做大做强。要突出对农民合作经济组织的培育，依托入园企业、农民经纪人、种养大户等，组建创办各种类型的农民专业合作社。鼓励园区及周边农户以土地承包经营权入股，建立土地股份合作社。发挥园区技术优势，成立各种类型的专业化服务组织。推进农业标准化生产，强化品牌创建，打造带动优势特色产业发展的知名品牌。以市场为导向，科学合理定位，明确功能、类型、特点及细分市场，有针对性地开发产品，追求生态环境、社会、经济的整体最佳效益。

3. 要有规模化发展的理念

生产加工规模化才能在市场上产生影响力，销售才会有持续性，品牌才能树立，才可能与全产业链对接。实现与现代化金融、商业、生产流通的紧密连接，才能建立长期的信息、交易平台和流通渠道。所以农产品的产量要成适度规模，实现种养加销紧密相连，打通一二三产业界限，才能实现集约、高效、低成本运行，生产过程和产品品质才能统一和实现标准化。

（五）投资估算准确，效益分析真实

农业园区投入大，比较效益低，回报周期长，因此，要有长远的目光与投资打算。农业园区建设涉及内容繁多，除了按照建设项目总投资（建设投资、建设期利息、流动资金）进行估算外，还要考虑农业生产投资的估算。按照农业生产实际，可将投入成本分为生产成本和土地成本。生产成本可分为物质与服务费用和人工成本。物质与服务费用可分为直接费用和间接费用。直接费用包括种子费、化肥费、农家肥费、农药费、农膜费、租赁作业费（机械作业费、排灌费）、燃料动力费、技术服务费、工具材料费、维护修理费、其他直接费用等；间接费用包括固定资产折旧费、保险费、管理费、财务费、销售费等。人工成本包括家庭用工折价和雇工成本。土地成本主要包括流转地租金、自营地租金。氮肥、磷肥、钾肥一般用折纯量来计算总投入，这样比较符合生产实践。

经济效益分析中除了收益和利润外，还要考虑成本利润率、土地利用率、劳动生产率、资源利用率。生态效益中要充分考虑土壤污染情况、复耕可能性、基本农田的保育、地下水污染情况等。社会效益中要充分考虑农民就业增收、技术辐射带动能力、示范培训效果等。一般农业项目投资回收期较长，受自然条件、气候、土壤类型、肥力状况等影响较大，要充分考虑这些特点。进行真实准确的投资效益分析，为投资决策提供重要参考依据。

（六）注重图文并茂

农业园区规划对于图件的要求较高，在文字表述的同时，通过平面图、效果图、动画演示、沙盘、影视短片等形式展示规划成果，能够形成直观的令人震撼的视觉冲击力，模拟真实情景，对园区规划咨询效果有很强的影响力。一般园区规划的图件要包括区位图（含道路、水系、铁路、机场等）、现状分析图（含土地利用现状、地形地貌、植被现状、基础设施现状、人工建筑等）、功能分区图、总平面图、分区平面图、专项规划图（含道路、农田水利、作物布局、林网、绿化、景点、休闲观光、旅游路线、加工、流通等）、重点项目分布图等。除平面布局外，还应画出主要建筑的平面图和立面图。为了更直观地表达园区设计的意图和景观形象，一般都要求画鸟瞰图，除了表现园区本身的特征，还要画出周边的景观、山体、水系、建筑等的关系。鸟瞰图应注意"近大远小、近清楚远模糊、近写实远写意"的透视法原则，以达到鸟瞰图的空间感、层次感、真实感。每一张图都有不同的表达侧重点，绘制程序也不太一样，但园区规划成果图件总的要求是准确、漂亮，具有视觉冲击力。

绘图的基础资料是由甲方根据面积大小和绘图工作需要提供相应比例的图纸，包括园区选址范围内地形图、总平面地形图、局部放大图、植被现状图、作物分布图等。制图员一定要亲自到现场踏勘，拍摄现场环境照片，根据周边环境条件，进行图件设计的构思，并核对、补充甲方提供图纸基础资料的不足。经过分析、研究确定园区在区域系统中的关系、园区所在区域的特征及四周环境、园区的面积和环境容量、园区总体设计的特色和风格、园区分期建设实施的程序等。绘图过程中点、线、面各要素及选择的色彩要和谐有序搭配，重点突出，整体美观大方。绘图完成后，还要提供必要的文字说明，全面地介绍绘图的构思和要点等。

绘图过程中要用到各种软件，如 Photoshop、MapGIS、CAD、Illustrator、3D 制图软件等，规划咨询团队要有熟悉各种软件操作的图件工作组，才能完成园区规划咨询工作。总之，园区规划要图文并茂，一目了然，一图胜千言，配图要简而美。要根据甲方的要求提供相应的图纸，但农业园区规划一般不提供施工设计图及详细的管线图。

第二节　农业园区规划的理论依据

理论来自实践，指导实践。规划一个农业园区，并提出切实可行的发展路径，必须遵从园区发展的相关理论，一个咨询工程师要熟练掌握理论才能提出科学可行的规划方案。

一、空间集聚理论

空间集聚理论是由现代区域理论发展而来的，聂华林在 2009 年第一版的《现代区域经济学通论》中进行系统阐述，区域现代经济活动的空间集聚，是由于集聚经济在现代技术和社会经济条件下能产生巨大的效益。集聚能带来更细的分工和更高的专业化程度，从而带来劳动生产率大幅度提高，减少关联产品间长距离的运输、转移和信息费用，从而降低生产成本，利于形成一个高效运行的基础服务网，巨大的现实潜在市场诱发产品技术的革新。[1] 农业园区体现着农业高新科技集聚的空间结构形式，以此来促进农业技术进步和技术革新，从而产生较大的经济效益。因此园区规划时，运用空间集聚相关理论，才能有效地组织高效率的农业经济活动，实现园区科技化、专业化、社会化生产活动。市场的扩大和厂商的集聚导致加工、原料供应及产品销售环节形成专业化的分工体系，又降低了交易费用，并带来新一轮的市场扩张，从而形成"市场扩张—生产专业化—厂商集聚—市场扩张"的循环积累，形成大规模的产业集群。这样，就形成了一个良性循环的过程，使分工演进越来越快。[2]

美国经济学家迈克尔·波特认为，产业在地理上的集聚，能够对产业的竞争优势产生广泛而积极的影响。产业集群成为国家、区域获得竞争优势的基本途径之一。高新技术园区是现代产业体系集聚性特征的重要体现。这些产业在一定的地域内聚集，形成上中下游机构完整、外围支持产业体系健全、充满创新活力的有机体系，也就是高新技术产业集群。美国硅谷、北京中关村、上海张江高科、台湾新竹园区等高新技术产业园区是高新技术产业集群的重要载体。在高新区中，企业之间的合作更为频繁，有利于产业结构升级和提高地区竞争优势。

---

[1]　杨云彦. 区域经济学 [M]. 北京：中国财政经济出版社，2004.

[2]　阎韡. 浅议专业化分工理论与产业集群演进 [J]. 中国证券期货，2010（3）：95-96.

二、发展极理论

发展极理论是 1950 年由法国学者弗朗索瓦·佩鲁（Francois Perroux）首先提出来的。该理论认为，经济增长的势头往往集中在某些大城市中心，这些中心就成为发展极。发展极对国民经济最积极的影响就是它对广大周边地区所发挥的扩散效应。中心城市主要凭借其扩散效应来发展自己作为产业中心和市场枢纽的作用。一方面，发展极在向心力的作用下，在主导部门有创新能力的行业周围，吸聚着日益增多的其他相关部门和行业，提供社会化服务的第三产业也围绕发展极迅猛增长，生产要素流动在市场机制作用下更多地流向中心城市。另一方面，发展极在离心力的作用下，还把增长和发展方向通过技术、组织、要素、信息等渠道向其周边地区扩散，从而使区域经济通过多层次的发展极在不同的点上带动经济增长，或从一个产业（如工业）向另一个产业（如农业）发展。[①] 发展极理论主要是考虑将农业园区作为区域农业经济增长的极点和中心，发挥扩散效应和辐射效应，并以此带动周边地区的农业经济发展。农业园区的核心区就是发展集聚的一"极"，示范区、辐射区就可以理解为这一"极"发挥扩散效应的范围。

三、定位理论

定位，就是要使企业及其产品或服务与众不同，充分满足客户的需求及未来的需求，从而形成核心竞争能力。定位理论是通过选择合适的营销点增加销售量的营销理论。其本质就是集中力量打击影响销量的关键点，确保产品在预期客户头脑里占据一个真正有价值的地位而不被别人抢占，进而使品牌成为某个类别或某种特性的鲜明代表。当消费者产生相关需求时，便会将此品牌作为首选，也就是说这个品牌占据了这个定位。1969 年，杰克·特劳特首次提出定位概念。1970 年，菲利普·科特勒最先将定位引入营销，以引领企业营销活动的方向。1980 年，随着商业竞争日益加强，迈克尔·波特将定位引入企业战略，开创了竞争战略。

农业园区定位理论可分为三个层次。第一个层次是从区域功能层面上讲的，是区域空间属性，从宏观的视角审视园区建设发展与区域、国家战略需求的对应关系，并充分考虑园区发展的自身基础条件。例如，空间定位是生态涵

---

① 赵阳，姚丽虹．基于发展极理论的广东区域经济发展比较分析［J］．广东农业科学，2010（6）：304-306.

养区时，园区就不能发展排放量高的产业；定位是科技成果转化示范区，园区就应以农业高科技产业为主，致力于科技成果的转化。第二个层次是从产品属性方面讲的，就是要充分考虑消费者的需求导向，农业园区的消费群体多以都市白领、中青家庭为主，因而园区产品宜定位在中高端。如科普、游乐、体验、养生等功能，还需进行相应的产品定位。同时，根据园区的特色抽象出园区的主题，进行主题形象定位，以充分反映园区的精神内涵。第三个层次是从竞争策略角度讲的，可分为近期竞争策略、中期竞争策略、远期竞争策略。包括品牌与文化引领策略、差异化竞争策略、重要节点节庆活动策略、个性化服务策略等。

四、系统工程理论

系统工程是指运用系统理论和系统方法，借助运筹学、控制论、信息论和计算机等现代科学技术手段，解决一个具体的系统问题，并使其性能达到最优的设计方法和技术。系统工程理论是 20 世纪 20 年代由美籍奥地利理论生物学家和哲学家冯·贝塔朗菲（Von Bertalanffy）提出的，当时只是应用于生物学方面。后来，随着时代的发展，系统工程发展成一门新兴的综合性工程技术学科，它是为了更好地达到系统目标，而对系统的构成要素、组织结构、信息流动和控制机构等进行分析与设计的技术。

由此，系统工程的研究对象是大型复杂的系统，内容是组织协调系统内部各要素的活动，使各要素为实现整体目标发挥适当作用，目的是实现系统整体目标的最优化。[①] 它运用的方法是系统方法，即从定性分析到定量分析的综合集成方法。因此，系统工程是一门现代化的组织管理技术。它既是一个技术过程，又是一个管理过程。系统工程将世界视为系统与系统的集合，认为世界的复杂性在于系统的复杂性，研究世界的任何部分，就是研究相应的系统内部关系及与环境的关系。农业园区本身是一个系统，同时又与外界复杂系统形成相互联系、密不可分的系统。农业园区规划要用系统的思维设计，并优化创新链、产业链、资金链、价值链、组织链、生态链，努力使之达到系统整体效应最优。

五、共生理论

1998 年，袁纯清将西方社会科学家提出的"共生方法"理论进行总结归

---

① 谭跃进，陈英武，罗鹏程. 系统工程原理［M］. 北京：科学出版社，2010.

纳，提出了共生理论。该理论认为，共生包括共生单元、共生模式和共生环境三个要素。共生单元是构成共生体或共生关系的基本能量生产和交换单位，是形成共生体的基本物质条件。共生模式指共生单元相互作用的方式，包括共生组织模式和共生行为模式，其特征指标有共生度、共生系数、共生密度和共生维度。共生单元以外的所有因素的总和构成共生环境，包括人文环境、制度环境、市场环境等。[①] 共生的三要素是相互作用的，在这三个要素中，共生单元是基础，共生环境是条件，共生模式是关键。共生三要素相互作用的媒介称为共生界面，它是共生单元之间物质、信息和能量传导的媒介、通道或载体，是共生关系形成和发展的基础。共生界面集中体现了共生单元相互作用的机理，是共生模式形成的内在动因。共生界面选择机制是处理共生单元复杂关系的核心。

共生最早是作为生物领域的研究成果提出的，随着各学科的发展及相互渗透，共生已不再是生物学家的专利，众多研究表明，共生不仅是一种普遍的生物现象，也是一种普遍的社会现象。自 20 世纪中叶以来，共生方法逐渐广泛应用于农业、经济、管理等各个社会领域，学者专家们也纷纷对共生产生了浓厚兴趣，这就使得共生理论研究的范围越来越大，研究成果也不断深入。园区内各个企业、村落、农户、合作组织等就是基本共生单元，园区管理部门、管理者及各类设施设备、外部条件就是共生环境，各主体相互作用和制度约束就是共生模式。

六、技术创新理论

所谓创新，依据美国经济学家熊彼特的定义，是指把一种从来没有过的关于生产要素的"新组合"引入生产体系。是园区内涵式增长的动力源泉。这种新组合包括以下内容：①引进新产品；②引进新技术；③开辟新市场；④控制原材料的供应来源；⑤建立产业的新组织。显然，这一创新概念，其含义是相当广泛的。创新能够带来经济增长，这种增长呈现出周期性，只要有创新和模仿，经济就会增长。创新的时间长短不等，产生的影响远近相异，由此使经济增长呈长、中、短三种周期。农业园区的发展本质上是创建了一个或多个新的组织，又引进了新技术，进而开发新产品，拓展新市场，市场空间不断拓展，是一个集成创新的过程。

---

① 姚娟. 基于共生理论的物流交易模式研究［M］. 南京：东南大学出版社，2010.

七、创意农业理论

创意农业是创意产业的组成部分，指利用个人、团队的创造力、技能，以农村的生产、生活、生态等资源为基础，对农业的产前、产中、产后等环节中的农业生产经营过程、生产形式、生产工具、生产技术、产品等进行创新性设计，表现出具有科学技术性、文化艺术性、服务娱乐性特征的农业产业形态。常见的表现形式为：农业生产生活器具（如犁、耙、风车、木锹、簸箕、石磨、锄头、镐头、铲、织布机、纺线车、弹棉花机等）展览、农业生产体验、农业历史文化（酸菜缸、木箱、老式床、马灯、煤油灯、泥缸、酒缸、雕塑、印染、刺绣、编织、制陶、剪纸、石雕、木雕、竹雕、皮雕、藤编、芒麻编、贴饰、豆画、绣花鞋垫、二十四节气等）等。创意农业离不开农业的资源，是在农业产业基础上融合了创意、科技、文化、信息等方面的要素，并使之成为主导。随着科技、教育、社会经济及文化的发展而不断深化发展。通过现代创意激活传统农业产业的精华或者对其改造提升，使其焕发出新的生命力，成为能够被人们接受的产品。创意农业所依赖的主要是创意观念、科技、文化等要素。因而，创意的独特性、原创性越强，产品的市场影响力也就越高；没有新颖的创意，即使拥有再好的农业资源（农业文化资源、民俗资源、农村人文景观资源等），也很难将其转化为具有市场竞争力的产品。

创意农业的核心是形成创意理念，重点是把握好创意之源。创意之源在于把握人的个性化的、共性的、原初的需求和动力。提炼面向未来、超越时空、不可替代的核心创意元素，塑造区域发展的"灵魂"，是区域发展有别于其他区域的独一无二的可持续发展的元素，这是创意农业发展的基础。创意农业形式多种多样，包括各类高科技农业园区、休闲庄园、生态农庄、养生养老农庄等。依托乡土气息、农业体验、风味美食、民俗展示、文化及艺术展演等，拓展传统农业的多功能性，充分展示建筑艺术、田园风光、餐饮美食、人文雕塑、艺术平台、节庆活动、生态景观等创新元素，进而也改变了乡村公共产品的配置。农业园区的景观排列和空间组合应首先讲求序列性和科学性，根据地势高低以及地貌特征安排不同种类、不同色彩的作物品种、茬口、熟期、花期，形成空间上布局优美、错落有致的景观风貌。

创意农业是艺术创新与生产实践的融合，是传统文化与现代文化的渗透，是农耕文明与都市文明的交叉。创意的思想催生了观念更新的市场机制，新的时代需要新的创意，新的创意催生新的观念、新的科技需求，形成多向互动融合的过程。[①]

第三节 农业园区规划咨询的工作思路

农业园区规划咨询是一个连续性、回馈性过程，很多工作都可以交叉进行。在具体规划过程中，应该遵循从整体到局部、从大到小的次序，从当地社会经济发展情况对园区规划组织者、园区的定位以及园区的区域性影响开始分析，再到园区本身的特点与空间要求，最后针对这些属性进行规划。[②] 在制定规划方案过程中，要始终坚持创新发展理念、生态循环理念、创意引导理念、品牌经营理念等。

一、透彻理解委托方的意图

农业园区规划的委托方有政府、企业、专业合作社、自然投资人等，不同的委托方其目的不同，对园区规划的期望也不同。由于对园区的理解程度不一样，园区规划要达到的最终目的存在较大差异。如果"所答非所问"，则事倍功半、功亏一篑，因而理解清楚委托方意图是完成好农业园区规划的基础性工作。

一般而言，政府委托的园区规划的目的比较直接，也能够把想要达到的目的表述清楚。咨询工程师也能清楚地理解。政府发展园区，一般情况下是为了做好产业展示示范，提高农民收入，引进企业，引进项目，争取投资，促进农业科技成果转化落地，从而增加就业、促进农业农村发展、打造区域发展增长极、提高人民生活水平。在这个过程中提高了政府工作的成绩和公信力，因而，更加侧重园区发展的社会效益。咨询工程师按照正常园区规划的步骤操作即可。

而企业做农业园区规划，其诉求是多元的，更加关注投入产出、营销方案、销售渠道、企业利润、品牌建设等，还包括土地、环保、农业农村政策等方面的咨询服务。咨询工程师一定要明白哪些是能做到的，哪些是友情赞助，哪些是根本做不到的，必须跟委托方进行明确的情况说明。一个咨询项目不可

---

① 章继刚. 创意农业"附加值效应"拉动农村经济加速发展 [J]. 中国乡镇企业，2010 (2)：46-52.

② 祝华军，田志宏，魏勤芳. 对农业园区规划建设若干问题的思考 [J]. 农业经济问题，2003 (5)：36-41.

能完成所有的诉求，必须进行合理的切分，形成不同形式的咨询报告，以满足委托方的需求。而限于知识领域、认识程度，一般的企业家对园区规划需求的表述大多不是很清晰。尤其是前期谈合同的时候，一定要把这些情况摸清楚，与委托方进行有效的沟通。一般企业做农业园区规划咨询，大多情况是先完成企业战略规划咨询，再进行农业园区基地建设规划咨询，这两个咨询报告相辅相成，互为补充，可以较充分地满足企业咨询的需求。签合同时一定要明确工作的范围，形成的最终成果才能满足委托方的需求。

二、要把国家宏观政策与区域微观情况有机结合

园区规划要"上接天线，下接地气"。国家关于农业园区的发展思路、定位、目标等政策情况一定要理解透彻，同时要想在规划区域落地，就必须与当地情况紧密结合，这是做好农业园区工作的重要前提，也是咨询工程师做好园区规划的前提。农业园区规划要想方设法与国家的项目安排、资金安排、外来投资相对接，让各类资金支持落到实处，这样农业园区规划才能顺利落地实施。

园区规划是要引领农业发展未来方向的，做一个好的园区规划要解决人从哪里来、地如何分区、钱怎么来的问题。要可操作能落地，规划得天花乱坠，但是不能落地也是失败的。要上下一致，成果互补。要认真研究各级政府的相关文件、高质量发展的意见、各类专项的意见和方案，把里面的信息融入进去。相关农业产业融合发展的考核办法，乡村振兴的考核办法中具体的指标，有关创建乡村振兴示范县、示范乡镇、示范村的文件，也要融入规划中。要按照各级政府重要会议定的基调，来安排部署园区功能、项目及资金策划。否则在审议规划时会被指出很多问题，很难通过。充分结合国家、省级的各类项目、资金、政策的导向，最大限度便于委托方争取各类项目入园。

三、多种理论运用，多领域专家参与

农业园区规划涉及面广，包括国家农业农村发展的战略方向、政策支持导向，各类大田作物、蔬菜、果树、畜禽养殖等，还包括农业工程学、信息学、建筑安装工程、创意美学、现代管理与营销等多门类专业，完成一个高质量的农业园区规划需要各个领域的专家来参与。任何咨询团队都不可能有这样门类齐全的专家队伍，聘请相关专家参与咨询项目是完成好园区规划咨询的重要环节。专家咨询费是一笔较大的开支，限于经费额度和时间，聘请专家不是多多益善，要有选择性，有些可作为核心专家团队，有些可作为外围专家团队。核

心专家团队要有较强的写作能力、综合能力、理解能力，要能把专家们的意见梳理、汇总形成规划思想，并落实在咨询报告中。

外围专家团队要与核心专家团队形成互补性，有行业战略类专家，有技术类专家，要有一定的技术思想。还有很重要的一点就是，规划区域当地的专家，是不能忽视的技术资源。园区规划不仅是咨询工程师团队的事，也包含委托方该做的事，委托方的专家、领导和技术人员，都是参与规划咨询的重要技术力量。咨询工程师对规划区域的了解由于时间短毕竟是有限的，真正对当地了解透彻的还是本地人。没有委托方的充分参与，规划成果很难落地。咨询工程师团队要充分吸收委托方前期调查研究成果，再带着各种问题和设想，到一线去调研了解，真正解决实际问题，理论的综合运用就成了水到渠成的事了。

四、重视基础资料的分析

咨询工程师团队开始调研后，委托方会提供当地的各种基础资料，包括区位交通条件、自然资源状况、气候条件、人口分布、教育水平、生态条件、村庄建设状况、历史人文、建筑风格等。这些资料不能简单地叠加罗列，平铺直叙，要进行有深度的分析运用。

首先要仔细研读这些材料，结合园区发展中需要解决的关键问题，进行分析判断。其次要注意分析具有数量关系的资料，比如历年农业产值增长率、增长幅度，农村人口变动情况，人均可支配收入变化情况，农业休闲旅游接待人数变动情况，农产品加工率，产品市场占有率，一二三产业比例，还要了解同比增长、环比增长等情况。不仅要分析当地的情况，还要分析周边区域的情况，仅凭委托方提供的资料是不够的，就需要通过各种途径查找相关资料进行对比分析。

而对于发展方向、趋势、定位等的分析，需要有较强的理论水平、抽象思维能力和丰富的实践阅历。当然，对现状、优势、劣势、机遇、挑战等的分析，可以按照SWOT、PEST等的逻辑框架思路进行。全部农业园区规划的主要难点就是发展主题的提炼和主题形象策划，这是贯穿农业园区规划咨询全过程的核心要点，需要不断修正、完善。

五、科学确定功能分区布局

农业园区建设经当地人民政府批准，纳入当地社会经济发展规划。园区要有明确的地理界线和建设规模，一般农业园区在整体布局上，可划分为核心区、示范区、辐射区，每个区域又立足地形、土地利用情况、溪流水塘、森林植被等自然资源条件，结合公路、铁路等状况，形成不同的空间布局和主题区。园区规划要设计好车行道、游步道及溪流河道，合理组织种植、养殖、加工、研发、休憩等各功能区域，达到功能定位清晰、建设内容具体可行，实现农业园区的规模化、特色化、融合化创新发展。

农业园区作为现代农业农村创新发展方式的特定载体，为区域经济、乡村社会服务是其主旨。在规划过程中要明确园区的示范辐射范围，从全局出发，整体考虑园区的空间布局和项目设置，使各类资源形成有效对接。要专门研究园区地理区位和园区空间关系，明确分区功能定位与产业安排，规划道路、水利、建筑等基础设施与配套工程，包括园区景观营造与风貌建设、环境保护与资源循环利用等。确定若干功能分区，确定景观及经济轴线，划定产业带、核心区、示范区以及辐射区的范围。最终完成功能布局图。

空间提升要求跳出园区核心范围而考虑示范区的建设发展。除了园区主要的种植、养殖外，需要考虑示范区辐射区范围。如周边的乡村，可考虑延伸发展乡村风情区，发展民宿、餐饮和农家乐等休闲活动；沿路、沿河、沿山可延伸发展休闲度假板块等。景观提升就是在强调园区以农业生产功能为主的同时，通过园林造景手法，使园区观赏效果、景观特性大大加强，营造一个完善的、自然性和文化性相结合的游览空间，保证园区景观建设与周边环境的协调和完整，从而以园林景观感染人、愉悦人。

六、体现科学技术是第一生产力思想

农业园区是众多先进实用科技成果的集成创新地，要有较强的科技开发能力或相应的技术支撑条件，并能够承接技术成果的转移转化；要有较好的研发基础设施条件和较完善的技术转化服务体系；要有一批专家工作站和科学测试检测中心，有利于聚集科技型人才。做好与国内外先进技术的对接，通过农业科技项目的建设，把国内外先进适用的生物工程技术、设施栽培技术、节水灌溉技术、集约化种养技术、农畜产品精加工技术及信息管理技术等引进园区进行展示示范，促进农业科技成果的推广和应用，以带动区域农业科技水平的提高和农村经济的发展。对先进科技成果的应用数量是一个绝对指标，其数量越多，高新技术对农业生产的贡献就越大，园区产品的技术含量就越高，经济效益也就会相应增加。因而，农业科技进步贡献率、新品种使用率、农机装备的先进性、科技成果的转化率、劳动生产率、土地产出率和资源利用率、园区R&D（研发）投资水平、科技成果推广辐射程度、农产品加工率、信息化水平、园区科技人才比重、年度接受科技培训的人员数量等，是园区科技水平的重要指标。

农业园区要加强基础设施建设，农田基础设施要达到高标准农田建设标准，道路交通畅通，水、电、通信等配套。充分运用智能温室、钢架大棚、喷滴灌、智能养殖等先进设施，提高园区产业发展水平。要积极引进、集成和推广国内外先进农业科技成果，引领本地现代农业发展。建设新品种、新技术、新模式的引进、展示基地，建立与产业发展相适应的种子种苗中心。统筹谋划发展农产品精深加工和流通服务业，有条件的可以在园区内配套建设农产品加工、物流设施，切实提高园区农业产业化水平。开展农民技术培训，提高科技创新与推广应用能力。

七、着眼园区未来发展，规划基础设施互联互通

（一）依据园区布局建设公路交通网

按照未来园区空间布局要求，完善交通网络，联通园区内各个单位之间、城市与乡村之间、乡村与乡村之间的道路交通网络，方便园区工作人员、村民、市民、游客的生产生活，促进城乡融合发展。按照未来园区范围内单位数量、乡村社区的数量，规划适应园区发展的道路交通规格，形成梯度有序、开放互通的园区、城乡骨干道路架构网络体系。沿产业园区经济走廊，建设高等级绿色大通道，建好"交通＋"精品示范工程。统筹推进农村公路建设、管理、养护、运营协调可持续发展。

（二）依次推进道路建设

充分满足特色小镇、特色村庄、特色产业发展和建设的交通需求，按照全域统筹、功能分区的思路，以公路建设串点连面，形成全面融合的交通网络。与各建设项目相结合，按照规划先行，道路先建，重点突出，梯次展开的步骤建设道路交通设施，串联起种植业生产区、精品采摘园、自然风景区、历史人文景点、田园观光区、农活体验区。构建集生态、景观、游憩、风貌和文化于一体的园区绿色基础设施。

（三）打通未来园区发展的绿色通道

坚持交通先行，立足园区对外发展，大力推进快速通道、高速公路、铁路等外向通道建设，形成"内联外畅、互联互通"的现代综合立体交通网络。积极争取城际铁路等重大交通项目，打造交通黄金节点，推动园区全面融入国家

战略。以特色小镇、美丽乡村、农产品交易市场对外开放的道路需求为引领，满足城乡融合创新示范、多产融合、新型服务产业发展的交通需求。系统设计交通路线，高标准建设各类公路，实现路网全覆盖。打通农产品贸易的道路交通，促进区域农产品流通提速增效。

第四节　案例简析

《××集体农庄总体规划》案例是笔者团队于 2011 年完成的规划方案。该农庄规划区域包括甲方下属单位 3 个农业试验场、1 个种子站，共 4 个单位的土地，面积约 4 000 亩。总体规划内容包括：内外环境分析，同类成熟案例的分析与借鉴；发展定位、目标、原则与战略；形象策划及空间组织策划；整体概念设计（包括构思及功能布局）；功能区概念及主题创意；功能区间交通网络规划；产品开发策划（包括开发的思路、战略、原则、重点开发的产品、观赏的方式）；市场促销策划（包括目标客源市场、联合促销原则、市场促销策略、市场营销组织）；容量与保护分析（包括环境容量、生态保护分析）；项目库及近期重点整治项目（通过滚动项目库的设计支持总体策划的顺利实施）等。本节择要对此咨询项目进行简要分析。

一、规划工作思路

从国家整体发展的大环境来看，农业发展的根本出路在于走中国特色农业现代化道路。发展农业园区是与城镇化、工业化互促互进的需要。工业化、城镇化和农业现代化是相互影响、相辅相成的关系。工业化、信息化、城镇化可以带动农业现代化，农业现代化则为工业化、信息化、城镇化提供支撑和保障。"十二五"期间，该农庄面临宏观政策推动有机农业技术，城市规划推动都市农业发展，持续发展推动建设节约型社会，北京构建宜居城市以及市场对于高质量、安全农产品的需要等有利的农业市场外部发展机遇，同时在基于农业的旅游市场上，也面临文化旅游需求增加，都市居民休闲升级等有利条件。在有利的宏观发展背景下，抓住农庄发展的战略机遇，依托农庄自身优势，积极推动农庄优势产业的发展和品牌的构建，是农庄发展的总体路径。根据咨询项目需要，由笔者牵头组成咨询团队，聘请了北京农学会原会长、原秘书长作为咨询顾问，邀请了具有旅游规划经验的专家参与了项目，确保咨询团队的知识结构、经验阅历能够胜任项目的需要，并有针对性召开农业发展环境研讨务虚会。

根据北京市农业产业布局的研究成果，北京市农业产业的布局划分为 5 个农业发展圈，形成"一城五园"的发展格局。其中，农庄位于六环路以内城乡结合地区，属于近郊农业发展圈。"十二五"规划中专门划定该区域发展都市型现代农业，以服务城市、改善生态和增加农民收入为宗旨，利用田园景观、自然生态及环境资源，结合农林牧渔生产、农业经营活动、农村文化及农家生活，为人们提供休闲旅游、体验农业、了解农村的场所。

农业部在《关于贯彻〈国务院关于做好建设节约型社会近期重点工作的通知〉的意见》中指出，坚持资源开发与节约并重、把节约放在首位的方针，紧紧围绕农业增长方式转变，以提高资源利用效率为核心，以节地、节水、节肥、节药、节能和资源的综合循环利用为重点，大力推广应用节约型农业技术，实现农业可持续发展和构建和谐社会、节约型社会的目标。

《北京城市整体规划（2004—2020 年)》中明确指出，北京未来发展方向定位于"国家首都、世界城市、文化名城、宜居城市"，这充分表明北京郊区的经济模式必将从资本驱动向知识、技术、资本密集型的现代集约农业转变；从环境污染、生态脆弱、掠夺式经营向环境友好、生态保护、可持续发展转变。而农庄所建设的有机农业恰恰满足了都市农业的生产功能、生活功能和生态功能，是将现代高新农业技术应用于传统农业并与之完美结合的一种生产方式。

二、前期基础资料分析

咨询团队经过多次实地调研，仔细分析了有关基础资料。研究了该行政区的基础资源——地形地貌、土壤和气候及农庄的现实状况，农庄包括阳光体验园、百果园、百卉园、百树园、红星快乐营等 5 部分。接着又分别研究了 3 个农业试验场的情况。

除农庄的现实情况外，还分析农庄发展的政策背景和市场概况。政策背景主要包括农业市场发展背景分析和旅游市场发展背景分析两个方面。其中农业市场发展背景分析又包括 5 个方面：①宏观政策推动高新技术；②城市规划发展都市服务型现代农业；③持续发展推动建设节约型社会；④环境美化构建宜居城市；⑤高质量农产品满足市场需要。旅游市场发展背景分析包括文化旅游需求增加和都市居民休闲升级。

市场概况主要包括北京都市型农业市场和北京农业旅游市场。经分析，北京农业旅游市场存在以下几大问题：①各自为战，规模较小，经济效益不显著；②项目分散，定位不明，产品特色不突出；③产品低端、同质性强，品牌优势难构建；④农业生产与商业开发之间存在两难抉择。在分析了农庄现状及整个农业旅游市场的大环境之后，运用 SWOT 分析法得出了农庄在发展农业旅游方面的优势、劣势、机遇和挑战。基于北京农业和旅游业市场发展现状，结合农庄的发展条件和问题分析，得出农庄市场开拓驱动力模型及发展方式。并对农庄进行形象定位和市场定位，制定发展战略，进行总体规划，包括空间布局、交通系统规划、重点项目的策划及产品开发策划等。

经研究发现，农庄在自身发展条件上，存在人文景观独特，历史资源丰富；农业生产技术领先，产品质量一流；地理位置优越，交通较为便利；市场基础扎实，后发优势潜力大等优势。但同时存在缺乏总体形象策划，特点不突出；农庄土地分散分布，整体联系有难度；游客数量季节波动，旅游难协调；农业品牌不响亮，优势不明显；有机农业未得到充分发展，潜力未深度挖掘等自身条件的不足。

因此，结合外部发展环境分析和自身发展条件的评价，对于农庄未来的发展，应采取如下战略：在空间规划上，加强农庄现有各片区之间的联系，整合功能分区，同时对农庄周边的生态环境进行整治；在有机农业和旅游业发展两方面，通过大力发展有机、生态、低碳农业和红色文化旅游，增强农庄在市场中的核心竞争力；此外，通过农业休闲旅游与红色文化相整合、创意营销等策略，积极打造农庄的市场品牌形象。

"十二五"期间，农庄面临宏观政策推动有机农业发展，城市规划推动都市农业发展，持续发展推动建设节约型社会，北京构建宜居城市以及市场对优质、安全农产品的需求等外部发展机遇；在农业旅游市场上，也面临着文化旅游需求增加、都市居民休闲升级等有利条件，因此可以在有利的宏观发展背景下，抓住农庄发展的战略机遇，依托农庄自身优势，积极推动农庄优势产业发展和品牌构建。农庄建设可以从以下几方面实施。

（一）农庄的目标定位

以有机农业为基础，以生态循环经济为产业发展思路，以红色文化传承为特色，塑造休闲旅游品牌的主旋律，建设农业观光旅游重点农庄、生态环境友好有机农庄、红色文化"第一"农庄、农垦文明特色农庄、产服结合先进农庄，构建都市休闲型旅游新模式，带来城市与农村互动的生活新体验。

（二）农庄的市场定位

要以中高端产品为主导，以大众市场为支撑，还要以都市白领、中青家庭为主要客源，积极发展多种多样的潜在客户群。对于大众市场，以都市生态休闲、农业科普、红色体验等产品为主；对于中端市场，以政企培训、文化教育、有机产品为主；面向高端市场，以康体养生、产品定制、饮食策划等高度专业化、定制化、附加值高的产品为主。

（三）农庄的发展战略

结合当地实际情况，以"统一规划、循序渐进、分期开发、持续发展"的16字方针来指导农庄旅游区的开发建设。近期以品牌推广与项目建设为主；中期以市场拓展、服务提升与品牌管理为主；远期以市场拓展与资本运作为主，开发"大农场"旅游。

（四）农庄的空间组织策划

农庄的空间发展思路一方面应充分考虑农庄发展的自身基础条件以及与周边地区的关系；另一方面应从战略层面，以宏远的战略眼光，将农庄的发展与区域、国家的发展战略需求紧密结合起来。

（五）农庄的产品开发

要以资源为基础，开发独具地方特色的旅游产品；以形象为保障，促进农庄旅游业进入可持续发展快车道；以市场为导向，兴建满足游客消费需要的旅游项目；以效益为目标，实现旅游业社会、经济、生态效益的统一。

（六）农庄发展的营销策略

1. 品牌与文化引领策略

通过创新性营销推广，迅速推出旅游区旅游整体形象，确立品牌与知名度，推动旅游业跨越式发展。使主流媒体不断聚焦旅游区，并积极主动向外界传播。销售"远景"，成功赢得重量级投资商对旅游项目的关注，有效实现重点项目高质量招商，成功打造精品。

2. 差异化竞争策略

针对不同人群进行市场细分，采用差异化的营销促销方式，有选择有针对性地进行分阶段、有重点的促销策略，比如对于自驾车旅游者、企事业单位人员、政府素质拓展团队、中小学生等不同人群采用不同营销策略和促销手段。

3. 客源地聚焦策略

在营销过程中，需要注意与京津冀都市圈周边城市旅游公司建立合作关系，以支持旅游促销活动，引入激励旅游机制，实现资源共享、产品互补、客源互流，连点成线、串线成网，形成区域宣传促销合力。与京津冀地区主要城市的旅行社、企业、交通公司建立密切联系，使他们能够支持旅游区的旅游促销并提供有竞争力的价格。与国内知名网站、旅游门户网站建立合作关系，通过网络营销来扩大知名度。

4. 个性化服务策略

开发个性化的服务产品，满足现代游客追求个性的需要，是促进自身发展的有效途径。在未来，个性化服务将成为新时代旅游业发展的核心竞争力，成为旅游业纵深发展的航向。"农垦组织模式＋红色资源＋有机生产"旅游体验模式，要从柔性化的基础设施建设和组织结构建设开始，建设以服务文化为核心的企业文化，树立重知识管理的新的人力资源管理理念。

除上述内容以外，还要进行基础设施改造，主要包括道路交通系统、给排水和能源系统、标识与解说系统以及管理与基本服务设施建设。

三、确定农庄主题定位与形象策划

要做好园区的市场定位、功能定位与产品定位的协同对接。结合园区资源特色确定园区的主打产品，可以发展农产品种植、水产养殖、禽畜养殖等。产品定位过程中应考虑目标市场，市场可划分为一级市场、二级市场、主要市场、次要市场等。根据市场划分情况，确定其功能是以观光休闲、娱乐体验、科技展示、生态养生等其中之一为主，还是多种功能都具备。园区的产品定位、市场定位和功能定位相辅相成、互相协同，因此应将三者综合分析考虑，缺一不可。

农庄的总体发展方向（定位）是以有机农业为基础，以生态循环经济为先导，以红色文化传承为特色，塑造休闲旅游品牌的主旋律，建设农业观光旅游重点农庄、生态环境友好有机农庄、红色文化"第一"农庄、农垦文明特色农庄、产服结合先进农庄，构建都市休闲型旅游新模式，提供城市与农村互动的生活新体验。

在"中国第一红色农庄"品牌特色引领下，农庄旅游整体形象统一为"京南农脉、时尚新生"，突出农庄在农业发展历史上的地位和在新时代下有机农业发展阶段的开拓意义，并且在农庄底色上加入时尚休闲元素，突显城市新生活，使农庄旅游在京津冀地区众多都市农业观光旅游产品中脱颖而出，卓尔不群。有重点地培养"农垦文化、红色文化"和突显"有机化生产、定制化服务"两大特色。统一农庄整体旅游形象，整合各级各类宣传资源和现代信息技术，围绕总体形象定位，联合开展主题营销、事件营销、节庆营销、标识营销和推介营销等。

四、分区规划与农庄盈利点设计

通过整合各功能区，加强农庄现有各片区之间的联系，同时对农庄周边的生态环境进行整治。通过大力发展有机、生态、低碳农业和红色文化旅游，增强农庄在市场中的核心竞争力；同时，通过农业休闲旅游与红色文化相整合、创意营销等策略，积极打造农庄的市场品牌形象。

（一）分区布局

根据农庄现有的资源分布条件，着力打造"一心、两轴、多片区"紧凑发展的空间格局。"一心"指以一个农业试验场为核心，是整个区域的技术研发、管理、游客集散、旅游接待与服务的中枢。"两轴"包括"金星-西顺北京中轴延长发展轴"和"金星-新村发展轴"。"多片区"指利用现有农庄的重点发展片区——金星片区、西顺（北）片区、西顺（南）片区和新村片区，进行差异化的功能布局，形成"一区一品"的空间格局，每个片区策划若干个项目。

（二）农庄的营销策略

在农庄的营销策略方面，首次提出了创意营销策略。农庄未来的市场开拓，无论是农业市场还是旅游市场，都需要进行更加具有创造性的市场营销，突破现有的以传统全员销售为主导的营销框架。通过与农业科研机构、农业分销企业、大型超市、农产品批发商、旅行社、学校和机关单位、企业、社会教育培训机构等社会团体的广泛合作，开拓市场，并采用更加灵活的市场宣传和推广策略、更加响亮的宣传口号、更有深度的目标客户营销，依托农业、旅游方面的大型节事、免费参与式体验活动提高产品知名度，利用 VIP 式的个人定制化服务和产品，牢牢抓住关键客户群，从而全面提高农庄的市场影响力和品牌价值。

（三）农庄的形象定位

在形象定位方面，设定了非常具有文化气息的形象——"京南农脉，时尚新生"。

"京南"：现阶段，京津冀旅游市场中最为强势的旅游客源地就是北京，而农庄近期需主要突破的也正是北京旅游市场。坐落于城市南端，京城南部市场更是重中之重。"农脉":一语双关。作为北京城市中轴线的生态南端点,农庄与北端的奥林匹克公园、故宫、天安门等"中国精神"的象征遥相呼应,也是距离天安门最近的农庄,具有代表文化遗产和体现北京特色的双重气质。农庄代表着中国农业发展的转折点,是中国农业产业化、科技成果转化的示范窗口。不断增强服务、研发、创业、示范功能,实现"以现代服务业引领现代农业、以要素聚集武装现代农业、以信息化融合提升现代农业、以产业链创业促进现代农业"四大特色,成为建设国家高层农业服务平台的重要力量。将"京南农脉"作为第一形象,主要突出了红色有机农庄农业科技领先、文化历史浑厚、龙脉风水胜地的特性。

"时尚":随着京津冀都市圈社会经济的不断发展与进步,北京、天津等大型城市已经开始进入后工业化时代,旅游客源需求已由大众观光需求向突出个性、强调体验、注重生态、低碳的休闲度假需求转变。以全国独有的农垦历史与红色文化为发展起点的农庄旅游,在游憩方式创新性、产品类型丰富性、游客体验的独特性上都突出了"时尚"二字。"新生":强调了城市与农村生活互动的城市生活新理念,结合饮食策划、定制服务的休闲新方向,打造"厨房一条龙"产业链,探寻农业发展的新模式。将"时尚新生"作为农庄旅游区的品牌形象,就是要在农庄底色上加入时尚休闲元素,形成城市新生活,使农庄旅游区在京津冀地区众多都市农业观光旅游产品中脱颖而出。

"京南农脉"和"时尚新生"相结合的形象定位,是凝结了农庄旅游资源精华的经典之作,是值得各层次游客去深深品味的优美画卷,实现了文化元素、历史元素、低碳元素、时尚元素、休闲元素的有机统一,从而达到了打动游客、激发其亲临实地一游的目的。

结合不同的时间阶段,针对不同的目标市场,进一步丰富农庄形象体系:康体养生市场——"无丝竹之绕耳,唯林语与果香""农脉风水地,养生清心园";都市休闲市场——"生态休闲,野趣乐园";定制服务市场——"量身定制私家厨,菜谱自然新灵感";文化体验市场——"峥嵘岁月故地,京南亲耕新田"。这些形象设定既文雅又清新,既有田园风采又不失文化底蕴,农庄的品牌将很快推广出去。

五、理论的应用与创新

(一)定位理论运用

要使农庄的产品和服务与众不同,满足客户潜在需求,从而形成核心竞争能力，进而成为同类产品的首选品牌。从农庄的远期发展战略预期来看，在全国范围内推广农庄的有机农业与历史文化、都市低碳新生活方式、创意产业相结合的全新农业发展模式，将农庄塑造成为全国驰名的农业发展品牌，并以大型国际博览会、交易会为契机，将农庄品牌推向国际市场。

从区域功能层面、宏观视角审视农庄与区域战略需求的对应关系，并充分考虑自身基础条件，定位为"中国第一红色农庄"，将整体形象统一定位为"京南农脉，时尚新生"，以全国独有的农垦历史与红色文化为发展起点的旅游，在游憩方式创新性、产品类型丰富性、游客体验的独特性上都突出了"时尚"二字。实现了文化元素、历史元素、低碳元素、时尚元素、休闲元素的有机统一，从而达到了打动游客、激发其亲临实地一游的目的。

产品层面定位以中高端产品为主体，以大众市场为支撑。重点吸纳北京、天津客源市场。在中端市场方面，定位政企培训、文化教育、有机农产品等，发扬红色文化，学习红色精神，学农体验，结合素质拓展项目、培训场地租赁等，服务周边企业和政府，开展企业培训和党性教育，突出人文休闲、团队体验。在高端市场方面，定位康体养生、产品定制、饮食策划等，依托有机农产品、农田特色景观资源，整合历史文化体验、户外活动设施、水疗养生服务等流行元素，形成清新和高贵兼备的组合体验，构建文化品牌康体养生区。提供康体养生、产品定制、饮食策划等一条龙服务，进一步提供营养指导、烹饪培训，提高客户的生活品位与品质。构建定制品牌产业链，面向京津周边城市的高端人群，打造全国知名的高端农业产品示范基地。

（二）空间集聚理论在布局中应用

集聚能促进产生更细的分工和更高的专业化程度，使劳动生产率大幅度提高，减少关联产品间长距离的运输、转移和信息费用，从而降低生产成本，利于形成巨大的现实潜在市场，诱发产品技术革新。运用空间集聚相关理论，才能有效地组织高效率的农业经济活动，实现园区科技化、专业化、社会化生产活动。产业在一定的地域内聚集，形成上中下游机构完整、外围支持产业体系健全、充满创新活力的有机体系，就是高新技术产业集群。

农庄一方面充分考虑其自身发展的基础条件以及与周边地区的关系，尤其是与北京重要的交通通道的联系；另一方面将农庄的发展与区域、国家的战略发展需要紧密结合起来。农庄的农业、旅游业产业发展需要与更大的地域空间形成良性互动，与北京已有的都市农业科技园和农庄形成良性互动，增强与周边省市、发达都市圈的物流、人流和信息联系，推进京津冀农业旅游一体化进程。

将业态与资源集中分区，突出特色。根据农庄农业业态布局与旅游资源的集聚程度，突出重点。在分析旅游资源分布基础上总结其集聚特征，利用现有的资源安排旅游项目，使各功能区主题明显而又相互呼应，并以核心旅游吸引点及其辐射范围为重点，进行总体布局。注重布局结构的协调，合理布置旅游各要素，使得现有的各个片区在功能上实现互补。充分考虑各功能区的功能，既独立又相互支持，在空间和功能上保持相对的连续性，便于组织和管理。据此在空间布局方面，打造"一心、两轴、多片区"紧凑发展的空间格局。

在对外交通方面，采取"十"字形的交通发展战略。南北方向上，增强与五环的联系，改造、拓宽现有的南中轴路，优化现有道路断面，美化道路两侧的绿化景观带，改善南五环出口处的交通。并沿着东西向新修建的兴亦路，利用旧有的黄亦路，打通到亦庄新城的交通联系通道。在主要的对外联系的道路交通的出口，设置农庄出入口和指示牌，起到指引游客和方便车流进入农庄的作用。加强农庄内部各片区之间的联系，拓宽现有道路，平整路面。构建农庄内部的公共交通、旅游电瓶车和租赁自行车系统，为游客提供便捷的游览观光交通服务。

（三）创意农业理论运用

创意农业的核心是形成创意理念，重点是把握好创意之源。创意农业形式多种多样，包括各类高科技农业园区、休闲庄园、生态农庄、养生养老农庄等。依托乡土气息、农业体验、风味美食、民俗展示、文化及艺术展演等，拓展了传统农业的多功能性，与旅游业结合越来越紧密。充分展示"建筑艺术、田园风光、餐饮美食、人文雕塑、艺术平台、节庆活动、生态景观"等创新元素。根据园区的特色抽象出园区的主题，进行主体形象定位，以充分反映出园区的精神内涵。

提炼面向未来、超越时空、不可替代的核心创意元素，塑造区域发展的"灵魂"，是区域发展有别于其他区域的独一无二的可持续发展的元素，这是创意农业发展的基础。

根据农庄人文景观独特化和精品品牌发展初级化的发展现状，以卓尔不群的精品、独一无二的个性为原则，加强对区内资源的整合力度，细分客源市场，差异化发展，避免与周边地区的同质化竞争，打造一批具有独特性、差异性、互补性的产品，并以产品品牌来带动全产业系统整体提升。要深度挖掘文化内涵，突出地方特色，打造独特的旅游体验，形成农庄旅游最为独特的产品个性化卖点。

在创意产品开发方面，一是以资源为基础，开发独具地方特色的旅游产品。以丰富的文化内涵充实旅游产品体系。以红色文化为主线，通过空间组合的物化表现、非物质文化遗产的保护和再现，营造内涵丰富的红色文化环境，开发、创建具有特色的都市与乡村互动的"城市新生活"。二是以形象为保障，促进农庄旅游业进入可持续发展轨道。品牌是一种无形资产，红色文化和农垦文化是农庄最具有潜在品牌效应的旅游资源。对红色文化和农垦文化进行重点开发，形成旅游品牌形象，以品牌促开发、促市场、促保护、促效益，通过旅游精品品牌的建设和包装，全面带动旅游区其他旅游产品的开发建设及相关行业的发展。三是以市场为导向，开发满足游客消费需要的旅游项目。通过提高管理和服务水平、创新旅游产品、培育旅游精品、塑造明确的旅游形象和增加旅游消费来提高旅游经济效益，只有通过内涵式发展，提升旅游区的竞争力，提高产品的旅游附加值，才能使旅游业真正成为国民经济发展中的支柱产业，带动当地的经济发展。

在旅游产品的策划和设计中，要凸显自然和谐、人文和谐主题，赋予诗意、赋予情怀、赋予信仰和哲理。不能破坏生态和谐，要保护好原生态条件下的自然之美和社会之美，将环境要素作为旅游产品的内容来体现，保护与开发相结合，以环境生效益，以开发促保护。

最终设计形成两大产品体系：①核心产品，包括有机农业生态旅游（科普培训、种植认养）、红色文化体验旅游（红色文化主题广场、红色文化教育基地、农庄博物馆、红色农业体验园、红色大地景观、知青俱乐部）；②特色产品，包括运动拓展旅游（红星快乐营、阳光体验营、野外拓展营）、休闲养生旅游（高端 SPA 水疗养生、水果美容、品酒体验）、节庆主题活动（红色文化国际研讨会、樱桃采摘节、农庄观光休闲节、"金"品红星全国摄影大赛、创意家居设计节、红色露天电影节、红薯亲子欢乐节）、定制互动服务（包租活动、定制种植、营养咨询、饮食策划、有机产业）等。根据发展方向，制定具体的分期开发计划，确保充足的现金流。

（四）理论创新

规划在分析农庄农业、旅游业发展与外部市场关系的基础上，提取出农庄市场开拓的几个关键驱动力，并提出了基于这几个核心驱动力的农庄市场开拓的策略模型（图 7-1）。

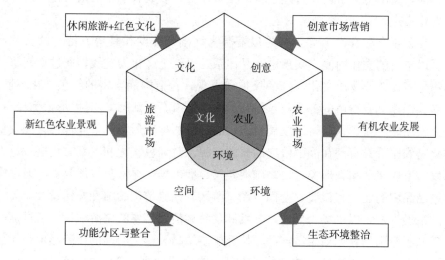

图 7-1　农庄市场开拓策略模型

　　农庄未来的市场开拓必须紧紧依靠自身的核心竞争优势，即图 7-1 中内部圈层的三个部分：文化、农业与环境。

　　（1）环境包括农庄的生态环境质量和各片区之间的空间结构，是农庄可持续发展的物质基础，对农庄的农业生产、旅游业等活动提供物质基础。

　　（2）文化主要指农庄拥有的独特的历史文化，集中表现为体现革命与创业精神的中国红色农庄文化，农庄的红色文化本身就是农庄发展壮大的灵魂，是农庄最精髓的精神文化层面的核心资源，但是红色文化的市场知晓度、文化品牌意义还不突出，因此需要进一步挖掘和发扬。

　　（3）农业是农庄的景观基础和主导产业，是农庄产业发展的基础，为农庄的投资、建设提供资金保障，为旅游业的发展提供基础产品。因此，农庄未来围绕市场进行开发的任何高端产品和服务，都必须深深植根于农庄的生态、可持续农业。

第八章 农业评估咨询

农业评估咨询是指对已经完成的、正在进行的农业项目、农业规划的目的、过程、效益、作用和影响所进行的系统的客观的分析，或者对涉农某一方面情况进行的客观评价。通过对实践的分析、检查、总结，确定项目预期或规划预期的目标是否达到，项目或规划是否合理有效，主要指标是否能够实现。通过分析原因，总结经验、教训、启示，并通过及时有效的信息反馈，为未来农业项目或规划的有效实施提出科学合理的建议，从而实现项目、规划、任务的各类指标。对现状进行评估是为了更好地实施、开展有关项目。或者是对其他单位编制的农业项目建议书、农业可行性研究报告、资金申请报告等进行评估论证，提出明确的评估结论和建议。① 有关农业政策制订实施前的社会稳定风险评估，也是农业评估咨询的内容之一。

第一节 农业评估咨询概述

一、农业评估咨询的内涵与分类

（一）农业评估咨询的内涵

联合国从功能属性的视角，认为评估是对活动、项目、计划、战略、政策、问题、主题、部门、执行领域、制度绩效等进行的系统和公正评价，着重强调预期目标和实现结果之间的比较，侧重考察结果、过程、背景因素和因果关系，以理解所取得的成就或存在的欠缺，核心目标是确定活动的适宜性、影响、成效、效率和可持续性。世界银行把评估定义为确定发展活动、政策或计划的价值或重要性的过程，确定目标的实用性、计划和实施的功效、资源利用的效率和结果的可持续性②。农业评估咨询是对农业或与之密切相关的特定对

---

① 全国注册咨询工程师（投资）资格考试参考教材编写委员会. 工程咨询概论［M］. 北京：中国计划出版社，2011.

② 中国工程咨询协会. 发展规划咨询理论方法和实践［M］. 北京：中国计划出版社，2014.

象（农村、农民）的活动、措施、现状进行评价的过程，是众多评估活动的重要组成部分。

（二）农业评估咨询的类型

依据评估内容、评估时点、评估主体的不同，可将农业评估咨询分成不同的类别。按照评估时点不同，可分为事前评估、事中评估、事后评估；按照评估内容不同，可分为项目评估、规划评估、专题评估等；按照评估主体的不同，可分为内部评估和外部评估。

事前评估、事中评估、事后评估分别是指对某个涉农项目、规划、政策、措施等实施之前、实施过程中、完成后，运用科学的评估方法，对其必要性、可行性、经济绩效、社会反响、生态影响等方面进行客观公正的评价。

项目评估主要是针对某一涉农投资活动进行全面的技术经济论证和评价，可根据实际情况设立相关的评估评价指标体系。农业项目事前评估主要是对项目可行性研究报告或项目建议书的评估，事中评估、事后评估主要是对项目执行过程中、项目完成后的评价。

规划评估是针对涉农发展规划实施过程中或实施结束后，对目标、执行过程、效益、作用、影响等进行客观分析、科学评价的活动。一般可分为中期评估、年度评估、期末评估。专题评估是针对某一专门问题进行的评估活动，比如针对农村社会稳定的评估、针对公众科学素养的评估。

二、农业评估咨询的基本原则与要求

不同类型的农业评估咨询的原则和要求有所不同，但总体上评估咨询应遵循客观性、独立性、科学性、专业性等原则。

（一）坚持客观公正原则

客观公正性原则就是在评估过程中要实事求是，尊重客观规律，不能带有咨询工程师个人主观意志，不能受外部（尤其是上级领导的不实意图等）影响。要求咨询工程师深入调查研究，全面系统地掌握可靠的信息资料，以充分的事实为依据，尊重客观事实、尊重客观规律，避免各种先入为主的观念，预测、推算等主观判断建立在市场与现实的基础之上。克服主观随意性和片面性，是对咨询工程师的思想作风、工作作风和职业道德的最基本要求，是保证评估科学的基本前提，也是评估公正性的必要保证。

（二）坚持独立性原则

独立性原则是咨询工程师或咨询机构在开展评估咨询活动过程中，始终坚持第三者立场，不受利害关系影响、不受外界干扰的原则。要求咨询机构和咨询工程师在评估活动中，根据国家法律、政策、第一手资料而作出完全独立的评价。要求咨询机构和咨询工程师不能与评估对象有利益纠葛（自评估除外）。

（三）坚持科学性原则

科学性原则是指在评估活动过程中，必须依据社会经济发展的规律，不仅考虑财务经济效益，还要考虑社会、生态效益；既符合单位、局部利益，还要符合国家、整体利益；不仅考虑眼前利益，还要考虑长远利益。根据不同的评估对象和评估目的，选择适合的价值导向和评估方法，规避价值意识主体性所带来的消极因素，防止和改变咨询评估价值观念的僵化状态，保持评估不断发展的活力，促进主体自身实践的科学化，不断提高人的理性思维能力和实践感受能力。[①] 要求咨询工程师克服孤立、静止地分析问题的僵化思想，在全面系统动态的分析论证过程中，创造性地进行评估活动。

总之，农业评估咨询必须从国家全局利益出发，坚持实事求是的原则，认真调查研究，广泛听取各方面的意见，对基础资料、技术和经济参数进行认真审查核实，做到客观、公正、科学。最后写出具有应用价值的评估报告。

三、农业评估咨询的主要步骤

与很多咨询项目一样，农业评估咨询工作一般都要经历前期准备、制订工作计划、调研、分析判断、撰写评估报告等几个步骤。

（一）初步了解评估对象，明确评估的目的

评估咨询机构、咨询工程师在接受评估任务后，要及时与评估对象的主要负责人深入沟通，如果是事中评估，评估咨询工程师可参与到被评估对象的有关工作中，以便及时了解和分析被评估项目及其上级主管部门对其技术措施、产品方案、建设规模、选址、资金来源、效益预测等方面的设想，及早确定在

---

① 胡晓，周竞赛. 图书馆信息咨询业务绩效评估浅析［J］. 中华医学图书情报杂志，2005（4）：3-5.

评估中需要着力解决的问题，明确评估目标，以便于下一步有针对性地组织技术力量开展评估工作，提高评估的效率和质量。

（二）成立评估工作小组，制订切实可行的工作计划

在了解评估对象的基本情况及评估目的后，要根据评估对象的特点及其复杂程度，成立评估工作团队，确定项目负责人。根据需要，评估工作团队一般应包括农业技术、经济、财务、管理、生态与市场分析等专业技术人员，并明确各位技术人员的工作分工。本机构技术力量不足的还要聘请相关专家补充力量。项目负责人应根据情况制订切实可行的评估工作计划，安排部署督促技术人员按计划完成工作，确保评估工作质量。

（三）搜集有关数据资料，开展调查研究

评估工作团队首先应认真研读委托单位提供的作为评估依据的资料，根据评估需要，向委托方提出需要补充的资料清单。检查办理这些文件的手续是否齐全，提供的文件是否合法，内容是否真实有效。如发现有不符合国家有关规定和评估要求的，可要求委托方提供补充说明或修改、撤换有关文件资料。

采用调查问卷法、访谈法、观察法等进行实地调研，是开展评估工作的重要环节，进一步搜集现场实地第一手资料，对于搜集的资料要进行实地查证核实，并进行加工整理、汇总归类，使资料具备真实性和系统性，以供进一步分析之用。根据查证发现的问题和疑问，要进一步核实清楚，并进一步调查和搜集国内外的技术、设备、管理、成本、需求、原料供应等方面的资料。通过调查搜集评估资料，是评估咨询的一项基础工作。

（四）科学分析研判，实事求是得出结论

评估团队搜集到必要的文件资料并达到要求后，可正式开展分析和论证工作。对资料时间顺序、数据异常和同行业对比进行核实，提出疑问；对发现的疑问和存在的问题进一步调查，找出原因，加以证实；针对找出的原因，研究问题的性质，分析这些问题是主要的还是次要的，其原因的产生是源于内部的还是源于外部，问题的存在是暂时的还是持续的，问题是否可以改善、克服，推断这些问题的发展趋势和变化情况。在此过程中，如发现原有资料不足，应继续开展调查和搜集资料，做好必要的补充。在分析中，应遵循客观公正和科学的原则，避免片面性和主观随意性。

评估中多采用定性和定量相结合的分析方法，根据需要建立评估指标体

系，明确界定各指标的内涵、计算方法，科学使用评价参数，选择正确的方法、标准等进行方案比选。这些方法和参数应该是业界公认的，而不是自行认可的，确保其结论的正确性。如基准收益率、折现率、投资回收期等，在评估过程中运用参数和各种收益指标时，要特别注重针对性，即不同行业和门类，应使用相应的评价参数和评价指标。

（五）编写评估报告

在完成各项分析研判后，评估工作负责人应根据调查和分析的结果，编写正式的评估咨询报告，报告中要对各项分析成果加以论证、比选，提出修改意见和建议。报告的内容结构要与评估对象的内容相呼应，并根据实践发展要求进行调整。完成评估报告要召开专家论证会，并按程序报咨询机构高层审批，加盖公章及咨询工程师个人名章。

四、农业评估咨询的主要内容

根据评估咨询的不同类别、目的和委托方的要求，评估的内容有很大的差异。一般农业建设项目评估，要评估项目是否符合国家的农业产业政策、规划和地区经济社会发展需要，是否符合市场需求，是否符合主体的发展要求；要从经济和社会发展的宏观角度出发，论证项目建设的必要性；分析产品性能、品种、价格，看是否符合国内外市场需求趋势，有无竞争能力；建设规模是否符合市场及所需生产要素的供应情况；项目选址方案是否可行；资源及公用设施条件是否能够满足；项目的"三废"治理是否符合保护生态环境、发展循环经济的要求；所需资金是否能够落实；建成投产后的生产条件能否具备，是否有充足的水源和肥沃的土壤，是否有高水平的经营人员，是否有先进技术的持续供应；拟采用的工艺、技术是否先进、经济合理、适用，是否符合国家的科技政策和技术发展方向，是否有利于农业资源的综合利用，是否有利于提高生产效率和降低能耗与物耗，并能提高产品质量；引进的国外技术与设备是否符合我国国情，并考虑一旦出现技术、贸易壁垒可能产生影响；建设工期、进度方案、时间安排是否正确合理；项目组织、劳动定员和人员培训计划是否可行；投资估算是否正确，资金筹措方案是否可行；项目的财务、经济及社会效益、生态效益及风险分析是否准确；等等。

下面各节以案例的形式进一步介绍农业事前评估咨询、农业事后评估咨询、农业专题评估咨询的具体要求。

第二节　农业事前评估咨询

利用粮援发展基金建设某省某县生态旅游示范园项目评估论证报告是笔者2005年完成的一个项目可行性研究报告评估。专家组通过对项目区实地考察，审阅了项目的可行性研究报告，听取了申报单位的项目可行性研究报告编制情况介绍以及申报单位基本情况介绍，经过充分讨论后，形成评估报告。报告共分12个部分，另外附了18张各类表格。下面进行简要介绍。

一、项目开发必要性、优势、可操作性论证

(一)项目开发必要性论证

项目区是革命老区，是国家扶贫开发工作重点县，也是某省实施的联合国世界粮食计划署（WFP）援助的低产田综合开发项目（编号4355，故称WFP－4355项目）区之一。WFP－4355项目实施以来，对该县林业发展起到了非常显著的促进作用，使全县林业发生了显著变化。但是，WFP－4355项目结束之后的护林任务十分繁重。该生态旅游示范园进行综合开发，目的就是要在园区已有项目建设的基础上，继续调整林种结构，扩大开发规模，大力引进先进的林业生产新技术和优良品种，提高林果业的科技含量，全面提升生态园的档次和品位，开发旅游农业，努力探索和总结一整套符合当地实际的林业科技开发和管理模式，从而为全县林业生产的发展起到积极的示范和带动作用。为了进一步提高生态园科技含量，同时通过在园区实施绿色旅游业开发，增加园区的经济收入，弥补WFP－4355项目后管护资金不足，充分发挥生态示范园在WFP－4355项目区乃至全县林业生产中的示范带动作用。

评估结论：利用农业部粮援发展基金，对WFP－4355项目区内的生态旅游示范园实施综合开发、完善综合管护，对该县WFP－4355项目工程的后管护提供了有力的资金保证，对WFP－4355项目效益的长久发挥和可持续发展非常必要。

(二)项目开发优势论证

该县交通较为便利，处于东部沿海经济发达地区和西部内陆经济欠发达地区的结合部，我国经济南北对流、东靠西移在此交汇，具有重要的桥梁和枢纽战略地位。自然资源丰富，开发潜力巨大，全县有2.6万公顷荒山荒地和

0.2万公顷低产银杏、油茶可供利用和改造。农村劳动力资源丰富，是全国著名的将军县和鄂豫皖苏区首府所在地，具有丰富的红色旅游资源；山清水秀、气候宜人，具有丰富的绿色旅游资源。通过近20年的扶贫开发，尤其是WFP-4355项目的实施，产业结构得到了进一步调整和优化，具有一定的产业开发优势。

评估结论：该项目具备良好的建设基础，具有区位优势，具有丰富的红色旅游资源和绿色旅游资源以及农村劳动力资源，开发潜力较大，具有一定的产业开发优势。

（三）项目可操作性论证

①县委、县政府对该生态旅游示范园建设非常重视，已将其作为全县2005年重点工程目标任务，列入年度目标管理；②作为该县八大旅游景区之一和上级政府确定的市级生态保护示范园，旅游开发价值大增，效益可观；③该生态旅游示范园经过WFP-4355项目建设，现已初具规模，园区经过完善、配套后，其经济效益的显现会更加快捷，生态效益和社会效益将更加显著；④县委、县政府对WFP-4355项目的后管护工作和项目的可持续发展非常重视，县外资项目办的编制、人员、办公场所和事业经费都作为正式机构保留，并明确该生态旅游示范园综合开发项目由外资项目办直接负责组织实施和管理，具有一支管理经验丰富、实际操作能力强的工程技术队伍，使生态园建设有了可靠的技术保证；⑤县政府已经正式作出承诺，将从县财政和其他渠道解决资金用于生态园建设，项目所需资金问题可以得到很好解决。

论证结论：该项目当地党委、政府重视，符合农业部"粮援项目发展基金，优先支持投资相对较少，见效快、效益好，对当地农民有带动性的扶持开发项目和用于能促进粮援项目持续发展的其他项目，以及与农业生产或粮援项目结合紧密的需要扶持的其他项目"的原则。项目的可操作性强。

二、项目的技术论证

项目拟增建水泥道路、园区大门等服务设施为一般性建设，简单易行。种植的银杏果用林、彩叶林等为当地常规树种，选择土层深厚、肥沃，背风向阳地段营建游客林果采摘园。有栽培技术基础。项目区春季气温回升快，光照充足，雨量充沛，气候以及土壤条件非常适宜引进树种的生长发育。园区拟建生活污水和垃圾处理设施，将可能造成的环境污染降到最低程度。

论证结论：项目区所选生活配套和服务设施符合园区实际，规模适度，可操作性强。所选择的植物种类和优质果树均为适宜当地种植的优良品种，能够适应当地的气候、土壤等自然条件；适合游客消费需求，市场畅销，前景可观。建设垃圾处理设施符合保护环境、生态旅游的大政方针，为园区的可持续健康发展奠定了基础。

三、市场预测论证

随着人们生活水平的不断提高，人们的膳食结构逐渐由温饱型向营养型、保健型转变。市场上对名特优农林产品如银杏、茶叶、水果的需求量越来越大。利用银杏叶提取物开发的银杏美容、护肤产品功效神奇，由于技术含量高，此类产品极少，市场前景广阔，开发潜力大。另外，由于该县丰富的"红""绿"两种旅游资源，县委、县政府已经把旅游业确定为县五大支柱产业之一。该生态旅游示范园已被确定为全县八大旅游景点之一。

论证结论：进行以"调整结构、改良品种、营造绿化、扩大规模、全面开发、提高品位"为宗旨的综合开发，辅以必要的旅游设施和景点建设，对提高园区的旅游品位、吸引更多的游客前来旅游、增加园区收入、推动全县旅游事业的发展起到积极作用。银杏、板栗、茶叶和水果品质提高能带动加工业发展，市场前景同样可观。

四、建设内容与布局论证

项目的建设内容包括主干路1 600米、园区游客服务中心、园区大门、垂钓园、现有林种改造、科普教育示范基地、生活配套设施、生活污水和生活垃圾处理设施。项目建设布局分为休闲垂钓区、珍稀特有林观赏区、高效经济林果区、水果园林采摘区、旅游区、牌坊寺游览区、游客服务区等7个区。

论证结论：该项目集生态保护、旅游、科学普及于一体，结合当地某分水岭的明显地域特色，充分考虑了该县的资源环境状况、农业发展现状和人文环境。建设内容与规划布局合理、定位准确。

五、投资估算与资金筹措方案论证

该项目累计需投资××万元，总投资中农业部粮援发展基金××万元，省农业对外经济合作中心后管护资金××万元，县政府从财政安排××万元。

论证结论：县外资项目办负责组织实施，省农业对外经济合作中心和县政府作为监管单位。外资项目办财务制度严格，管理完善，专款专用，提高了资金的使用效率。项目投资估算明晰、清楚、详尽，单项定价准确，资金使用合理。

六、效益论证

（一）经济效益论证

项目建设期为两年，以项目竣工后第一年作为效益分析的基准年，收入包括门票收入、园区游客服务中心收入、采摘园收入、垂钓园收入等；年运行费主要是采茶摘果、投放鱼苗、捕捞、管理、维护等人员工资和税收等，预计大约为当年收入的30%。到项目执行第三年，生态园总收益为××万元，基本达到项目总投资及运行费所投入的××万元。按照经济效益静态分析方法，该生态旅游示范园项目，3.5年内可以收回全部成本。

论证结论：依据国家计划委员会和建设部颁布的《建设项目经济评价方法和参数》相关参数及项目地区统计数据中相关技术参数，以及技术专家提供的相关参数等来确定财务评价参数。项目的基准收益率取10%。全部投资税后内部收益率为45%，财务净现值为××万元，全部投资所得税后静态投资回收期为3.46年（含建设期）。全部投资税前内部收益率为51%，财务净现值为××万元，全部投资所得税后静态投资回收期为3.19年（含建设期）。项目第一年就可达到设计能力的59%，第二年达到69%，第五年到100%，计算期共计12年。

对项目进行风险性分析（盈亏平衡分析）：该项目以生产能力利用率来进行盈亏平衡分析，盈亏平衡点（BEP）计算结果表明，项目只要达到设计能力的29.33%，就可以保本，由此可见，该项目的风险较小。

（二）生态效益论证

项目实施后预计园区的土壤年侵蚀模数将由现在的××吨/（年·千米^2），减少到××吨/（年·千米^2），空气污染指数至少下降2个百分点；候鸟在此栖息时间每年至少增加10天，野生动物明显增加。

论证结论：生物措施和工程措施的有机结合，将会大大改善园区的生态环境，对防风固沙、保持水土、维护生态平衡、减少下游的水土流失、净化空气、绿化美化环境起到重要作用，并能提高人们的环保意识。

（三）社会效益论证

项目建成将为全县低产、品质较差的32.5万亩板栗园，3万亩银杏园，8

万亩茶叶园，2 万亩桃、李、杏、石榴等果园的改造改良提供宝贵的经验。将带动第三产业的迅速发展，提供更大的就业面。

论证结论：生态园开发的示范作用，将产生较强的辐射带动效应，对促进林业科技的普及和推广、山区综合开发、农民增收致富都将起到积极作用。

七、项目组织管理论证

项目由县外资项目办负责组织实施，省农业对外经济合作中心和县政府作为监管单位。严格遵守国家的有关规定及农业部《粮援项目发展基金管理细则》的要求，加强财务管理，建立项目专用账户和账册，定期上报财务报表，专款专用。确保项目高标准、高质量按时完成任务。建成后，将采取股份合作制管理方法运行，依照公司法人赋予的权力执行董事会决策制。

论证结论：项目实施单位十分重视项目管理，具备完善的管理机制。能确保项目高标准、高质量按时完成。

八、论证结论

综上所述，评估团队形成了以下评估论证结论。

1. 该项目的设计方案总体思路清晰，指导思想和总体目标明确

项目的建设符合国家发展特色农业以及加大农业技术推广普及力度的农业产业政策，符合该县发展农业生产力、改善产业结构、增加农民收入、高效利用农业资源和改善生态环境的目标。项目实施后对县特色产业发展和全县经济的迅速发展将产生较大的推动作用，同时对弥补 WFP - 4355 项目后管护资金不足、农业可持续发展、建设和谐社会都将产生积极的影响。

2. 该项目具备良好的建设基础

该县交通便利，处于长江经济开发带和沿京九铁路开发带中间，具有区位优势。是全国著名的将军县和鄂豫皖苏区首府所在地，具有丰富的红色旅游资源和绿色旅游资源以及农村劳动力资源，开发潜力大，能充分保证项目的顺利实施。特别是 WFP - 4355 项目的实施，使基础设施大大改善，产业结构得到了进一步调整和优化，具有一定的产业开发优势。

3. 该项目资料齐全、数据可靠、规划合理、定位准确

集生态保护、旅游、科学普及于一体，结合当地江淮分水岭的明显地域特色，充分考虑了该县的资源环境状况、农业发展现状和人文环境，该项目的实施可探索和总结一整套符合实际的科技开发和管理模式，以便在项目区乃至其他地区推广，为区域经济发展起到积极的示范带动作用。

4. 项目实施单位具备完善的管理机制，十分重视项目管理

该项目由县外资项目办负责组织实施。县外资项目办财务制度严格、财务状况良好、资金使用效率高，能确保项目高标准、高质量按时完成。项目建成后，将采取股份合作制管理方法运行，依照公司法人赋予的权力执行董事会决策制，是一种高效的管理模式。

5. 项目实施后预期经济效益、社会效益和生态效益显著

项目的投资概算和收益分析方法科学合理，所采用的数据指标切合实际，获利能力和投资回收能力较强。该生态旅游示范园建设按照经济效益静态法测算，可在项目竣工后 3.5 年内收回全部成本，其经济效益十分可观。随着项目的实施，项目区范围内的生态资源将得到合理的开发、利用和保护，还可增加当地农民的经济收入和扩大就业面；为农林科研人员提供实验场所，为大、中、小学校学生提供实习教育基地，带来明显的社会效益。

评估专家一致认为，该项目的建设符合国家重点鼓励的农业产业政策，符合国家发展特色农业的方向，规划设计合理，示范带动能力强，综合效益好，符合科学发展观的要求，是一项具有良好前景的农业综合开发项目。专家组同意通过对该项目的评审，建议尽快立项支持，使该项目的建设能尽快落实实施。

评估报告另附各种表格 18 个，包括：项目投资估算表、项目资金筹措表、项目资金使用进度表、道路硬化明细预算表、水冲公厕及垃圾处理设施明细预算表、游客服务中心工程明细预算表、优化林果采摘园工程明细预算表、生态防护林工程明细预算表、科普教育基地工程明细预算表、改造饮水设施工程明细预算表、修建垂钓园工程明细预算表、修建园区大门工程明细预算表、门票收入测算表、游客服务中心住宿收入测算表、游客服务中心餐饮收入测算表、水果园林试验区经济效益测算表、该生态观光示范园旅游收入测算表、生态园年运行成本计算表等，在此从略。

第三节　农业事后评估咨询

北京市某村从 2007 年就开始发展循环农业，并编制了《××村循环农业发展规划》，规划期结束后，于 2011 年组织了对规划的评估工作。评估小组成立以后，就开展调查研究，搜集资料，核查整理。对调查中搜集的资料进行分析核实、加工整理、汇总归类，开展评估分析和论证工作。在完成各项评估分析和综合判断后，编写评估咨询报告。

一、必要性评估

发展循环农业就是在农业生产过程中依据循环经济的"3R"（减量化、再利用、再循环）原则，使农业生产的废弃物尽可能减少，尽可能充分合理地再利用、再循环，减少对环境的污染。循环农业是一个融环保、农业产业、经济发展于一体的农业发展模式，其核心问题是农业废弃物资源化利用，其关键技术是如何科学有效地和我国当前农业生产、农村建设和农民增收结合起来，推动我国农业废弃物资源化利用。编制村域循环农业发展规划既符合党的十七大提出建设生态文明的历史任务，也符合十九大提出的乡村振兴战略，以及习近平总书记提出的"绿水青山就是金山银山"的发展理念。

北京作为中国的首都，人口数量大，人均资源占有量很低。2006 年，北京开始实施"三起来"工程，使农业资源"循环起来"是北京农业发展的重要趋向。北京市农村工作委员会、北京市农业局、北京市园林绿化局《关于北京市农业产业布局的指导意见》（京政农发〔2007〕25 号）指出，到 2010 年，初步形成"五圈九业、优质品群"的都市型现代农业布局，在环境容量允许限度内，农牧渔有机结合，积极推进循环、生态养殖业发展。按照区域发展重点，确定循环发展模式，引导产业发展，促进种植、养殖业互补互利发展。

区农村工作委员会积极探索循环农业发展的道路，该村 2006 年以来按照新农村建设规划，将都市型现代农业和循环经济建设作为工作重点。对发展循环农业的各项设施已进行了初步的筹建，220 米^3 的沼气工程已投入使用，养殖小区的污水处理系统、生活污水处理系统已修建。该村与北京市农林科学院等科研院所有着稳定的合作关系，这些科研院所通过建立试验示范基地和网点、科技产品展、科技扶贫、科技咨询和培训等形式加速科技成果的转化，创造了良好的社会经济效益。在此基础上编制以发展循环农业为主线的村农业发展规划，对于落实市委、市政府决策部署，明确村产业思路、任务、目标和工作重点，提高农业发展水平，增加农民收入，确实很有必要。

二、形势分析结果评估

规划运用了 SWOT 分析模型，得出以下优势、劣势、机会和威胁。

1. 优势

有一个团结进取、乐于为村民服务的村"两委"班子；交通区位有优势；村庄建立了以畜产品、果菜产品为主的专业合作组织；村里已建起了沼气、污水处理等资源再利用的基本设施，村庄公共基础设施、公共服务设施已初见成效。

2. 劣势

农业生产技术水平有待提高，农业产业内部没有形成良好的物质循环体系，生猪养殖容易造成环境污染，土地资源和本村劳动力较少；村民对设施蔬菜生产经验不足，产品营销手段匮乏，村集体经济财力不足；农民专业合作组织建设尚处于初级阶段，其职能作用发挥还不明显。

3. 机会

党和国家将建设生态文明作为重要任务，建设循环农业成为北京都市型现代农业发展的必然选择，国家出台了许多有利于循环农业发展的政策措施，该区域定位"京东发展门户、山水宜居新城、清洁制造中心、精细果蔬基地、生态休闲绿谷"，特别是"精细果蔬基地、生态休闲绿谷"12个字为该村的产业发展指明了方向。利用该村为全市新农村建设试点的有利发展契机，加大改善村庄基础设施和公共设施建设的力度，促进本村公共环境卫生及家庭卫生的改善，促进全体村民科学文化素质的全面提高，促进农民专业合作组织的建立、农产品产业链的形成，提高农产品的安全性和农产品市场竞争力。该村与北京市农林科学院签署全面合作协议，为循环农业的发展提供全面的科技支撑。有科技人员常年驻村协助工作。

4. 威胁

蔬菜产品受到市场诚信体系不健全的影响，难以形成优质优价促进农民增收的良性发展局面。养殖业面临口蹄疫、禽流感等重大畜禽和人畜共患的流行性疫病的威胁，给整个产业发展和农民增收带来了较大的现实威胁；还受到饲料价格、产品市场等因素周期性变化影响，同时饲养规模受到土地、环境承载力、公共卫生安全的影响。该村紧临北京市应急水源地和奥运会供应水源，处于三级水源保护区内，还有一个北京市应急水源的备用水井，对产业发展的质量和水平要求更为严格。沼渣、沼液能否持续科学合理利用是村内环境和产业发展的重要问题。

既分析了本村产业发展自身存在的优势与不足，还分析了国家、本市产业发展政策与现状、趋势，并指出了本村在发展循环农业方面存在的外部威胁，形势分析实事求是、客观准确，又有一定的前瞻性，为确定规划思路和产业布局、明确重点工作任务等打开了窗口。

三、发展思路与规划布局评估

该村循环农业总体发展思路是：认真贯彻落实党的十七大和2008年中央1号文件精神，紧紧围绕实现经济增长方式的根本性转变，以减少资源消耗、降低废物排放和提高资源利用率为目标，以循环经济的"3R"原则为准则，以技术创新和制度创新为动力，形成政府调控、市场引导、农户实践、公众参与的机制，达到社会效益、经济效益与生态环境效益的统一，走优质、高产、高效、可持续的发展道路。充分发挥当地社会、自然条件的各种潜力，充分运用国内外先进的科学技术和管理技术，创造性地综合改进各种技术，加快农业科技创新，推动农业综合改革。要坚持可持续发展的原则，坚持科技创新的原则，坚持经济效益、社会效益、生态效益兼顾的原则，坚持技术创新与组织创新相结合的原则。

规划制定的发展目标是在规划期内，以有机肥生产、沼气站作为建设循环农业的关键环节，推进循环农业的发展。通过生态猪场、设施农业改进、土壤改良、林木种苗扩繁发展循环经济，增加农民收入，达到经济、生态、社会效益"三赢"。农业总产值达到 5 000 万元，粪污处理率达到 98%，植株残体等废弃物处理达到 98%。建立比较完善的循环农业模式。最终实现生产发展、生活富裕、村容整洁的社会主义新农村。按照村庄建设规划中的空间布局和土地利用规划，将规划范围划分为六个区，即村庄建设区、养殖产业区、设施农业区、苗圃林果生产区、休闲垂钓区、生态循环区。

规划紧密结合形势导向，按照循环经济"3R"原则，综合考虑经济、社会、生态发展目标，确立的发展思路清晰，目标任务合理可达，布局因地制宜、重点突出、统筹兼顾。

四、建设项目内容、技术工艺评估

（一）沼气站扩建工程

将现有 220 米^3 沼气站扩建为 1 100 米^3，拟服务 1 100 余户。采用能源生态型工艺，厌氧消化系统采用升流式固体反应器，发酵产生的沼气经过净化后供应居民炊用。沼渣、沼液经蓄粪池发酵后直接施用，促进增产。还可将沼渣、沼液进行分离，沼液通过管道输送到温室，经水稀释后，进入滴灌系统，或进行叶面喷施，对蔬菜、瓜果的产量、品质均可产生很好的效果。

规划中的沼气工程采用能源生态型工艺技术，经调查论证，均为国内先进的工艺技术，现在运行状况良好。沼渣与沼液利用技术中，采用的沼液利用技术较成熟，但沼渣利用技术应再仔细考证，并提出更为有效的技术方案。沼液利用中的重金属问题依然是困扰各个使用者的难点，主要以改土、换土等技术措施进行缓解。规划中沼气生产的原料来源于养殖业，与养殖规模的测算也是相匹配的，扩建沼气站能进一步加大粪污处理力度、创造良好的生态环境。扩增沼气站项目，可将该村周边的 5 个村纳入生活、生产服务范围，对区域内产业发展和环境治理具有重要意义。

（二）有机废弃物再利用工程：堆肥厂、有机肥厂的建设

建南北长 15 米、东西长 30 米、产能 600 吨规模的堆肥厂。建长 54 米、宽 12 米、日生产能力为 30 吨的有机肥厂，能够将堆肥厂生产的堆肥进一步造粒，形成产品，预计年产有机肥 2 000 吨。

堆肥厂、有机肥厂的建设可以将村内温室、大棚的植株残体、枯枝落叶、沼渣、污水处理厂的淤泥等废弃物按一定比例堆放，配合微生物菌进行发酵，生产优质有机肥。是村域内农业生产废弃物资源化利用的重要手段，也是发展循环农业的重要环节。堆肥厂建设已见成效，有机肥厂的建设由于资金、技术人员短缺等因素未能落实。

（三）猪场升级改造工程

新建、改建生猪存栏 4 000 头、年出栏 6 000 头的高标准生态养殖小区，大幅提升养猪生产效率。养殖小区内划分为管理区和生产区，生产区划分为 14 个单元，每栋猪舍为一个单元，流程由东向西。设计 2 栋猪舍采用发酵床技术示范，在猪舍中挖 0.9 米深坑，坑里添上锯末子等垫料，并配以相应微生物菌。改造一个养殖小区成为优质仔猪繁育场，从北京市内专业种猪场购进优质公、母猪进行繁育。

评估认为：采用发酵床养殖技术，是相对于原有养殖技术的一种革命性突破，其原理是运用特殊微生物通过发酵锯末等原料制成微生物发酵垫料，以一定厚度铺在猪圈里，猪在整个生长阶段都生活在这种发酵菌床上，其排泄物被菌床中的微生物迅速降解、消化，可以使猪舍内无臭味，不用水冲洗圈舍，避免造成环境污染，节约资源。规划中利用先进、成熟的生产工艺进行生产，并示范发酵床养殖技术，既保温，又防病，猪的排泄物随着垫料发酵，最后启圈时成为很好的有机肥料，进入下一个循环。能够提高生猪产能、母猪繁殖效率和仔猪成活率，提高全村养殖户的专业化程度、生产效率和经营收入，使该村养殖业向高效、安全、生态友好型产业的目标不断发展迈进。

（四）蔬菜产业技术提升与改造

主要包括引进推广新品种，发展食用菊花。科学施用充分腐熟的肥

料，增施沼气、沼渣、沼液，采用高温闷棚规避连作障碍技术；推广采用10种合理的友好轮作种植模式，在十字花科作物田间套种紫苏、神香草、胡椒、薄荷等4种芳香类作物能够减少虫害、减少用药。蔬菜种子播前采用药剂消毒、氢氧化钠浸种、氯仿浸种、干热处理、温水浸种和热水烫种等方法进行处理，采用合理的苗期管理，控制适宜的环境条件，使蔬菜提早成熟，扩大高档蔬菜种植面积，达到丰产高效益。规划还提出了10种蔬菜的栽培技术要点。最终5年内良种普及率达到70%，增产20%～30%，增效40%～50%。

评估认为：在同样水肥管理条件下，温室蔬菜中应用沼渣、沼液能够增产、增效20%左右，并提高蔬菜品质。使用沼渣沼液、充分腐熟的有机肥料是提高土壤肥力的一项专业技术，也是提高蔬菜品质、生产绿色食品、保护环境的重要手段。播前对蔬菜种子进行处理，不仅可防治某些病虫害，而且有增产和促进早熟的作用。对秧苗的环境管控会影响生长的速度及质量，友好轮作生产技术对于消费者的身体健康、土壤微生物良性循环、农业的可持续发展都有重大的现实意义。大力发展品牌蔬菜、高档蔬菜，蔬菜生产的效益将会成倍增加。引进的食用菊花效果较好，每年组织菊花节，增加了农户收入。采用高温闷棚及10种友好轮作的方法，能有效地熟化土壤、清洁棚室，规避连作障碍。蔬菜产业技术提升与改造符合项目区的实际情况，并对采取的种植技术、蔬菜品种和茬口安排做了详细的方案，方案科学合理，对于蔬菜产业的提升与改造具有非常重要的作用。

蔬菜生产产生的有机废弃物再利用方案运行效果不理想，主要原因是生产者的环保理念不足、处理成本较高且费工费时，建议进一步完善方案，并制定相应的补贴政策。在满足蔬菜收购商收购要求的基础上，不断引进名优品种，在进行新品种的试种比较后逐步推广。避免因品种老化引起产量降低、抗性减弱、商品性差等问题。品种更新是蔬菜产业可持续化的重要基础。

（五）发展林果产业

通过引进种质资源，建立优新果树、林木资源繁育基地，为当地提供优新果树、林木品种。新建观食两用桃、杏李、欧李、核桃等果树的观光采摘果园，培育观光采摘业。

评估认为：利用桃产业的优势，引进观食两用桃品种，一方面为该区桃花节增添新的景点，带动本地的观光旅游业；另一方面提供不同成熟期的桃、油桃，延长鲜果供应期和观光采摘时间。新建观食两用桃、杏李、欧李、核桃等果树的观光采摘果园，与每年召开的菊花采摘节呼应联动，增加了新的经济增长点。

（六）渔业综合改造工程

综合改造现有的 80 亩渔业养殖水面，新建渔业养殖温室 4 栋，每栋占地约 1 亩。引进虹鳟、鲟、黄颡鱼等渔业养殖品种。引进微生态制剂、生物净水剂调节水质和饲料，进行中草药防治病虫害的生态节水养鱼试验与示范。建简易房等设施供垂钓者休憩，并栽植果树、花卉、草坪，对鱼塘周边进行绿化美化。

评估认为：引进新品种、新技术，提升渔业养殖技术水平，提高了养鱼农户的收入。绿化、美化环境、完善改造设施，增加了休闲垂钓新业态，与村里观光采摘业形成联动效应。引进的虹鳟、鲟、黄颡鱼等都是具有较高经济价值的品种。采用节水型生态养鱼示范等技术，能够减少对水环境的污染，实现节能减排的循环农业目标。

五、基础设施与生态防护体系建设评估

规划中对村域道路、水、电、气等设施进行了建设和完善。配合旧村改造完善村内道路 3 千米。进行土壤培肥等综合整治。植树种花综合美化，建设生态防护体系。

评估认为：完善村内道路网体系，建设雨洪利用工程，完善排水工程，运用生产的有机肥、堆肥及各种土壤改良技术对该村的耕地、林地、园地进行改良。在原有基础上利用新引进的林木资源进行道路两侧绿化、公共环境的美化。这些措施对于改善生活环境，保护和涵养水源，发展村域产业都是不可或缺的。项目实施中，完成了道路两侧绿化、美化及土壤整治提升工程，部分完成了水电、道路、亭台等基建工程。还有一部分工程未完成，主要原因是资金未能到位。

六、资源利用情况评估

发展循环农业保护生态环境，最重要的是利用好各类农业废弃物资源。

评估认为：该规划设计了农业资源再利用的几条路径：①利用养殖业粪便等废弃物作为主要原料生产沼气，沼气供给村民作为生活能源，沼气生产的副产品沼渣和沼液可以作为鱼饲料和肥料，在生产上能够被进一步利用；②农业生产的废弃物还能作为堆肥的原料，再进一步循环利用，生产绿色有机食品；

③鱼塘水可以通过管道送入菜田、果园和苗圃,循环利用,提高水资源的利用效果;④沼气扩建后形成沼气产业,供应邻近村屯用气,改善生活条件;⑤生态猪场的粪便等排泄物经过发酵床发酵,形成优质有机肥料再回流到土壤进一步利用;⑥为促进物质间的链接和资源的高效利用,在沼气站与温室、果园、鱼塘之间铺设管道,加速循环利用。规划确定的各种蔬菜种植规模合理,符合该村实际情况。

该规划针对建议种植的设施蔬菜品种的市场调查不足。建议对设施蔬菜品种,进行有针对性的市场需求调研。用事实和数据来增强村民种植这些品种的信心。规划对于项目的建设和生产条件进行了详细、具体的分析,符合项目区的实际情况。

七、投资估算与效益情况评估

规划循环农业项目总投资××万元。其中,沼气扩建××万元,沼渣、沼液利用××万元,有机废弃物利用××万元,生态猪场建设××万元,仔猪繁育场建设××万元,蔬菜产业提升工程××万元,林果、苗圃产业提升工程××万元,渔业养殖综合改造提升工程××万元,循环农业配套设施××万元。期末农民人均纯收入达到××元/年,增加就业人数××人;该村循环农业将为北京市发展循环农业提供成熟的管理经验和技术提升模式,带动周边村屯农业的发展。改善项目区农村的水利、道路的状况,改善土壤的状况,为该村农民提供良好的生产生活条件。

预计规划全部实施后,年产值可达到××万元,年平均增长15%。沼气扩建后,可有效缓解养殖业带来的粪污对环境的污染,沼渣、沼液的再利用项目使沼气扩建后的二次污染问题得到解决。有机肥厂、堆肥厂项目有效解决了蔬菜植株残体、枯枝落叶、淤泥等对环境的破坏。生态猪场的建设和运行使养殖业的污染减少到最低水平。蔬菜产业的技术改造提升使设施农业用地的土壤得到改良,品种更新换代,效益明显提高。渔业、林果业的发展使村庄的环境更加优美,未来将成为生态旅游新村。

经评估组实地调研,循环农业规划建设内容总投资××万元,与规划估算的总投资××万元,相差不多,误差在4%以内。规划中的资金筹措方案为:申请国家及地方政府拨款××万元,占总投资的70.0%;专业协会筹集××万元,占20.0%;村委会筹集××万元,占7.8%;村民自筹××万元,占2.2%。这个资金筹措比例是依据建设内容的公益性、营利性、试验示范性等标准考虑的。实际上经过评估组调研,专业协会的资金投入不足20%,最终依靠财政循环农业项目资金弥补了不足的部分。

经评估组实地调研计算，循环农业投产后，年产值可达到××万元，年平均增长××左右。沼气扩建后，以每立方米1.2～1.3元的价格出售，产值将达到××万元。养殖小区改造后，大幅度提高猪的产量和品质，年出栏××头生猪，产值达××万元。仔猪繁育场建成后，产值可达××万元。设施蔬菜生产经施用有机肥、引进新品种和新技术等，产值达××万元。林果、苗圃、渔业等产业与观光、采摘、垂钓相结合，总产值达到××万元。有机肥厂由于规模不够，产品销路等问题没能很好地解决，未按规划建成，收益比预期要减少。

调研期间该村农民人均纯收入达到××元/年，增加就业人数××人。通过村循环农业建设，对现代农业技术进行理论和实践的探索，提高农业经营水平，带动周边地区农业的发展。引导农户按照"民办、民营、民受益"的原则组建养猪协会、蔬菜产销协会等行业协会，促进了农业行业协会的发展。

八、规划实施情况的总体评估

为了加强对该村循环农业规划实施的组织领导，加快该村循环农业建设的步伐，由村"两委"成立项目建设领导小组。领导小组下设管理办公室，负责各个项目的组织、协调和管理等工作。办公室下设技术开发部、信息营销部、工程建设部、财务管理部。采用"村委会＋协会＋农户"联动管理模式运行，村委会主要负责项目总体规划、组织、宣传，协调专业协会、农户之间的关系，协助建立完善的技术服务体系，帮助相应项目的技术指导。协会作为循环农业发展过程中的非政府组织，及时指导农户进行新品种、新技术的引进，并利用集团优势进行产品的销售。农户按照公司和协会要求的生产技术标准进行生产，并通过有关公司对产品统一收购或协会组织的产品销售获得效益。

遵循统筹谋划、同步推进、滚动发展的原则，按照"一年起步、三年建成、五年发展"的步骤实施。项目实施过程中，加强了对该村农民的培训，不断提高他们的素质与工作能力，培养了项目执行急需的蔬菜种植、沼气生产、渔业养殖等实用人才；尤其是宣传了新的经营理念，加强了市场营销人才的培养。提升了该村区域品牌的知名度、生产的现代化管理水平，加大了产品的广告宣传力度。其产品定位北京高端市场，通过不断地开拓市场范围，增加了产品的市场占有率，使产品的质量逐渐满足高端市场的质量需求。充分发挥循环农业的示范、辐射功能，扩大示范的辐射推广面积，促进农业先进技术的推广。规划所需资金筹措方式及各部分比例计算亦较为合理。

通过资料搜集与分析，并到现场调研，综合前面的单项分析，该规划除个别地方需要调整修改外，总体方案合理。存在的主要问题是市场营销手段不足，产业融合与升级设计还不够，生产生活联动效应还不够明显。

第四节　农业专题评估咨询

农业专题评估是对涉农领域的某一方面状况进行评价、估测和判断，咨询业务范围也包括涉农区域公众科学素养状况的评估。2009 年受北京市某区科学技术委员会委托，开展了该区首次公众科学素养调查评估。公众科学素养是社会公众应具备的最基本的对科学技术的理解。

一、评估方案设计

（一）总体设计思想

考虑到调查的科学性及可行性，为能够准确全面地反映全区公众的总体科学素养，此次公众素养调查采用人口与规模成比例（PPS）和等距抽样的方法抽取样本。等距抽样亦称机械抽样或系统抽样，主要用于居民户的抽取。这种抽样方法要求先将总体各个单位按照空间、时间或某些与调查无关的标志排列起来，然后等间隔地依次抽取样本单位。抽样间隔等于总体单位数除以样本数所得的商。

（二）调查对象

此次调查的对象为区域内 18～69 岁的成年公民（不含现役军人、智力障碍者）。

（三）样本的抽取

考虑项目自身的要求与特点，对行政村（社区）的抽取采用随机抽样，对居民户抽取时采用等距抽样法。确定调查的层面为相似乡镇（社区）所组成区域、行政村（社区）和居民户，在居民户中利用二维随机表（Kish 选择法）抽取成年公民。

由于调查结果主要是各种比例数据以及比例数据之间的比较，所以调查样本量的确定是以估计简单随机抽样的总体比例时的样本量为基础，从经济原则出发，确定此次调查的样本量为 1 000 个，公民级抽样比约为 0.002 5。

根据全区各乡镇的区位条件、发展现状、资源禀赋和未来的发展趋势，全区分为新城核心区、高速走廊区、平原发展区和生态旅游区四大区域。统计资料显示该区共有户籍人口 396 298 人。新城核心区人口为 115 616 人，占总人口的 29%；高速走廊区人口为 73 527 人，占总人口的 19%；平原发展区人口为 129 368 人，占总人口的 32%；生态旅游区人口为 77 787 人，占总人口的 20%。各区域人口之比约为 3：2：3：2。在对每个乡、镇（街道）分配样本时，按照每个乡、镇（街道）的人口占全区总人口的比重分配。

对行政村（社区）的抽取采用随机不重复的抽样方法，借助 Excel 实现。具体抽取方法如下，以新城核心区为例。将各街道办事处、乡镇的所有行政区和社区的名单输入 Excel 中，借助 $Rand$（）函数，$Rand$（）不带任何参数运行，每次计算时都将返回一个新的数值，保证抽取行政村（社区）的随机性。前 6 个行政村（社区）即为随机抽取的样本行政村（社区）。其他 3 个区域行政村（社区）的抽取采用同样方法。

其中，新城核心区样本量为 300 份，共 6 个行政村（社区），每个行政村（社区）各分配样本为 50 份；高速走廊区样本量为 160 份，共 4 个行政村（社区），每个行政村（社区）分配样本为 40 份；平原发展区样本量为 300 份，共 6 个行政村（社区），每个行政村（社区）分配样本 50 份；生态旅游区样本量为 240 份，共 6 个行政村（社区），每个行政村（社区）分配样本 40 份。

行政村（社区）内对居民户的抽样由调查员操作。由调查员取得行政村（社区）全部居民户名单，并对其编号。各行政村（社区）居民户的抽取数量为按平均分配到各行政村（社区）的样本数除以 50 或 40。将任选的一个随机数 r 与抽样间隔 L 相乘，所得的数舍去小数部分取得整 R，则该行政村（社区）按顺序排列的第 R 户即为抽到的第一户。若第 R 户为不合格户（即户中无合格被调查对象），则以 R 的前一户（$R-1$）代替。若（$R-1$）户仍不合格，则找 R 的后一户（即 $R+1$），以此类推；然后以 R 为基础再往下找到第（$R+L$）户为基础，继续往后找第（$R+2L$）户，以此类推，直到找到所需的样本户数。

为了在调查中，使家庭户中每个合格的调查对象均有同样的机会被抽选，采用二维随机数表法（为便于操作，已将二维随机数表印在了每份问卷的封面背后）。首先将户内所有符合调查条件的成员，按先男后女，同性别按年龄从大到小的顺序填入表中；然后将表中最后一个成员所在行（其序号数即为户中符合条件的成员数）与事先在表中随机选定的列（被选好的这个数字就是这份问卷的随机号）交叉的数字圈出。此数字即为调查对象的序号。使用这种二维随机数表抽选户内被调查对象，既方便，又能保证最终调查对象的性别和年龄结构与总体的性别和年龄结构基本一致。

等距抽样方式简单，容易实施。实际上，最大理论误差只在样本平均地分为截然不同的两部分时才可能出现。考虑到该地区的区间差异变动较小，故抽样误差可以控制在一定范围内。因此，本次抽样方案能满足估计的精度要求。

数据处理主要采用统计软件 SPSS16.0。

二、工作进度安排

1. 准备阶段：3—4 月

（1）资料搜集及调研。

（2）拟订调查方案。

2. 调查阶段：5—6 月

（1）组织并培训调查员。

（2）入户调查。

（3）问卷回收、审核及复查。

3. 分析阶段：7—8 月

（1）问卷数据编码、录入。

（2）数据处理。

（3）统计分析。

（4）数据库整理。

4. 总结阶段：9—10 月

（1）撰写调查报告初稿。

（2）讨论调查报告及定稿。

（3）向相关部门汇报。

（4）整理调查中所有资料及上报档案。

三、评估结果简介

2009 年全区公众达到科学素养标准的比例为 6.45%。高于我国 2007 年公民具有基本科学素养的比例 2.25%，但是明显低于 2007 年北京市的具备基本科学素养的比例 9.2%。其中，男性具备基本科学素养比例为 6.94%，女性为 5.93%，男性比女性高 1.01 个百分点。18～29 岁年龄段公民具备基本科学素养的比例最高，为 8.96%；其次，30～39 岁为 7.44%，呈现出随年龄增加而降低的趋势。不同文化程度的公众的基本科学素养水平存在显著差异，科学素养水平与文化程度正相关，城乡居民之间的科学素养水平差异显著，城镇居民比例为 7.47%，而农村居民只有 4.16%。该区各乡镇由于区位条件、发展现状、资源禀赋的不同，公众基本科学素养也存在差异。新城核心区公众具备基本科学素养的比例为 6.95%，高速走廊区和平原发展区为 5.96% 和 6.51%，生态旅游区为 5.67%。

调研发现，全区公众获得科学技术信息的渠道和手段主要为传统的电视和报纸，利用互联网获取信息的公众在逐步增多，利用手机获取信息的比例偏低。全区公众应用现代化工具获取科技信息的意识和素质仍需进一步引导和提高。此外，全区公众对科学技术信息感兴趣的程度较高，特别是在医学新进展及保健、环境污染与治理、生产适用性技术方面，超过半数的公众表现出了较高的兴趣。但是，全区公众对于科普活动的了解程度和参与频率都偏低，70%以上的公众对重大科普活动如科技周、科技下乡了解不够，只有接近 10% 的公众在过去一年中参加了日常科普活动。全区从科普设施建设到科普工作的宣传力度都需要重视和加强。从另一角度发现，科学家及科技工作者在全区公众群体中具有较高的声望，较多的公众支持科学技术的研究，并对科学技术的发展持乐观态度。特别发现，政府在推广新技术和开拓新技术市场中具有极其重要的引导作用，在解决技术和环境问题上，全区公众对政府的依赖度很高。

报告提出了相关的建议。该区在北京远郊区中经济发展水平并不高，科教水平中等，在北京市"十一五"发展规划中，该区被市政府定位为"北京市生态涵养发展区"。通过此次调研，发现全区公众基本科学素养低于北京市的平均水平，其中公众在了解专业术语、基本科学观点和理解科学研究方法与过程比例上均明显低于 2007 年北京市公众比例。为提高该区公众基本科学素养，给出如下建议。

（1）要提高认识，转变公众科学素养建设的思想观念。一手抓思想观念建设，一手抓体制机制创新，坚持公益性科普事业的主导地位，使全体社会成员都能享受到公共科普服务，建立良性的公众科学素养建设运行机制，形成多元化投入、多渠道兴办科普的局面。

（2）要在科学传播模式上实现单向传授向互动学习、小科普向大科普的转变。全区公众科学素养建设工作要有大科普意识，不仅要将科学技术知识传播给广大公众，还要将科学方法、科学精神、科学发展的历史传播给广大公众，用科学文化的精神内涵，丰富公众的精神生活。

（3）要实现科学作品从资源短缺向资源丰富的转变，在科普工作中充分考虑"三个有"准则，即"有用、有趣、有理"。

（4）要健全和完善公众科学素养建设宣传体系，形成科普工作良好氛围。全区的相关科普机构要经常性地开展群众性、社会性、经常性的科普宣传活动，同时也重视各类科普宣传设施的建设和资源整合。

（5）要大胆创新，改进公众科学素养建设的工作措施。一方面加强科普管理和活动机构的建设；另一方面加强现有科技场馆科学史、科学思想和科学方法的宣传，丰富科学普及的内容。

（6）要针对不同群体，加强科普教育工作。针对该区具备基本科学素养的公众在城乡、性别、年龄和收入水平分布上存在较大差异，应设置不同载体和内容，开展科普活动。

（7）要加大科普经费投入，加快科普设施建设。"十一五"期间及以后，全区和有条件的乡镇要把科普设施建设纳入城乡建设规划和基建计划，政府财政投资建设的科普场馆应配备必要的专职人员，常年向公众开放，同级财政应当予以补贴，使其正常运行。

（8）要建立全区公众科学素养定期调查机制。建议每3年左右组织一次全区公众科学素养调查，为政府和有关部门制定政策和工作方案提供依据。

第九章　现代农业咨询项目的
管理与从业者素养

为完成好一个确定的农业咨询项目，就要做好咨询工作的计划，咨询工程师及项目团队成员也要具备较高的从业素养。一般来说，农业咨询项目管理涉及进度管理、成本管理、质量管理、人力资源管理、沟通管理、风险管理等，较为重要的是前三项。开展利益相关者分析、进行工作分解，进而对成本、进度和质量进行计划管理，做好风险管控，提高咨询工程师的从业素养是一个咨询机构重要的管理工作。[①]

第一节　农业咨询项目的计划管理

一、农业咨询项目的主要利益相关者

所谓项目的利益相关者，就是所有与项目有关的、推动项目发展的人或对项目结果有影响的人，主要包括委托方（客户）、受托方（咨询机构）、具体执行合同的项目经理、团队成员，以及对咨询项目持批评或赞同态度的人。[②]

项目经理对保证按时、按预算、按业务工作范围和质量要求完成咨询项目全面负责，而多数情况下，项目经理的实际职权不能完全控制这些结果，存在职权和责任不对等的现象。加强与各利益相关者的沟通，建立良好的人际关系，是确保达到期望的有效措施。当项目经理遇到不好解决的困难时，咨询机构的负责人就要调配各种资源，保障项目有效实施。

项目团队包括所有为完成咨询项目而付出时间、思想、观点、技能、权力的个人和团体。项目团队不仅包括咨询机构内部的派出人员，还包括委托方的部分成员、外部咨询专家，以及咨询机构中提供公共服务的其他成员。委托方的积极参与和配合是咨询项目成功完成的关键因素，委托方往往会派出专人负责提供所需的各种帮助，是项目团队中不可或缺却往往被忽略的一员。

---

① 余明阳．咨询学［M］．上海：复旦大学出版社，2005.
② 郭芳．浅谈咨询机构的运作及管理［J］．江汉石油职工大学学报，2009（22）：44-47.

委托方是咨询成果的应用者，也是支付人，对项目最终成果质量、预算及其他指标是否达标拥有最优先和最终的评判权，当然这种评判是出自委托方主要负责人之口，或是以正式公函的形式提出，而其他人的评判主要是作为参考而择要吸收。尽管其他的利益相关者也会对项目施加压力以达到某些需要，但最终决定咨询项目成败的还是委托方。有的委托方会提出超出咨询项目规定内容的需求，咨询工程师要根据实际情况处理，过分多的内容应该给予婉拒。

二、咨询工作任务的分解

工作分解就是将农业咨询项目分解为若干个部分，是计划管理的基础。分解过程中可以明确提出农业咨询项目管理的必要细节，有助于详细刻画咨询项目的工作范围，有助于监控整个咨询项目的执行，有助于准确估算成本和进度，有利于咨询项目团队的建设。每一个项目团队的成员都希望有明确的工作分配，以便能更好地了解工作应如何与整体活动相配合。

首先是自上而下地进行任务分解，由上至下将咨询项目分解为逐级深入的任务活动，找出主要任务作为工作分解的第一个层次。之后为所有提供成果的任务命名，一个任务的名称描述了一项提供成果的活动。当所有的工作任务都被识别出来后，就可以用不同方式将它们组织起来，从而进行有计划的时间、人员、设备等资源的安排和部署。

三、实际进度安排

项目团队负责人完成工作任务分解后，接下来的工作就是具体的进度安排了。

（1）回顾整个咨询项目中各个任务分解的结果，进一步进行任务界定。提出各子任务风险管理策略，初步梳理各项工作任务之间的关系，初步计算项目进度。

（2）识别工作任务之间的关系，实际上就是安排各工作任务的顺序。实际执行的任务顺序是由工作任务之间的关系决定的。

（3）明确每一子任务的成本和完成时间。为了明确整个咨询项目的成本和完成时间，对每一子任务进行成本和进度的估算。这是一种自下而上的评估方式，把这些信息系统地记录下来是非常关键的工作。

（4）进行咨询项目进度安排。根据每一子任务的完成时间，确定整个咨询项目完成的时间。

（5）分配资源。按照尽可能稳定、尽可能少地运用资源，提高资源利用效率的原则来分配资源。在咨询项目实施过程中尽可能保持资源的稳定性。项目负责人必须对人员、设备和物资有清醒的认识，才能做好资源的调配。尽量减少变动。

（6）项目的收尾工作。包括项目的验收、项目跟踪技术服务及项目后评价等工作。项目验收是甲方对最终咨询成果的验收，是检查完成的项目是否符合合同约定的各项要求的重要环节，也是保证项目质量的最后关口。一般由甲方组织，验收规模视情况可大可小，由甲方管理层和若干专家组成。也有的验收是由乙方组织的。验收通过后，还需要讨论进一步的技术合作等事项，一般情况下都是能够通过验收的。之后再由乙方进一步修改完善，报批、审核，出具正式的咨询报告。

四、加强农业咨询项目的沟通

与甲方的充分沟通是确保咨询项目按计划顺利进行的必要措施，包括项目调研过程中的沟通、咨询成果成稿后的初步沟通以及最终交稿后的沟通。沟通不畅不仅会使咨询进度计划拖延，还会给咨询成果、咨询单位带来不好的影响和损失。尤其是一些政府部门农业规划咨询，最终的验收往往要拖延很长时间，时间一长就会产生诸多的变故，包括形势变化对咨询成果的影响、咨询单位人员投入的增加、尾款支付困难等。因而，农业咨询项目沟通具有复杂性和系统性的特征。

对于一个具体的农业咨询项目，既有项目小组内部成员之间的沟通，又有小组成员与甲方联系人之间的沟通，以及咨询单位负责人与甲方主要负责人之间的沟通。咨询小组成员间的内部沟通多数是例行的沟通，成员间比较熟悉，沟通不会有太大的问题，项目负责人只需做好统筹安排，保证内部成员及时有效沟通即可。相对而言，与甲方主要负责人之间的沟通最具有挑战性，如果项目负责人对农业、乡村，对地域、人文、历史、社会等的认知水平较高，并能够与甲方主要负责人产生共鸣，那么这个咨询项目就算事半功倍了。

第二节　农业咨询项目的成本、质量和风险管理

一、成本管理

农业咨询服务项目的直接成本主要包括人员费用、差旅费用、图件资料费用等，这部分是咨询项目组能够直接调控的部分；而间接成本主要包括固定资产折旧、管理服务费、税金等，一般是由咨询机构按照固定的比例从合同总额

中扣减。咨询项目成本管理就是在保证咨询成果质量的前提下，尽可能地减少支出、增加盈余的过程，与咨询机构的成本控制是相辅相成的。

成本管理的基础是咨询项目的进度计划，按照进度计划调配、使用各类资源，进而进行成本估算、费用支出和控制。有的咨询机构对直接成本实行包干制，节约的部分算作项目组的绩效奖，这样能够在一定程度上控制成本，但在压缩成本支出的同时保证咨询服务质量也是一个两难的抉择。一个高质量的咨询成果必须要投入大量的人力、物力、时间，尤其是因为各种原因造成进度拖延时，成本控制尤为困难。在与甲方洽谈合同时要充分考虑由于各种因素造成咨询服务延长时，成本费用的分摊比例。项目负责人也要充分了解团队成员的知识、技能和水平，准确预测咨询项目难点和可能遇到的各种问题，在项目进行中及时对成本、进度进行估测，确保在成本预算范围内保质保量地按时完成项目。

一旦发现项目实际进度和成本出现偏差，要及时采取修正措施，把偏差控制在安全范围内。当遇到了威胁整个项目的成本和进度目标的问题时，就需要将这些问题识别出来，并且可以跳过正常的进度汇报程序而立即将它们提交给适当的管理层来处理。在项目修正的过程中，为了将农业咨询项目维持在原有轨道上运行，必须监测咨询项目的成本与进度表现，留意那些小的偏差；必须马上分析确认问题来源，及时提出解决方案并付诸实践，并应向相关各方就问题造成的影响和解决的方法进行沟通；必须及时更新项目计划，就成本控制、人员、资源的调度作出新的部署。[①]

二、质量管理

不同的农业咨询项目要达到的目标差异较大，相应地对内容质量的要求也有很大的不同，但对质量的共性要求就是要符合国家乡村振兴战略的总要求，符合国民经济、社会事业发展和人民生活特别是农民群众的根本利益，有利于保持和改善农村人居环境，符合国家和各部门的法律、法规、规范、标准的要求，并按照合同约定达到客户要求的咨询成果，咨询成果具有可操作性，有利于调动各方积极性。

项目负责人要做好咨询项目难点、关键点的控制，把握咨询成果总体思路、创新点和亮点，确保咨询成果不跑偏。项目负责人不仅是该项目涉及领域的专家，具有完成项目的技术水平和专业知识，能够制订切实可行的高质量的

---

① 余明阳. 咨询学［M］. 上海：复旦大学出版社，2005.

工作方案，并要根据项目内容、难度，科学合理地组织好团队成员。指导、协调相关工作，保持与业主管理层的密切沟通，并对项目的最终质量承担完全的责任。项目组要明确一名成员担任项目组的秘书，秘书要做好项目工作日记、工作交流会议纪要，协助项目负责人处理日常事务。

为保证重要咨询项目成果的质量，项目组一般都要聘请一名咨询顾问，由有丰富咨询工作经验、社会阅历的专家或相当级别的领导来担任，多数情况下是从外部聘任的。咨询顾问对项目阶段性成果的质量要提出经常性的建议，协调解决疑难问题，协助项目负责人协调外部资源，为项目实施起到监管、保障等作用。

咨询项目初步完成后，根据项目的重要程度和难度，要组织相应的评审。首先是团队内部进行评审，由项目负责人组织团队成员、有关外部专家参加评审。之后咨询机构要组织评审，一般由咨询机构技术负责人组织各领域的专家、学者提出修正建议，修改完成后交由客户。根据形势需要，客户也要组织评审，客户要召集本单位相关部门负责人以及管理层主要负责人参加，也是为咨询成果的最终实施做好前期的沟通和准备。存在争议问题或特别重大的咨询项目根据需要可委托第三方进行评审，咨询机构与客户要有良好的沟通和事先约定，农业咨询项目较少委托第三方评审。

咨询项目执行2年、3年、5年甚至更长时间后，可以对项目进行后评价。对提高咨询质量具有重要的意义，是用实践来检验咨询成果，对提高咨询团队的业务水平具有重要意义。项目后评价可细分为项目跟踪评价、项目实施效果评价和项目影响评价。

项目跟踪评价是指在项目开始实施后到项目完成并验收之前任何一个时点所进行的评价。这种项目后评价的目的主要是考察、评价项目方案设计的质量，评价项目在建设过程中的重大变更等。项目实施效果评价是指在项目完成并验收后一段时间之内进行的评价，往往是用户执行咨询方案后的效果评估。项目影响评价是指在项目后评价报告完成一段时间之后进行的评价，这个评价是以项目后评价报告为基础，通过调查咨询项目方案执行的状况来分析项目对社会、经济的综合影响以及项目未来的发展趋势。

三、风险管理

咨询项目最大的风险是客户对咨询成果的不认可，多为咨询成果的质量出现问题，但也有除了质量之外的因素引起客户的不认可。还存在与业主方沟通不畅的风险、内部成本支出超预算的风险、项目进度延后的风险以及团队成员不能完成应承担任务（不胜任）的风险等。这些风险错综复杂，原因也复杂，风险管理就是要及时识别即将发生的风险，并采取补救措施挽回损失。从项目实施到项目结束的整个过程都贯穿着风险管理的策略。

完成好一个咨询项目既涉及人为因素，又有客观物质因素，风险不可能完全避免，这就要求咨询项目小组具有风险管理的意识和手段，在项目启动时就对项目风险进行预测、评估，然后运用各种风险管理的技术、手段把风险控制在最小的范围内，并随时准备好妥善处理风险所导致的后果，争取以最小的项目成本实现最大的项目目标。

识别风险是风险管理的第一步，要求项目负责人根据自己的知识和经验准确地感知风险。可以通过询问利益相关者的意见，对潜在风险进行归类，并根据风险的重要程度和概率大小进行排序。还可以从过去相似的农业咨询项目中总结，从这些资料中找出对项目有益的风险信息。一般的风险是在进度和预算安排方面产生的不确定性。

制定反应策略是风险管理的第二步。在识别出风险之后，就要考虑如何应对这些风险。一般而言，有多少种潜在的风险，就有多少种降低风险的办法，但对于一个既定风险的应对策略是接受、回避、监控、转移和减缓。所谓接受风险就是理解风险的后果和概率，但是选择不采取行动；回避风险是指通过放弃部分项目工作来避开风险，也就是改变项目工作范围；监控风险就是通过选择一些有指示性的标准来观察项目是否接近风险的临界点，并准备应急计划；转移风险通常采用购买保险的方式（很少应用）；减缓风险就是"努力工作，减少风险"的意思，它几乎涵盖了项目团队为了克服环境风险所采取的所有行动。

控制风险是风险管理的最后一步，主要是执行风险反映策略，并关注新风险的发生情况。在项目进行的过程中，要像监督整个项目一样监督风险的情况，选择风险严重程度和概率的衡量标准，坚持记录或写日志，根据一定的规则把所有的风险情况都记录下来，直到该风险结束。要确定有人为每一项风险负责；根据严重程度和发生概率将风险划分等级，把最重要的风险排在前列，记录对风险的观察结果和跟踪情况。

第三节　农业咨询工程师的职业修养和行为规范

咨询是一种建立在信誉基础之上的职业，与律师和医生具有类似性质。信誉是咨询机构的立身之本，没有信誉，就等于没有客户。而信誉是以职业道德为基础的。任何一个行业健康发展、走向成熟都需要一定的规范和标准来约束，建立现代农业咨询行业在业界、学界乃至全社会的良好声誉，是现代农业咨询业走向成熟的重要标志之一。

一、农业咨询工程师的知识素质

农业咨询工程师首先要具备的知识是关于农业的基本理论和基础知识。这些理论和知识主要是指农业的基本内涵、特征与性质、发展规律、区域特色以及与农业密切相关的三农问题的状况。还要了解农业咨询机构的管理制度、工作程序、价值取向等。

（一）要了解农业的发展脉络

把猎人手中的木棍变成农民手中的耒耜，把野生的动植物变为今天的家畜、家禽和农作物经历了十分不容易的漫长的历史进程。一般把农业的发展历史划分为三个阶段：即原始农业、传统农业、现代农业。原始农业是指以采集和游牧为基本特征，使用石器工具从事简单农事活动的农业。传统农业是指开始于石器时代末期和铁器时代初期，并且在发达国家一直延续到18世纪60年代的一种农业生产经营方式。它是在原始采集农业和游牧农业的基础上发展而来的，是人类进入定居时代后发展起来的第一个产业部门。农民以传统的直接经验和技术为基础，使用简陋的铁木农具和人力、畜力以及水力和风力进行生产，农业生产的主要目的是自给自足，其社会化程度和农业劳动生产率都很低，因而是一种典型的自然经济形式。现代农业是指广泛应用现代科学技术、现代工业提供的生产资料、设施装备和现代科学管理方法的社会化农业。现代农业是对传统农业的巨大变革和进步，它是人类首次在农业生产经营管理中引入现代科学技术、现代管理理念和方法的结果，它是广泛采用以工程技术、生物技术、信息技术为核心的现代高新技术和现代工业提供的生产设施和科学管理方法武装的农业，同时，它又是高度发达的商品型、外向型农业，是一个以市场为导向、为发展农业服务的产业群体。

改革开放以来，我国农业和农村经济结构进行了三次大调整。第一次是在20世纪80年代中期，为缓解粮棉卖难问题，中央提出"决不放松粮食生产，积极发展多种经营"方针。第二次是在20世纪90年代初期，国务院作出发展高产优质高效农业的决定。现在正在进行第三次调整，在2005年中央农村工作会议上，中央明确提出工农关系的"两个普遍倾向"的论断，相继提出了"多予、少取、放活"的兴农方针以及提高农业综合生产能力的战略举措。

2018 年以来，以乡村振兴为抓手，推动农业和农村经济结构的深刻变革，是在保障供给的基础上，全面优化农产品品质，全面优化优势农产品的区域布局，是对整个农村经济结构的全面优化重组。

（二）要了解与农业领域相关的专业知识

人的知识结构是一个由许多彼此关联、相互制约的子系统所构成的完整的大系统，这是一个开放的系统，处在不断进行新陈代谢、不断优化的运动之中。对于一个现代社会的农业咨询工程师来说，必须拥有一门以上的专业知识，形成多学科、多层次的良好的知识结构，这也是咨询行业发展对咨询人员素质的基本要求，在科学社会化和社会科学化以及社会学科和自然科学不断渗透汇流的当今，成为咨询工程师解决实际问题所需的基本素质。

农业的发展不仅涉及农村生活的各个领域、专业，还与国民经济、社会发展、生态环境建设紧密相连，与国家的"三农"政策，政治安全、社会稳定紧密相关。每年的中央经济工作会议、"两会"的文件政策都要学好、用好，历年的中央 1 号文件都要熟悉。客户需要具有创造能力和独到见解、能够为其创造独立性价值的咨询工程师，而这种创造能力又是建立在既有深厚的专业知识又有广博的知识面的基础之上的。按照法约尔的观点，咨询的事项越重大，广博的知识面就越显得重要。可以说，一个农业咨询工程师，只有其知识又博又专，既是自然科学家，又是社会科学家，才能站得高、看得远，顺利地为客户提供出色的咨询服务。

在现代社会各种学科、通信工具和手段日益进步和普及的今天，农业咨询工程师还应熟练掌握计算机技术，掌握一门以上的外语，涉足社会学、心理学、经济学、哲学等学科的知识。农业咨询工程师还必须具有一定的文化水平，否则不能有效地搜集、加工和提供信息，更不要说从事复杂的需要多种文化知识作为基础的综合研究了。

（三）要了解农业相关的法律法规及部门规章

任何咨询工作都要有相应的法律法规和部门规章来作为依据，农业咨询也必须按照相关规定进行。

涉农相关法律包括：《中华人民共和国农业法》《中华人民共和国农业技术推广法》《中华人民共和国种子法》《中华人民共和国动物防疫法》《中华人民共和国草原法》《中华人民共和国渔业法》《中华人民共和国农村土地承包法》《中华人民共和国水土保持法》《中华人民共和国循环经济促进法》《中华人民

共和国城乡规划法》《中华人民共和国村民委员会组织法》等。

　　法规包括行政法规和地方性法规。从行政法规层面来看，在我国可依据的有《农药管理条例》《基本农田保护条例》《兽药管理条例》《种畜禽管理条例》《饲料和饲料添加剂管理条例》《农业转基因生物安全管理条例》《畜禽规模养殖污染防治条例》《中华人民共和国食品安全法实施条例》《中华人民共和国抗旱条例》《生猪屠宰管理条例》《农民专业合作社登记管理条例》《农村五保供养工作条例》《粮食流通管理条例》《中央储备粮管理条例》《中华人民共和国土地管理法实施条例》等法规。

　　规章包括国务院部门规章、地方政府规章，包含的内容十分广泛，涉及种植业、畜牧兽医、渔业、农机、科教、市场信息、农地管理、农村合作经济、生态环保等方面规定，是与国家实行的大政方针相配套的措施办法。如《粮食现代物流项目管理暂行办法》《农药产业政策》《农村物流服务体系发展专项资金管理办法》《土地利用总体规划编制审查办法》《农业基本建设项目管理办法》《拖拉机和联合收割机登记规定》《农作物种子生产经营许可管理办法》《转基因棉花种子生产经营许可规定》《饲料和饲料添加剂生产许可管理办法》《农业转基因生物安全评价管理办法》《农作物种子质量检验机构考核管理办法》等。

　　其他规范性文件，是指除了法律法规及规章外，行政机关在法定职权范围内依照法定程序制定并公开发布的有关涉农事项，在本行政区域或其管理范围内具有普遍约束力，在一定时间内相对稳定，能够反复适用的行政措施、决定、命令等。如《农业基本建设项目申报审批等管理规定》《肥料登记资料要求》《饲料生产企业许可条件》《混合型饲料添加剂生产企业许可条件》等。

　　法律法规一经制定，就要求所有的咨询活动当事者都毫无例外地遵守，不得违背。否则将受到法律的惩处，因此具有严格的强制性，会在较长一段时期内保持法律效力。而部门规章等规范性文件同样具有约束力，但其效力和影响面要小一些，且根据情况时常进行修订、变更或废止。

二、农业咨询工程师的能力素质

（一）交流与沟通能力

　　农业咨询是一项研究工作，也是一种社会活动。所谓交流能力，是指个体之间借助于共同的符号系统，如语言、文字等进行的沟通。对于农业咨询人员交流能力的要求，一方面是咨询业务本身的需要，另一方面是咨询业务发展的需要。咨询工作作为一种职业，要求咨询人员必须掌握咨询工作的基本方法和技巧，而如何与客户打交道并且使之达到既定的预期目标就是其重要内容之一。咨询的服务对象是客户，在其咨询活动中要与具体的人打交道，咨询人员应能处理好人与人之间的关系，有能力赢得客户的信任和尊重，有能力说服客户使之接受建议。对于农业咨询人员来讲，要学会交朋友，要有较强的社会活动能力。咨询人员在洽谈业务时，应该具备超出一般水平的口才和能力，能说服对方，使之配合调研，提供有支持力的资料，接受咨询服务建议。在许多时候要与客户直接面对面地交流，所以一名优秀农业咨询人员的口头表达能力非常重要。

一名优秀的农业咨询工程师必须善于运用不断创新的思想和理论，以生动易懂的语言表达思想，以吸引客户并使客户能够准确地了解情况。在口头交流过程之中，咨询人员还应该注意运用好交流技巧，比如良好的精神面貌、感人的声音语调、令人信服的语言表达等。[①] 在答复咨询过程中，其咨询研究报告应该观点明确、思路清晰、语言精练，以便客户理解和采纳。

农业咨询机构要信息灵通、广开门路，不能闭门造车，要开展横向联系。农业咨询机构与客户的交流形式主要是书面的与口头的，因此农业咨询工程师应具有较强的书面表达能力和口头表达能力。能够以精练的语言深入浅出而层次分明地撰写咨询项目建议书和咨询报告；在书面表达中要力戒使用生疏、空泛和华而不实的词语，尽量用图表等易于理解的形式对咨询计划、分析结果加以表达。

（二）发现问题的能力

发现问题的能力是决定农业咨询活动成败的关键，是提高农业咨询行业服务水平的突破口。一个农业咨询工程师要做好咨询，首先要在接受咨询业务之后，能够通过访谈、调研、查阅相关资料，敏锐地发现农业农村发展中存在的问题，这些问题有的是客户提出来的，有的是客户自身也不清楚的。还有的深层次的问题要通过深入的会议研讨、专业分析研究才能提出来。在咨询活动的分析研究阶段，缜密的分析与思维能力就显得很重要了，这是咨询人员能力的集中体现，也是完成咨询工作的重要条件。

农业咨询工程师在调查研究和分析过程中会从各个方面接触到大量的信息和资料，并需要对其进行去伪存真、去粗取精的筛选和分析。需要咨询工程师具有缜密的分析与思维能力，能够透过纷繁复杂的表面现象看到农业农村发展

---

① 肖茹心．我国人力资源管理咨询人员资质开发研究［D］．兰州：兰州理工大学，2009.

过程中存在的关键问题的本质，进而对问题的解决提出科学合理的思路，奠定咨询业务成功的基础。缜密的思维与分析能力，建立在掌握足够的信息并能够驾驭信息，正确地判断调查研究过程之中搜集到的信息和其他资料的准确程度和价值，同时对其进行合理有效的选择；善于对所有的信息资料兼收并蓄地进行综合系统的思考；能够揭示信息之间的内在联系，合乎逻辑地作出有一定说服力的判断。进而得出合理的具有建设性、创新性的结论，为最终的咨询报告打下良好的基础。

农业咨询工程师在获得丰富信息资料的同时，应能根据联想、判断、推理来分析和解决客户农业发展中存在的问题。从某种程度看，咨询效果的好坏、成功与否主要取决于研究人员对于信息和资料的分析能力和解决问题的能力高低。所以，在农业咨询研究过程中，要能够用敏锐的思维来对待复杂多变的咨询问题，咨询人员只有具有创造能力，才能在从事农业咨询活动的过程中不断提出新的思路和新的见解，才能发现问题。这样就要求农业咨询人员能够综合运用自己拥有的知识，举一反三，触类旁通，随时迸发出创造性的思路和见解，从而对发现的问题予以解决。

发扬团队协作的精神，发挥群体效能。需要各种专业背景的咨询人员通力协作，互相配合，既有管理人员与研究人员的配合，又有各学科专业研究人员以及专、兼职人员的通力配合。要群策群力，优化人员组合，从而最大限度地发挥群体中个体的能量，既有利于群体利益，也有利于个体成长。

（三）实践的能力

实践的能力是指农业咨询工程师不仅要高瞻远瞩，还要脚踏实地，提出的咨询建议不仅要有高度，而且还要有很强的实际操作性。高质量的咨询成果是农业咨询工程师专业知识和丰富实践经验相结合的产物。客户业务发展中存在的问题一般来说都是比较复杂的，单凭专业知识难以提供有效的解决方案。因而，农业咨询工程师的实践能力尤为重要。有实践经验的咨询工程师就显得得心应手，很多都能够出奇制胜。而在实际中，客户最青睐的也是既有较高的理论水平，又具有很强操作性的咨询报告。很多优秀的农业咨询工程师都具有农业生产、经营管理方面的实践经验。

尤其在形成和选择咨询方案过程中，需要咨询工程师在复杂多变的事物面前迅速理清思路，形成解决问题的基本逻辑脉络。这种能力离开了丰富的经验是无法形成的。要求咨询工程师至少具备为组织变革创造适宜环境的能力，需要具备移情思考和换位思考的能力，以及承受压力的能力。在变革中有些因素是可以预料的，应预先采取相应的措施予以防范。

三、农业咨询工程师的职业道德

提供高质量的咨询成果是重要的职业理念，咨询工程师执业过程中涉及客户、同行等利益相关者，而咨询业务落地执行后还要符合社会公众的价值取向，咨询工程师担负着社会责任，必须具备公众普遍认可的价值观。

（一）农业咨询工程师的社会责任

农业咨询工程师提交的咨询成果落地执行，会对其经营的环境产生影响，会影响到客户组织中相关人员的地位和利益。因此，除了对客户负责以外，咨询工程师还应该向更多的利益相关者负责。最终向客户提交咨询报告时，要充分考虑不同方案可能产生的社会影响，并且在设计解决方案时应当包括解决由设想中的技术和组织措施而引起的各种社会问题与环境问题。虽然咨询方案执行与否的决策权在客户手里，但是咨询工程师有责任将不同方案的结果和所产生的社会影响向客户阐述清楚。如果某个备选咨询方案将产生的社会影响是非常消极的，如污染环境、造成大量工人失业和弱势群体失助等，咨询师有责任向客户管理层提出严重警告。

（二）既要竭尽全力，又要量力而为

竭尽全力是指咨询工程师在提供咨询服务过程中要不遗余力地发挥聪明才智，全力以赴、全心全意、毫无保留地提供质量最好的服务。还没有一套很完善的方法来快速即时地检验、衡量农业咨询服务的成效，但这不意味着农业咨询工程师就可以对咨询服务工作敷衍、马虎。拿不出优秀的咨询方案还把责任推到客户身上，或者是埋怨同事等，都是不可取的，也是在实际工作中经常遇到的。咨询工程师从接受任务的那一天起就应该以不断提高服务质量为首要目标，自始至终以同业中最高的标准来要求自己，做到精益求精。

同时，农业咨询工程师也应该量力而行，只接受自己有能力完成的项目，农业问题涉及面广，咨询工程师及其团队不能完全满足咨询服务的所有需求，当然综合性很强的团队是能够做到的，但这样的团队很少。承接利润高但又没有能力完成好的农业咨询项目，或是能够学到新东西但无法为客户提供优秀咨询方案的项目，虽然具有很强的诱惑力，但同时也具有杀伤力。一旦这样做了，就迈出了毁坏信誉的第一步。因为超出能力范围的工作常常会导致项目无法按时完成或者项目完成的质量低下，也就是项目实际上的失败。一次项目的

失败足以毁坏咨询机构及其团队辛辛苦苦建立起来的声誉。所以，为了长期发展，千万要谨记这一条。不要故意夸大吹嘘，免得咨询工程师被看成吹嘘行骗的"江湖游医"，使期待做大的农业咨询需求市场遭受创伤。咨询业的从业人员应该从提高全行业道德形象的基点出发，加强行业自律，抵住眼前利益的诱惑，不接受力所不及的项目。

（三）科学严谨的态度

现代农业咨询服务是一项专业性很强的应用科学研究工作，不同于以往的幕僚式咨询，也不同于当今社会以技术传授、知识讲解为主的医疗保健咨询、心理咨询、保险咨询活动，现代农业咨询要提供逻辑严谨的专业化咨询报告，包括信息的搜集、方案的生成、方案的比选以及方案的跟踪，主要为客户管理层的决策服务。不仅需要经验的积累提升，更需要知识信息的创新性转化。在当前社会日新月异的变化面前，变化的客体和环境要求农业咨询工程师不断面对新情况、研究新问题、形成新思路、找出新出路、开创新局面。现代农业咨询不是单纯的理论研究，而是应用性极强的对策方案研究。咨询服务成效的好坏决定于研究的针对性和时效性，决定于理论与实践相联系的紧密程度。因此，现代农业咨询强调因时制宜、因势制宜，强调理论与具体实际的高度结合，推崇一地一策、一企一策。科学严谨的态度至关重要，也是咨询项目成败的关键所在。

（1）农业咨询工程师应具有科学研究的精神，本着实事求是和探寻求索的态度解决咨询项目问题，而不是简单地在经验和"大全"中寻找答案。

（2）咨询工程师应树立职业崇高感，热爱农业咨询服务工作，而不是把咨询服务当成可有可无的"花瓶"，这一点在有些科研单位、大学里较为常态化。

（3）强化政府和社会对现代咨询的认识，那种认为只有"硬"科学才是科学，只有政府资助的研究项目才是科学研究的观念是片面的。

（4）坚持客观公正的立场，要独立地开展工作，不受外部人为主观因素的影响，站在第三方立场客观地分析事物，不与自身的利益挂钩，不带有任何偏见和倾向性，才能在最后得出为客户所接受的公正结论，从而赢得自身良好的信誉度。

（四）农业咨询工程师同行之间的行为规范

各行业一般是由行业协会作出规范，但我国还没有农业咨询行业的协会组织，没有制定专门的农业行业咨询规范，只是在中国工程咨询协会的相关规定框架内，对农业领域的咨询进行着制约。

要避免同行之间的恶意竞争。都说同行是冤家，主要是因为争取项目时是竞争关系，这是不可否认的。但这种竞争一定要把握基本的原则。

（1）同行之间不以恶意降低咨询服务的价格进行竞争，不得直接或间接地试图排挤、干预或介入其他同行已经受托的业务。

（2）做评估咨询项目时，也就是受托审查评估另一咨询机构或个体完成的咨询报告的工作时，应该秉持客观公正的立场来评价，不能出于私心故意贬低或拔高咨询成果的质量。

（3）能够做到和同行共享有关的方法、技术、资料，当然有些共享是有偿，共享资源要得到管理层的允许，要按照一定的程序进行资源的共享，而不仅仅是咨询工程师个人的事情。尤其是当涉及未公开的数据、程序、资料和技术时，更要注意。在分享积累的案例时，应得到原客户的允许。

（4）农业咨询机构不得做诋毁同业或自我夸大、内容虚假的广告；咨询机构和个人不得允许其他单位和个人借用本单位或本人的名义承接和执行业务，不得以各种不正当的手段来获取业务。

（5）咨询工程师应相互尊重、团结协作，共同维护本行业的职业声誉；农业咨询业内部交流经验有利于提高整个行业人员的业务能力，有助于提高农业咨询机构的整体竞争力。农业咨询机构可以跨地区跨行业执业，所跨地区和行业的同行不得以任何方式进行阻挠或排斥。

（五）清正廉洁，保守秘密

农业咨询工程师要保证公正无私地从事业务活动，不得私下接受客户的任何佣金、回扣以及其他各种形式的非合同规定的报酬，不得从第三方接受任何有关咨询项目的酬金或偏袒哪一方，或者出于上述原因向客户推荐商品、提供设备或服务。而且咨询工程师在工作之前，要把可能影响作出判断的各种关系和利益告诉客户。尤其是不要隐瞒自己在客户竞争对手企业中拥有股份或董事职位等此类事实，如果有可能从自己获得的信息中获利，那么就不该接受这个咨询项目。有时，客户会允许咨询工程师买当地商店的低价商品，或者允许他们按低价买本企业的商品。咨询工程师不是客户企业的职员，不应从中染指。如果收到邀请，应对这种特权慎重考虑。对客户赠送的礼物也要按章办事。在工作圆满结束时，接受以私人名义赠送的临别纪念品，无可厚非。但是在其他时候，接受礼物，必须持慎重态度。这些在 FIDIC 廉洁条款中有很明确的规定。

由于农业咨询工作是接受别人的委托，因此农业咨询人员必须严格为委托者保守秘密，比如不能将委托者所提供的资料泄漏给第三方。一般说来，咨询机构和咨询工程师为客户严格保密，不仅是因为客户为此付出了高昂的咨询费用，而且客户为其提供的所有资料都是企业秘密，具有极大的经济、政治价值，如果咨询机构或咨询人员不能为此保密的话，这不仅仅是信誉的问题，还必须为此负法律责任。另外，农业咨询的保密对于决策者也有一定的好处，因为一旦咨询成果被管理层所采纳，它就成了领导者决策的一部分，必然会向下传达贯彻，并在实际工作中实施，较好地保守秘密对于领导者处理问题和培养威信有好处。

为客户保守秘密，不泄露客户的任何业务资料和信息，决不利用客户的机密牟利。咨询工程师在为客户咨询时势必要了解大量的有关农业企业的情况，以便了解全局，从中找出矛盾、问题和差距，提出合理的咨询建议，从而提高企业的素质。然而，这些内部情况一旦泄漏出去，如果被竞争对手所掌握，就会给这家农业企业的发展带来很大的障碍。因此，咨询人员应严格遵守保密制度。

第四节　农业咨询机构的经营管理

农业咨询机构的管理者要在分析面临形势的基础上，明确发展定位和发展思路，树立正确的目标，狠抓学科建设，打牢专业技术基础，依靠提高服务质量谋求可持续发展。

一、确立卓越的发展战略

（一）准确分析面临的形势

现代农业发展呈现系统化的新趋势，表现出农业功能多样化、产业发展高端化、产业布局基地化、经营方式多样化、农业装备智能化、服务体系社会化的特征。农民收入提高较快，组织形式在变化，社会地位在提高。城乡一体化融合发展速度加快，城市和郊区的互动正在加强，城乡经济形态高度融合，农村土地正在向规模化经营流转。

高水平农业咨询的需求日益迫切。城乡统筹一体化发展，需要构建科学的发展机制体制，确保城乡同速、同质发展。而规划一体化是统筹城乡发展的前提。将农业农村的发展纳入城市总体规划、土地利用总体规划、产业发展总体规划等各项统一的规划范畴，构建相互衔接、全面覆盖的城乡一体化的规划体系。因而，对高水平规划技术等的现代农业咨询服务需求日益迫切。

现代咨询业是正在兴起的朝阳产业、绿色产业，农业咨询单位要努力提高业务水平，突出自身特色，综合运用多学科知识、农业实践经验、现代科学和管理方法向社会提供高附加值、高层次、知识型的服务。农业咨询单位能否成为未来农业发展的抓手，适应现代农业和现代咨询业的发展需求，关键在于能否迅速提高专业技术水平，能否突出自己的特色，不断地创新。这样才能在新形势下，保持农业咨询领域的领先地位。

（二）理清发展思路

农业咨询单位必须着力转变发展方式，走内涵式发展道路；以专业研究为基础，抓好专业发展方向布局；坚持以人为本的工作方针，狠抓咨询团队建设，全面提高工作人员的素质；加大条件建设投入力度，夯实发展基础，提升发展能力和水平；着力提高咨询服务质量，实现规模、质量、结构和效益的协调发展；突出区域农业特色，走专业化的农业咨询服务发展道路。

1. 要明确自身的定位

不管是哪种类型的咨询单位，都要根据自身发展的特色及需求情况确定专业发展方向，也就是业务定位。是以农业战略咨询为主，还是以项目咨询为主；是以农业规划为主，还是以农业项目可行性研究为主；是以技术咨询为主，还是以管理咨询为主；等等。要有明确的发展思路。从服务对象上，也要明确是以服务各级政府，还是以服务企业为主；是以服务农民，还是以服务市民为主；是以本地业务为主，还是以外地业务为主。要通过仔细研究，分析外部需求及自身优劣势，找准发展的切入点。紧密结合"三农"实际，以现代农业和农村建设为切入点，提高咨询质量，抓好自身发展定位。

2. 不断学习，深入研究，提高从业人员素质

从业人员加强自身专业学习，虚心向业内同行学习，努力提高自身的业务能力和项目管理能力，提高自身的人文知识素养、法律知识素养以及科技知识素养。不断汲取新知识，研究新问题，培育自有知识产权的创新成果，真正成为咨询业务岗位的专家。积极参加咨询业务知识的培训，促进同行专家之间的业务交流与合作，取长补短，共同提高专业水平。

3. 要融汇各种智力资源，搭建农业科技创新平台

不断整合国内外相关领域的科技资源，使各学科能有机衔接起来，将科技成果应用于咨询业务的实践中。通过组织咨询项目，搭建农业技术集成创新平

台。通过融汇资源，组建专家团队，不断探索团队管理机制。专家团队包括核心专家团队、外围专家团队、咨询专家团队，不同的团队采用不同的管理方式，形成联合、流动、协作的工作体系。使农业咨询服务机构成为现代农业科技创新体系的重要先导力量。

4. 努力提高咨询服务质量，树立咨询品牌

牢固树立咨询质量是咨询单位生命线的思想，强化落实质量管理体系；深入研究与业务相关的科研课题，加快农业咨询理论方法创新和技术集成创新，造就在业内有影响的专家。通过科研提高咨询业务水平，努力提升行业自身可持续发展的能力，创新农业咨询理念、理论、方法。通过高水平专家的工作，提高农业咨询的服务质量，做诚实守信、负责任的咨询机构，树立本单位独有的农业咨询服务品牌。

（三）确立发展目标

发展目标是一个组织在一定时间段内的努力方向和即将取得的成果，是该组织社会价值的集中体现，也是衡量绩效的标准，是一个组织最根本的战略。咨询单位首先应将自己有限的资源集中在某一确定的专业方向、服务对象，做精做强，不能眉毛胡子一把抓，做太多杂而不专的事情，什么事都做就什么事都做不好。因而，目标"专一"是咨询机构发展的基本准则之一。

接下来是确定"专一目标"基础上的绩效目标。绩效目标是与咨询机构生存与发展紧密相连并用来衡量组织发展水平的一组目标，这一组目标可分为内涵式目标和外延式目标两类，内涵式目标是咨询机构自身发展所具有的、由其本质属性决定的、体现其核心竞争能力的目标。

咨询机构的内涵式目标包括五组：一是咨询项目完成的质量水平与精品项目数量，这是咨询单位的"生命"；二是学科布局与创新成果，是指咨询单位的科学研究思想体系及研究的成果；三是人才产出与团队建设，人才是咨询单位的根基，团队建设是人才的合理优势组合，是人才发力的条件；四是管理水平与文化建设，是咨询单位的内部治理水平与工作效率的体现；五是品牌建设与社会影响力，是咨询单位的社会形象，体现了咨询单位的社会认可度。

发展目标是一个综合的目标体系，不管是内涵式目标，还是外延式目标，都是一个咨询机构发展所必需的，只是从咨询机构发展本质属性上进行了划分。目标之间是存在有机联系的，任何只追逐单一目标的咨询机构都不会良性发展，只有目标均衡协调发展，咨询机构才能取得可持续的发展能力。

（四）抓好学科研究布局

农业咨询单位不同于一般的咨询公司，不仅国家事业单位的机构要做好研究布局，企业经营的咨询机构也要做好科学研究。否则，很难取得核心竞争能力，也就不能持续健康发展。农业咨询单位的研究布局应以现代农业发展需求和乡村振兴战略为切入点，以先进科研成果为依托，综合农业自然科学和社会科学的最新成果，运用技术创新、产业选择、发展经济学及系统工程等理论，开展综合研究，推动林果、蔬菜、农作物新品种、新技术、新成果的集成转化，以及乡风文明、生态建设、乡村治理等知识的应用。

1. 农业技术经济学研究

农业技术经济学是专门研究农业技术方案经济效益和经济效率问题的科学，即采用系统分析、综合分析的研究方法和思维方法，通过一套经济效果指标体系，对完成同一目标的不同农业技术方案，进行计算、分析、比较，通过对劳动成果与劳动消耗的对比分析、效益与费用的对比分析等方法，对农业技术方案的经济效果和社会效果进行评价。根据实践，农业技术经济学研究主要集中在咨询项目评估指标体系的建立、农业发展规划中经济效益的分析与估算方法、不同类型农业投资项目的可行性评估指标体系，同一项目不同技术方案的投入-产出比较方法等方面，是开展农业咨询服务的基础学科。

可行性研究报告、规划的编制和投资机会研究都需要用到农业技术经济学的理论与方法。

2. 农业产业经济学研究

农业产业经济学以农业产业为研究对象，主要包括产业结构、产业组织、产业集聚与转移、产业布局、产业策划和产业政策等研究。探讨经济发展中农业各产业之间的关系、结构，产业内的企业组织结构变化的规律，经济发展中内在的各种均衡问题。根据实践，农业产业经济学的研究主要集中在：分析区域农业产业结构、调研区域农业产业发展的重点与难点、不同行政级别的农业产业选择方法研究、休闲观光农业的产业集聚与转移及发展变化规律问题、农业与其他相关产业之间的关系等，也是开展农业咨询服务的重要应用学科。

农业产业经济学研究是农业产业规划和策划必不可少的理论支撑。

3. 区域经济研究

农业咨询主要以研究农业产业链延伸集聚、农业园区转型升级、乡村振兴等为重要内容，能够为综合性咨询业务提供系统的分析框架和理论依据，是农村经济、区片规划及管理、区域生态经济、区域投融资、区域整体经济效益等的集中体现，包括政府为解决区域问题而对区域经济活动的干预，对区域资源优化配置与开发利用。实践中对于区域经济的研究集中在区域农业发展的需求和政策研究、能够提高区域整体经济效益的产业与项目、区域增长理论的实证分析等方面，是开展现代农业咨询活动的扩展学科。

现代农业咨询业务中的农业园区规划咨询、城乡融合规划、乡村振兴规划咨询能较多用到区域经济的理论和方法。

4. 农业文化创意与农业景观设计研究

农业文化创意是指依靠咨询工程师的智慧、技能和天赋，借助于科技手段对农业文化资源进行创造与提升，通过对农业资源的创新开发和运用，产出高附加值的产品。农业景观设计是依据自然、生态、社会、行为、美学等规律，规划和设计土地及其上面的各种要素，以使不同环境之间建立一种和谐、均衡的关系，满足人们对农业审美的需求。农业文化创意与农业景观设计是休闲观光农业发展的核心和焦点，也是农业咨询服务工作中的重点和难点。

农业文化创意的研究集中在农业文化资源的系统挖掘、整理，农业文化创意模式创新，农业文化创意的方法，区域农业文化实力等方面。景观设计的研究主要体现在不同类型农业景观设计要点，农业文化创意与景观设计之间的相互融合与表现手段等方面。

5. 农村现代服务业研究

农村商业网点布局与农产品物流业是现代服务业的新兴产业，主要包括农业生产资料供应市场体系和农产品市场交易体系建设，也是各级政府要求农村、农业规划中，必不可少的内容。农业咨询对于农村现代服务业的研究集中在农业生产资料安全供应体系，农产品物流网与区域物流网建设的对接与融合，农产品电商平台建设，区域农产品供应物流体系建设等方面。

除上述五个研究方向外，还应围绕乡村振兴战略要求，开展农业生态环境评价、农民素质提升、乡村文化建设、乡村公共治理等方面的研究。进入新时代，推进农业供给侧结构性改革，要开发符合市场需求的多功能农产品和服务。

二、合理设岗，明确职责

农业咨询机构与其他咨询机构一样，需要做好内部管理，农业咨询机构的内部管理重点在岗位职责、激励机制、培训与宣传等几个方面。

（一）合理设岗应遵循的原则

1. 岗位设置要服从农业咨询机构的发展战略

农业咨询机构要根据自身的发展定位、发展目标、学科研究布局、服务区域、服务对象等要素来确定其岗位设置。不同性质咨询机构的岗位设置有很大的差别。公司性质的咨询单位一般按业务流程划分为各个"部"，科研单位一般按照学科布局划分为各个研究室。大型的综合性咨询机构的岗位设置较复杂，为多种方式并存，以适应业务发展的需要。

2. 岗位设置应适合农业咨询机构的发展阶段

农业咨询机构要根据自身的发展阶段、发展规模进行合适的岗位设置，并在发展过程中及时加以调整，使岗位设置适应组织成长的需要。在咨询机构发展初期，由于规模小，岗位设置较简单。随着咨询机构规模的扩大，业务不断发展，岗位设置逐渐变得复杂。如果咨询机构发生战略性转变，其岗位设置均需要进行较大的调整，以适应形势变化的需要。

3. 岗位设置应保持一定的稳定性

虽然岗位设置需要根据形势变化进行一定调整，但是农业咨询机构的基本业务范围、工作流程一般不会有较大变化。而且，农业咨询服务是技术含量很高的工作，一个优秀的咨询工程师需要较长的时间，还要投入较高的成本，才能适应工作岗位的需要。因而，咨询机构的岗位设置应保持一定的稳定性。

（二）农业咨询单位的主要岗位

按照农业咨询单位岗位设置原则，不同性质、不同发展阶段的咨询单位，其岗位设置不同，但主要的业务岗位具有同质性。

1. 总工程师岗位

总工程师也是单位的技术负责人，负责咨询单位各项目之间的技术协调，组织重大项目的研究，对重大技术问题提出解决方案和途径；审核咨询报告的质量；对咨询业务的质量提出质疑；组织国内外学术交流，提高咨询工作人员的业务水平。

2. 农业技术经济分析与评估咨询岗位

是从事农业咨询的最基础性岗位，分析农业技术措施、政策措施的社会、经济效果。咨询项目中的可行性研究、项目后评估等服务内容，都是以此岗位为主。

3. 农业产业规划岗位

是从事农业咨询业务的常规岗位，通过分析农业发展的各种因素，结合国家、地方的产业政策，编制符合客观发展规律的农业产业发展规划。

4. 农业园区规划岗位

也是农业区域综合规划岗位，包括乡村振兴规划岗位，是从事农业咨询业务的重要岗位，通过分析确定区域农业发展的各种综合因素，结合各种配套服务设施、基础设施建设，编制符合区域发展规律的农业园区规划、乡村振兴规划。

5. 农业景观创意岗位

是从事农业咨询业务的新兴岗位，随着现代农业尤其是都市型现代农业的蓬勃发展，农业的多功能性日渐为人们所接纳，为展现农业的文化功能、生活功能，农业景观、农业创意岗位成为农业咨询中必不可少的一部分。

除上述主要岗位外，一个完整的咨询单位还要有农业环境与资源评价岗、技术服务岗、业务管理岗、资信管理岗等，负责复印、打字、制图、制表、装订、网页维护、媒体宣传、资料管理等。这些岗位属于业务辅助性岗位。每个岗位不止1人，根据发展需要，不断充实。

（三）明晰职责，全员聘任

岗位确定之后，就应是选人、赋责。首先是选人，要求从业人员在岗位的研究领域具有较高水准的专业知识，可以从其教育背景或是在该领域的实践经验来评价；还要求从业人员具备较强的工作能力，如实践能力、解决问题的能力、分析判断能力、协调组织能力、语言表达能力等，以及创造性、灵活性、上进心和事业心等。选人之后是赋责，即对选定的人赋予相应的岗位职责，岗位连着职责，职责连着权和利。

现在，不管是什么性质的咨询单位，一般都实行岗位全员聘任制。有的是一年一聘，有的是两年一聘，有的是三年一聘。聘期内或聘期届满时，实行考核制度，是对员工职务行为和工作成果的评价，也是一种沟通。考核结果一般划分为不合格、基本合格、合格、良好、优秀等级别，考核结果往往直接影响薪酬调整、奖金发放、职务升降以及员工的培训等诸多切身利益，也让员工们明白他们努力的方向，以及单位对他们的期望。

三、建立激励机制

（一）有关激励理论

在管理学理论中，激励是一种重要的管理职能，它是根据人的行为规律来激发人的某种动机，引导人的行为，使其发挥出潜力，并为实现组织目标而积极努力工作的管理活动。现代管理理论中，主要有：马斯洛（Abraham H. Maslow）的需要层次理论、麦可利兰（McClelland）的成就激励理论、赫茨伯格（Fredrick Herzberg）的双因素理论、斯达西·亚当斯（Adams）的公平理论、斯金纳（Burrhus Frederic Skinner）的强化理论等。

在经济学理论中，博弈论、激励理论、人性理论、委托代理理论和企业理论等在这一领域的研究最富成果，极大地丰富了微观经济学的内容。团队生产中的"搭便车"问题，是激励理论的重要成果之一，阿尔钦和德姆塞茨（Alchian 和 Demsetz）开创性地论述了团队生产中的激励问题，他们提出企业实质上是一种团队生产方式，会导致偷懒等机会主义行为的产生，这就需要进行监督，并相应对监督者进行激励。

这些国外的激励理论均具系统性，已有相当的深度。在国内，许多学者从不同的角度对激励理论进行了探讨，还没有进行很好的理论总结和系统化，对我国企业的员工激励的完整理论成果，并不多见。农业咨询单位激励制度可参考这些理论成果，结合实践进行设计。

（二）农业咨询单位激励机制设计

激励机制设计涉及咨询单位的内外部环境，包括其所处的市场地位、发展战略、管理制度、员工特点等内容，是一项复杂的系统工程。激励机制的设计目的是整合单位内部的管理资源，最大限度地激发员工内在潜力和工作积极性，最终达到员工的个人目标和咨询单位组织目标高度一致的效果。

1. 产权激励

古人云：有恒产者有恒心。产权激励是最根本的动力之源。不同性质、类型、规模的咨询单位，不同的持股目的，选择的股权激励方式是不同的，特别是智力密集型、劳动密集型和资本密集型咨询单位的员工持股之间，具有很大的差别。这里假设咨询单位的产权属国有，但实际上由于主体广泛，并没有把产权真正落到实处，形成产权主体的缺位。咨询单位的产权激励就是在社会主义市场经济条件下，通过员工持股、技术入股等途径构造起一个由所有者、经营者和劳动者责任共担、权力共商、利益共享的现代企业化组织结构，调动管理者及职工的主动创造性和劳动积极性，有效推动咨询单位的健康发展。实践中可采取虚拟股份制，通过调节技术人员、项目经理、关键岗位人员的持股比例，增加他们的收入，起到产权激励的作用。

2. 薪酬激励

薪酬是吸引员工的一个重要因素，分配讲绩效，报酬看贡献，实行弹性工资制，多劳可以多得，能者可拿高薪。不同单位、不同部门的薪酬激励方案差别很大。员工的纵向层级，一般管理次序可分为部门主任、项目经理、项目助理三个层级，也可为部门主任、高级项目负责人、项目负责人、项目助理四个层级。根据层级高低与承担责任的轻重，对薪酬收入中的固定部分（基本工资、福利）和浮动部分（项目奖金、年终奖金）的分配比例进行不同设置，较高层级的一般是 3∶7，较低层级的一般是 5∶5。

员工绩效指标从业务水平、内部管理水平和客户评价三个方面建立。业务水平、内部管理水平和客户评价的权重可以为 6∶2∶2，还有的单位为 7∶1.5∶1.5。根据员工绩效考核成绩、管理制度等对员工工资进行相应调整。顾问、实习生等按双方协商的薪酬标准以劳务费的形式发放。

四、有效实施成本控制

成本控制的目的是降低消耗，提高咨询单位的利润水平。

（一）农业咨询机构的成本结构

农业咨询机构的成本，包括固定资产（电脑、复印机、打字机、办公家具等）、写字楼租赁费用、办公管理费用、工资、品牌营销费用等。

固定资产是一次性投入，按照一定的使用期限计算折旧费摊入每个月的成本支出中。[①] 写字楼租赁费用和固定资产折旧都是固定成本。办公管理费用是可变成本，是降低开支的主要项目，简化管理架构，精简不必要的辅助人员，可以有效地控制成本支出。工资是较大的支出费用项，因为人力资本是咨询机构的价值源泉，这部分支出在一定的时期内也是固定的，要使这部分成本降低，可以考虑将部分业务外包或是请兼职咨询人员来参与项目。这样在业务少时，农业咨询机构可以通过解聘分包商和兼职咨询人员来降低人员开支，同时又不影响核心咨询工程师队伍的稳定。品牌营销费用支出是必不可少的，不在于简单地压缩而在于尽量提高营销的成效。

（二）成本控制

做好成本控制首先要编制好预算，做好咨询机构一段时期开支和收入的大

---

① 熊敏.加强固定资产管理的思考与对策 [J].金融经济，2008（3）：110-115.

致安排。年度预算不能凭空编制，制定的目标要具有现实可行性，需以过去一年的实际情况为基础，提出的收入目标要能够调动起员工的积极性。另外，制定预算目标时应该收集咨询工程师的意见，使得每个人都能接受预算目标并为之而努力。

为了随时监控农业咨询机构的财务状况，要把年度财务预算的财务目标细化到季度、月份，制定季度和月份财务报表，以便实时掌握整个机构的财务运作情况，进行财务控制。对机构的各项支出和收入进行控制和监管。一般要定期（往往是一个财务预算期结束时）比较实际业绩和预算业绩的差距。如果实际业绩比预算业绩差，那么要仔细分析原因，看哪些项目支出是不必要的，哪些环节是可以增加收入的。如果实际业绩高于预算业绩，那么可以考虑调高下个预算期的目标，或者招纳新成员，扩展咨询机构的实力。[①]

另外，在财务预算期间就要有财务控制的意识。首先，最重要的是追踪现金流。每一笔开支都要有详细的记录，以便于分析哪些是与业务无关的、可以节省的开支。其次是追踪应收账款，应在付款期限前几天适时和客户联系，既可以表达对项目实施效果的关注，又可以提醒客户付清尾款。

农业咨询机构的盈利能力＝利润/收入，一般情况下，盈利能力在 0.1～0.2，但也取决于不同的因素。要提高机构盈利能力，最重要的是提高能直接取得收入的咨询工程师在员工团体中所占的比例，这是提高盈利能力的重要因素。

五、合理制订培训与宣传计划

（一）加强人员培训

咨询业是经济社会发展的先导产业，咨询工程师必须掌握最前沿的知识和技术，而知识更新和社会变迁速度越来越快。因而，对咨询从业者的培训变得至关重要。培训包括实践锻炼在内的各种各样的学习方式，适当的培训形式能激发员工的潜能，是提高农业咨询工程师个人能力和创新能力的源泉。

外出考察、参加各类培训班、邀请知名学者做学术报告等，都是重要的培训形式。每名咨询人员一年至少要有一次培训机会。有的咨询单位要求员工积极参与课题研究，并组织员工参加单位内外的学术交流，倡导科学研究，创造

① 李彦琼. 浅议建立健全企业内部财务控制制度的思路和对策 [J]. 贵州水力发电，2005（5）：80-82.

"百花齐放，百家争鸣"的学术氛围。

培训内容分为政策类和技术类。政策类内容包括：党代会精神、"两会"精神、中央和地方经济工作会议精神、中央和地方农村工作会议精神、中央1号文件精神、国家中长期发展战略规划纲要、农业农村部和发展和改革委员会等行业主管部门的文件精神等。技术类知识更加宽泛，包括：农业项目评价方法与参数、农业技术经济评价方法、区域规划的方法与模型、农业发展战略分析、农业技术传播的理论与路径、现代农业、人文与美学等。不同的咨询人员要根据自己从事的业务范围，有针对性地重点学习某一方面的内容，不能眉毛胡子一把抓，否则什么都学不成。

一个有知名度的农业咨询机构，不仅在于是否取得了一定的经济效益，是否在市场上有知名度，还在于单位内是否有知名的"咨询大师"，是否培养了一批业务过硬、品行优良的员工。通过为咨询工程师设计职业发展通道，并有计划地为他们在每一个发展阶段提供所需的知识、技能培训，使其得到发展，使企业和员工个人达到双赢。

（二）加强宣传推介

农业咨询服务机构要靠业绩赢得用户的认可，但也离不开宣传推介。尤其在咨询服务的价值还不尽为人知的情况下，更应加强各种形式的推广宣传。

宣传推广受咨询服务"无形性"的影响，客户不能充分观察"产品"并进行比较。即使咨询工程师通过各种手段使其"产品"具体化，在付诸实践之前，它也只是一套不可感知的方案。咨询工程师所销售的是一种服务的承诺，这一承诺将满足客户的需求并解决问题。要想使客户甘愿冒风险购买这个承诺，就应使客户坚信咨询工程师的帮助是有用的。

许多客户购买服务时对该农业咨询机构并无任何直接的了解，只是因为该机构在业界的形象，或者是因为某个业内朋友的推荐。咨询工程师除了必须使客户确信他具有解决其技术、产业、组织等问题所需的全部知识、技术专长及信息的获取途径等，还要和客户有融洽的人际关系。

如今，越来越多的咨询工程师开始认识到专业服务本身需要建立并保持一种有效的客户关系。推介宣传是服务的前提，它可以识别客户的需求，揭示客户的心理，确定专业人员为客户服务的最好方法，并使整个咨询过程运转起来。即使合同签订后，咨询工程师仍需继续宣传推介。[①]

---

① 刘丽光. 工程咨询企业市场营销策略初探 [J]. 中国工程咨询，2002 (9)：24-27.

推介宣传的手段多种多样，通过网络及各类媒体宣传，通过发行各种期刊宣传，通过各种会议、文化活动进行宣传，等等。越来越多的咨询机构建立了自己的咨询成果展示基地，通过实际的案例进行宣传，效果更加显著，但其运行成本也较高，需要综合考虑各方面因素才能决定。

（三）制定组织发展规划

农业咨询机构要制定未来的发展规划，包括年度计划、近期计划及远期规划，包括人才、成果、收入、质量等发展规划。发展规划要根据实际情况，分阶段有计划、分步骤实施。有了规划、目标，组织的发展就有了未来，单位就活跃起来了。

农业咨询业是一个高压的行业，始终维持着一定的淘汰率。因此，农业咨询机构中的许多人都没有走完全部的职业生涯，往往中途离职到另一个咨询机构谋职，或者自己创办咨询机构，或者退出咨询业进入其他的行业。有的离职是被动的，如因为咨询项目失败、退休、裁员等；也有主动的，如因为个人职业规划的需要而离职充电、发现更好的发展机会而离开等。这些情况都是发展中可能出现的问题，需要在组织发展规划中有所考量。

参 考 文 献

何传启，1999. 第二次现代化：人类文明进程的启示［M］. 北京：高等教育出版社.

黄祖辉，林坚，张冬平，2003. 农业现代化：理论，进程与途径［M］. 北京：中国农业出版社.

蒋和平，1997. 高新技术改造传统农业论［M］. 北京：中国农业出版社.

蒋和平，2001. 当代农业新技术革命与中国农业科技发展［M］. 南昌：江西人民出版社.

蒋建平，1996. 中国农业现代化建设理论、道路与模式［M］. 济南：山东科学技术出版社.

刘宏曼，2009. 创意农业：北京都市型现代农业新亮点［J］. 当代经济，7（1）：118-119.

卢勇，2010. 论创意农业的价值与发展［J］. 农产品加工（1）：11-12.

马俊哲，2010. 对北京发展创意农业的若干思考［J］. 北京农学院学报，25（1）：57-59.

梅方权，1999. 中国农业现代化的发展阶段和战略选择［J］. 调研世界（2）：23-24.

万宝瑞，2003. 农业现代化道路的探索：关于辽宁省现代农业园区的调查与启示［J］. 求是（3）：24-26.

杨万江，徐星明，2001. 农业现代化测评［M］. 北京：社会科学文献出版社.

张忠根，田万获，2002. 中日韩现代农业比较研究［M］. 北京：中国农业出版社.

章继刚，2008. 大力发展创意农业提高农产品附加值［J］. 农村建设（3）：42-43.

郑有贵，2000. 农业现代化内涵、指标体系及制度创新的探讨［J］. 中国农业大学学报（社会科学版）（4）：56-59.

中国现代化战略课题组，2003. 中国现代化报告 2003［M］. 北京：北京大学出版社.

HUBER J，2000. Towards industrial ecology：Sustainable development as a concept of ecological modernization［J］. Journal of environmental policy and planning，Special Issue 2：269-285.

INGLEHART R，1997. Modernization and postmodernization［M］. Princeton：Princeton University Press.

MARGARET G，PAUL G，2000. Designing household survey questionnaires for developing countries：Lessons from 15 years of living standards measurement study［R］. Washington D C：The World Bank.

后　记

著书立言慨叹笔耕辛苦，数白发念十载岁月倏忽。此书断断续续写了12个年头，虽然工作岗位几经辗转，写书钻研咨询业务已成为我的业余爱好。作为农业科研单位的一名研究人员，为农服务是根本的价值遵循。作为从事农业咨询业务的实践者，始终以探寻真知的不渝心态，不断求索现代农业咨询学科建设的基本理论架构，以期为现代农业咨询服务业的发展奠定理论基础，为开展农业咨询业务、培养农业咨询人才提供理论支撑。

"三农"问题是中国现代化进程中必须着力解决的重大问题，不仅是经济问题，也是民生问题、政治问题，涉农领域咨询业务需求日趋旺盛。经过多年的咨询工作实践与理性思考，加以深入细致的研究、探索、拓展和规范，逐渐发展成为一门新兴学科。虽世易时移，但现代农业咨询业务所遵循的基础理论、方法、科学规律依然如故。

书中涉及的案例均是本人主持完成的，且早已过了保密期限，但书中依然隐去了客户的真实名称。感谢咨询团队成员的协作和付出，感谢项目甲方的真诚支持与友好合作。

本书写作过程中，得到很多领导、同事和家人的理解与支持，在此深表谢意。感谢成书过程中编辑老师们的辛勤付出和宝贵建议。书中许多引述未及准确标明出处，在此，对原作者深表歉意和谢意。

涉农领域的咨询内容很多，尤其是乡村振兴规划咨询，还涉及农村基层组织建设、文明乡风建设等多领域的内容，本书还未深入和广博至如此繁多宽泛处。更未能穷尽每一内容，故而称之为"概论"。

由于本人业务水平有限，见识不多，认识不深，疏漏之处在所难免，恳请业界同人、学者多予批评指正！

谢谢！

作　者

2021 年 10 月 10 日